高等职业教育土建专业系列教材

建筑电气与电子工程

主　编　张玉萍

副主编　张文会　李丽霞

中国建材工业出版社

图书在版编目（CIP）数据

建筑电气与电子工程/张玉萍主编 .—北京：中国建材
工业出版社，2004.6（2014.1 重印）
（高等职业教育土建专业系列教材）
ISBN 978-7-80159-595-9

Ⅰ.建...　　Ⅱ.张...　　Ⅲ.房屋建筑设备：电气设备
—高等学校：技术学校—教材　　Ⅳ.TU85

中国版本图书馆 CIP 数据核字（2004）第 018783 号

建筑电气与电子工程

张玉萍　主编

出版发行：中国建材工业出版社

地　　址：北京市西城区车公庄大街 6 号
邮　　编：100044
经　　销：全国各地新华书店
印　　刷：北京鑫正大印刷有限公司
开　　本：787mm×960mm　　1/16
印　　张：22.5
字　　数：300 千字
版　　次：2004 年 7 月第 1 版
印　　次：2014 年 1 月第 3 次
定　　价：55.00 元

本社网址：www.jccbs.com.cn

本书如出现印装质量问题，由我社发行部负责调换。联系电话：(010) 88386906

《高等职业教育土建专业系列教材》编委会

序

  大力发展高等职业教育，培养一大批具有必备的专业理论知识和较强的实践能力，适应生产、建设、管理、服务岗位等第一线急需的高等职业应用型专门人才，是实施科教兴国战略的重大决策。高等职业教育院校的专业设置、教学内容体系、课程设置和教学计划安排均应突出社会职业岗位的需要、实践能力的培养和应用型的教学特色。其中，教材建设是基础和关键。

  高等职业教育土木建筑专业系列教材是根据最新颁布的国家和行业标准、规范，按照高等职业教育人才培养目标及教材建设的总体要求、课程的教学要求和大纲，由北京城市学院（原海淀走读大学）和中国建材工业出版社组织全国部分有多年高等职业教育教学体会与工程实践经验的教师编写而成。

  本套教材是按照 3 年制（总学时 1600～1800）、兼顾 2 年制（总学时 1100～1200）的高职高专教学计划和经反复修订的各门课程大纲编写的。基础理论课程以应用为目的，以必需、够用为度，以讲清概念、强化应用为重点；专业课以最新颁布的国家和行业标准、规范为依据，反映国内外先进的工程技术和教学经验，加强实用性、针对性和可操作性，注意形象教学、实验教学和现代教学手段的应用，并加强典型工程实例分析。

  本套教材适用范围广泛，努力做到一书多用，在内容的取舍上既可作为高职高专教材，又可作为电大、职大、业大和函大的教学用书，同时，也便于自学。本套教材在内容安排和体系上，各教材相互之间既是有机联系和相互关联的，又具有其独立性和完整性。因此，各地区、各院校可根据自身的教学特点选用。

  北京城市学院是办学较早、发展很快、高职高专办学经验丰富并受到社会好评的一所民办公助高等院校。其中，土建专业是最早设置且有较大社会影响的专业之一，有 10 多名教学和工程实践经验丰富的双师型教师，出版了一批受欢迎的专业教材。

  可以相信，由北京城市学院组编、中国建材工业出版社出版发行的这套高等职业教育土建专业系列教材一定能成为受欢迎的、有特色的、高质量的系列教材。

本教材编委会

2003 年 2 月

前　　言

随着科学技术的发展，社会不断进步，对各类人才的综合能力要求也越来越高。对于土木建筑工程专业的技术人员来说，不仅要掌握土建设计和施工等方面的理论和技能，还要了解和掌握建筑设备的理论知识和安装技能。

电和人们的日常工作与生活密切相关，它是一切用电设备的基础。因此，土建工程技术人员应该有一定的电工理论基础。本书的第 1 章至第 5 章全面、系统地介绍了电工学的基础理论。

建筑电气是建筑物的重要组成部分，为适应我国目前迅速发展的职业技术教育，本书不仅介绍了建筑电气照明和防雷接地的知识，还介绍了建筑电气读图、识图及建筑电气安装等基本技能的内容。由于建筑弱电技术的不断发展和智能建筑的出现，电子产品越来越多地用于建筑物中，仅有电工学和建筑电气的基本知识已不能适应时代的要求，因此，本书增加了电子技术基础——二极管和三极管的基本知识。

本书是按照高等职业技术教育的要求编写的，内容浅显易懂，图文并茂，同时附加了相关技术数据，并附有一定量的习题，以便学生更好地理解、消化及应用书中所讲内容。

本书的编写参照了最新的国家有关电气施工的规范和标准，书中的图形、符号均按国家最新标准编写，考虑到新旧标准的交替，还附有新旧符号对照表。

全书共十二章，其中第 1 章至第 3 章、第 6 章至第 9 章由河北建材职业技术学院张玉萍老师编写；第 4 章、第 5 章由该校张文会老师编写；第 10 章、第 11 章由该校李丽霞老师编写，第 12 章由中国人民大学施美菲老师编写。

本书编写过程中参考和引用了有关的教材和论著，在此谨对作者表示衷心的感谢！

由于时间仓促，水平有限，书中难免存在不妥和错误之处，敬请读者批评指正。

编　者
2004 年 2 月

目　　录

第1章　直流电路 ……………………………………………………… 1

1.1　直流电路 ………………………………………………………… 1

1.1.1　电路的组成和作用 ……………………………………… 1

1.1.2　欧姆定律 …………………………………………………… 2

1.1.3　电路的工作状态 …………………………………………… 3

1.1.4　电阻的串联与并联 ………………………………………… 5

1.2　等效电源 ………………………………………………………… 7

1.2.1　电压源和电流源 …………………………………………… 7

1.2.2　电压源与电流源的等效代换 ……………………………… 7

1.3　克希荷夫定律 …………………………………………………… 8

1.3.1　几个与定律有关的名词 …………………………………… 8

1.3.2　克希荷夫电流定律（又称为节点电流定律或 KCL 定律） … 9

1.3.3　克希荷夫电压定律（又称为回路电压定律或 KVL 定律） … 9

1.3.4　支路电流法 ………………………………………………… 10

1.4　等效电压源定理（戴维南定理） ……………………………… 11

习题 …………………………………………………………………… 13

第2章　正弦交流电路 ………………………………………………… 17

2.1　正弦交流电的基本物理量 ……………………………………… 17

2.1.1　周期与频率 ………………………………………………… 17

2.1.2　相位 ………………………………………………………… 18

2.1.3　交流电的大小 ……………………………………………… 20

2.2　正弦量的相量表示 ……………………………………………… 21

2.3　单一参数的交流电路 …………………………………………… 25

2.4　串联交流电路 …………………………………………………… 36

2.5　串联谐振 ………………………………………………………… 43

2.6　并联交流电路 …………………………………………………… 45

2.7　线圈和电容并联的交流电路 …………………………………… 47

习题 …………………………………………………………………… 50

第3章　三相电路 ……………………………………………………… 54

3.1　三相电源 ·· 54

3.2　负载的星形连接 ···································· 57

3.3　负载的三角形连接 ································ 62

3.4　三相电功率 ··· 64

习题 ·· 65

第4章　变压器 ·· 68

4.1　磁路的基本知识 ···································· 68

4.1.1　磁导率 ··· 68

4.1.2　铁磁性物质的磁化 ···················· 69

4.1.3　涡流 ··· 70

4.1.4　磁路的基本概念 ························· 71

4.2　变压器的基本构造 ································ 71

4.2.1　概述 ··· 71

4.2.2　变压器的基本结构 ···················· 72

4.3　变压器的工作原理 ································ 75

4.3.1　变压器的空载运行 ···················· 76

4.3.2　变压器的负载运行 ···················· 78

4.4　变压器的铭牌 ······································ 80

4.4.1　变压器型号的含义 ···················· 80

4.4.2　变压器的额定数据 ···················· 80

4.5　三相变压器 ··· 82

4.6　特殊变压器 ··· 82

习题 ·· 86

第5章　交流电动机 ······································ 87

5.1　概述 ·· 87

5.2　三相异步电动机的基本构造 ··············· 87

5.3　三相异步电动机的工作原理 ··············· 90

5.3.1　旋转磁场 ····································· 90

5.3.2　异步电动机的工作原理 ·············· 93

5.4　异步电动机的机械特性 ······················ 95

5.4.1　稳定区与不稳定区 ···················· 95

5.4.2　硬特性与软特性 ························· 96

5.5　异步电动机的启动 ································ 97

5.5.1　鼠笼式异步电动机的启动 ··········· 97

5.5.2　绕线式异步电动机的启动 ··········· 98

5.6 异步电动机的调速、制动与反转 ……………………… 99
  5.6.1 异步电动机的调速 ……………………………… 99
  5.6.2 异步电动机的反转 ……………………………… 100
  5.6.3 异步电动机的制动 ……………………………… 100
5.7 异步电动机的铭牌 ………………………………… 101
5.8 单相异步电动机 …………………………………… 103
5.9 常用低压控制电器 ………………………………… 106
  5.9.1 电器的分类 ……………………………………… 106
  5.9.2 保护措施 ………………………………………… 106
  5.9.3 常用的控制和保护电器 ………………………… 106
5.10 异步电动机控制电路 ……………………………… 112
习题 …………………………………………………… 117

第6章 低压供配电系统 ………………………………… 119
6.1 城市电网概述 ……………………………………… 119
  6.1.1 电力系统的组成 ………………………………… 119
  6.1.2 额定电压分类 …………………………………… 121
6.2 电力负荷的分类和计算 …………………………… 121
  6.2.1 负荷等级 ………………………………………… 121
  6.2.2 负荷曲线 ………………………………………… 121
  6.2.3 用需要系数法确定计算负荷 …………………… 122
6.3 低压配电系统的供电方案 ………………………… 128
6.4 低压配电系统的接线方式 ………………………… 129
6.5 导线和电缆截面的选择 …………………………… 130
6.6 高压配电设备 ……………………………………… 135
  6.6.1 电弧 ……………………………………………… 135
  6.6.2 高压电气设备 …………………………………… 135
6.7 室外配电线路 ……………………………………… 139
  6.7.1 架空线路 ………………………………………… 139
  6.7.2 电缆线路 ………………………………………… 142
习题 …………………………………………………… 147

第7章 建筑电气 ………………………………………… 149
7.1 光学基本知识 ……………………………………… 149
7.2 照明方式、种类、标准、质量 …………………… 153
  7.2.1 照明方式 ………………………………………… 153
  7.2.2 照明的种类 ……………………………………… 153

7.2.3　照明质量 ……………………………………… 154

7.2.4　照度标准 ……………………………………… 155

7.3　电光源 …………………………………………… 158

7.3.1　常用电光源 …………………………………… 158

7.3.2　灯具 …………………………………………… 161

7.4　照度计算 ………………………………………… 166

7.4.1　利用系统法 …………………………………… 166

7.4.2　单位容量法 …………………………………… 169

7.4.3　单位面积估算法 ……………………………… 170

7.5　照明器的布置 …………………………………… 170

7.5.1　照明器的高度布置及要求 …………………… 170

7.5.2　照明器的平面布置及要求 …………………… 171

7.6　照明供配电系统 ………………………………… 173

7.7　照明负荷计算 …………………………………… 175

7.8　建筑施工现场的供电 …………………………… 179

7.8.1　施工工地照明 ………………………………… 180

7.8.2　施工现场电力负荷计算 ……………………… 180

7.8.3　施工现场供电平面图 ………………………… 181

7.9　高层建筑供配电系统 …………………………… 182

7.10　电能表 ………………………………………… 183

7.10.1　电能表的结构 ……………………………… 183

7.10.2　电能表的安装要求 ………………………… 185

7.11　照明设计要点 ………………………………… 185

7.11.1　住宅照明设计要点 ………………………… 185

7.11.2　学校照明设计要点 ………………………… 186

7.11.3　办公楼照明设计要点 ……………………… 186

7.11.4　商场照明设计要点 ………………………… 186

7.11.5　建筑景观照明 ……………………………… 187

7.11.6　室外照明 …………………………………… 187

7.12　应急照明 ……………………………………… 187

7.12.1　应急照明的种类 …………………………… 187

7.12.2　应急照明设置部位 ………………………… 187

习题 …………………………………………………… 189

第8章　建筑电气安装 ……………………………… 191

8.1　线路敷设的基本方法 …………………………… 191

8.2　线路暗敷设 ································· 199
　8.2.1　线路暗敷设使用的管材 ············· 199
　8.2.2　电气施工准备 ····················· 200
　8.2.3　基础阶段的电气施工 ··············· 201
　8.2.4　主体结构工程中的电气施工 ········· 202
　8.2.5　装修工程中的电气施工 ············· 203
8.3　照明电器的安装 ························· 204

第9章　建筑电气识图 ····················· 210
9.1　基本知识 ······························· 210
　9.1.1　电气施工图的种类 ················· 210
　9.1.2　图例和符号 ······················· 211
9.2　图纸内容 ······························· 212
9.3　电气照明图实例 ························· 215

第10章　建筑防雷与安全用电 ··············· 229
10.1　建筑防雷 ····························· 229
　10.1.1　雷电的基本知识 ················· 229
　10.1.2　建筑物的防雷 ··················· 231
10.2　防雷装置 ····························· 234
10.3　安全用电 ····························· 239
　10.3.1　触电、急救与防护 ··············· 239
　10.3.2　保护接地与保护接零 ············· 240
10.4　建筑物的接地 ························· 242
10.5　建筑防雷及接地平面图 ················· 244

第11章　建筑弱电工程 ····················· 247
11.1　共用天线电视系统 ····················· 247
　11.1.1　概述 ··························· 247
　11.1.2　共用天线电视系统的功能 ········· 248
　11.1.3　共用天线电视系统的几个概念 ····· 249
　11.1.4　共用天线电视系统的组成 ········· 249
　11.1.5　闭路电视系统 ··················· 254
11.2　电话通信系统 ························· 255
　11.2.1　电话通信系统概述 ··············· 255
　11.2.2　电话通信系统的组成 ············· 256
　11.2.3　电话传输线路 ··················· 257
　11.2.4　室内配线方式 ··················· 257

  11.2.5 管线敷设 ·································· 258

 11.3 建筑消防电气 ···································· 259

  11.3.1 火灾自动报警与灭火的基本原理 ·········· 259

  11.3.2 系统的组成 ······························ 259

  11.3.3 系统的布线 ······························ 265

 11.4 防盗与保安系统 ···································· 267

 11.5 广播音响系统 ···································· 269

 11.6 智能建筑与综合布线系统 ·························· 270

  11.6.1 智能建筑的概念 ·························· 270

  11.6.2 智能建筑的功能 ·························· 270

 习题 ·· 277

第12章 电子电路基础 ······························ 278

 12.1 半导体二极管 ···································· 278

  12.1.1 半导体二极管的基本知识 ················ 278

  12.1.2 PN 结 ·································· 280

  12.1.3 半导体二极管 ·························· 281

  12.1.4 特殊二极管 ······························ 284

 12.2 半导体三极管 ···································· 285

  12.2.1 半导体三极管的结构 ···················· 285

  12.2.2 三极管的电流放大作用 ·················· 286

  12.2.3 三极管的电流放大原理 ·················· 288

  12.2.4 三极管的特性曲线 ······················ 288

  12.2.5 三极管的主要参数 ······················ 291

附录 ·· 293

 附录1 导线载流量及截面选择 ···················· 293

 附录2 常用重要建筑及设备的负荷级别 ············ 300

 附录3 常用灯具的安装功率 ························ 303

 附录4 一般家用电器的用电负荷 ·················· 307

 附录5 线路敷设有关数据 ·························· 308

 附录6 常用材料的反射、透射和吸收数据 ·········· 311

 附录7 建筑弱电有关数据 ·························· 313

 附录8 常用变压器有关数据 ······················ 323

 附录9 Y 系列和 YZR 系列电动机技术数据 ········ 324

 附录10 按导线使用环境选择敷设方式 ············ 326

 附录11 电能表常用规格及技术参数 ·············· 326

附录 12　火灾应急照明供电时间、照度及场所举例 ·················· 327

附录 13　常见电光源的有关数据 ·················· 327

附录 14　建筑电气平面图常用图形符号及文字符号（新旧国标对照）
·················· 328

附录 15　电气常用图形符号——变压器、互感器 ·················· 337

附录 16　常用电气设备文字符号 ·················· 339

参考文献 ·················· 341

第1章 直流电路

1.1 直流电路

随着时代的发展，科学技术的不断进步，电工技术已广泛应用于生产、生活中。目前广泛使用的电气设备种类繁多且不断更新，如家用电器中近年出现了电磁炉，照明灯具中出现了节能灯等。其中，绝大部分电气设备都是由各种各样的基本电路组成的。因此，学习和掌握电路分析的计算方法十分重要。

1.1.1 电路的组成和作用

1. 电路的组成

电路就是电流的通路，是为了完成某一任务、某种需要，由某些电气设备或元器件按一定方式组合起来的。电路的功能不同，其复杂程度也不同。但不论复杂程度如何，都由以下三个部分组成：

(1) 电源

提供电路所需的电能，是将其他形式的能量转化为电能的一种装置。如电池，将化学能转化成电能；发电机，将机械能转化成电能。

对于电源来说，由负载和中间环节组成的电流通路称为外电路，电流方向由电源正极指向负极；电源内部的电流通路又称为内电路，电流方向由电源负极指向正极。

电源端电压（外电路电压）的方向是从高电位指向低电位，即电位降方向。电动势的方向在电源内部是从低电位（负极）指向高电位（正极），即电位升的方向。

(2) 负载

电路中消耗电能的设备或器件，它将电能转化为其他形式的能量。如电灯是将电能转化为光能；电动机是将电能转化为机械能；电炉是将电能转化为热能等。

负载大小是以单位时间内耗电量的多少来衡量的。由于电路中的负载都表现出一定的电阻，当电源电压一定时，电阻大的负载所取用的电流较小，消耗的功率也小；反之，负载的电阻越小，消耗的电功率越大。

(3) 中间环节

传送、分配和控制电能的部分。包括：导线、开关、熔断器、测量仪表等。

电路种类有很多，由直流电源供电的电路称为直流电路；由交流电源供电的电路称为交流电路；由晶体管等元器件组成的将信号进行放大的电路称为放大电路。

2．电流和电压的参考方向

电流和电压的方向，有实际方向和参考方向之分，要加以区别。

习惯上规定电流的方向（实际方向）为正电荷运动的方向。对于简单电路，电流方向可以根据电源的极性很容易地判断出来，但在进行复杂电路的分析和计算时，某支路中电流的实际方向往往难于判断。为此，引入参考正方向的概念。任意选定某一方向作为电流的参考方向，称为参考正方向。所选的电流参考正方向与电流的实际方向并不一定一致，当参考正方向与电流的实际方向一致时，则计算出的电流值为正；反之，则为负。在参考正方向选定之后，电流值才有正负之分。

在电路图上所标出的电流、电压和电动势的方向，一般都是参考正方向。

3．电路的作用

（1）电能的传输和转换

电力工程，包括发电、输电、配电、电力拖动、电热、电气照明，以及交直流电之间的整流、变换等。对于这些电路，由于输送和变换能量的规模一般较大，输送距离较远，因此要求尽可能地减少损耗以提高效率。

（2）信息的传递和处理

在现代化的生产、生活和科学技术领域中，还有另一类以传递和处理信号为主要目的的电路，例如语言、文字、音乐、图像的广播和接收，生产过程中的自动调节，各种输入数据的数据处理，信号的存贮等等。该类电路处理的信号量值很小，但要求能准确地传递和进行信号处理，保证不失真。如工业生产中广泛使用的测温仪器——热电偶，是将温度差转化成微小热电动势。压力变送器是将压差转化成微小电压。

1.1.2　欧姆定律

流过电阻的电流与其两端电压成正比，与电阻值成反比，这一规律是德国物理学家欧姆在实验中发现的，我们称之为欧姆定律，它是分析电路的基本定律之一。

1．一段无源电路的欧姆定律

闭合回路中的一段不包含电动势，仅含有电阻的电路称为无源电路，如图1-1所示。

图中正负号的意义有两种：一种是由电流、电压的正方向确定的即方程所带的正负号；另一种是物理量本身所带的正负号，在进行电路计算时要加以注意。首先按电流、电压的参考正方向列出方程，确定方程的正负号后，再把电流、电压本身的正负号代进去。

2．一段有源电路的欧姆定律

含有电源的电路称为有源电路，如图1-2所示。

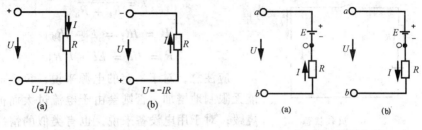

图 1-1　无源电路　　　　　　　　图 1-2　有源电路

由图1-2a可得：

$$U = E - IR$$

$$I = \frac{E - U}{R}$$

由图1-2b可得：

$$U = E + IR$$

$$I = \frac{-E + U}{R}$$

因此，有源电路的欧姆定律可用下式表示：

$$I = \frac{\pm E \pm U}{R} \qquad (1-1)$$

式中，电压和电动势的正方向与电流正方向一致时取正号，反之则取负号。

3．全电路欧姆定律

含有电源和负载的闭合电路称为全电路。

如图1-3所示，有：

$$U = IR = E - IR_0$$

即　　　　　$I = \frac{E}{R + R_0}$　　　　(1-2)

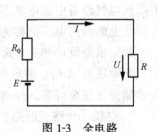

图 1-3　全电路

式中　R_0——电源内阻。

1.1.3　电路的工作状态

1．负载状态

如图1-4所示，开关K闭合，电源与负载接通成闭合回路时的工作状态称为负载状态。此时，电路中的电流称为负载电流。当电源电动势 E 和内阻 R_0

3

一定时，电流的大小取决于负载电阻 R_L。R_L 减小，电流增大；R_L 增加，电流减小。

负载状态的电路特征是：

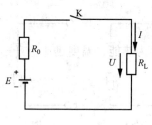

图1-4 负载状态

$$I = \frac{E}{R_L + R_0}$$

$$U = IR_L = E - IR_0$$

$$P = UI = EI - I^2 R_0$$

应注意，对于一定的电源来说，负载电流不能无限制地增加，否则会由于电流过大而把电源烧毁；对于用电设备来说，也有类似的情况。因此，各种电气设备或电路元件的电压、电流、功率等都有规定的值，即额定值。

电气设备在额定值下的工作状态称为额定工作状态，也称满载状态。

当电流流过电路时，由于导线及电气元件都有一定的电阻，会有一部分电能转变为热能而使设备的温度升高，因此，电气设备工作时都规定了最高容许温度。如常用的橡胶绝缘导线的最高容许温度为65℃；电缆的最高容许温度为60~80℃。如果电气设备工作时温度上升过高，超过了容许值，绝缘材料很快会变脆损坏，温度再升高，绝缘材料就会炭化燃烧，毁坏电气设备，造成严重事故。

电气设备开始工作后，温度逐渐升高，在一定时间内，设备产生的热量与散发出的热量相等，温度不再升高，此时电气设备的温度称为稳定温度。电气设备长时间连续工作，稳定温度达到最高容许温度时的电流称为额定电流。为了限制电气设备中的电流不致过大并保证绝缘材料的安全使用而规定的加在电气设备上的最高电压值称为该设备的额定电压。

额定值是设计和生产部门对电气产品所作的使用规定，常用下标"N"表示。如额定电流 I_N、额定电压 U_N、额定功率 P_N 等。按照额定值使用电气设备才能保证安全可靠、经济合理、延长设备的使用寿命。

2. 空载（开路、断路）状态

如图1-4所示，开关K断开，电路不通，此时电路中负载电阻为无穷大，电流为零。电路的这种状态称为空载（开路）状态。空载时，电路的端电压在数值上等于电源电动势，叫做开路电压，用 U_{OC} 表示。电路不输出功率。

空载状态电路的特征是：

$$I = 0$$

$$U_{OC} = E$$

3. 短路状态

图 1-4 中，若外电路电阻 R_L 减小到零，则电路中仅有电源内阻 R_0，R_0 很小时，电流会达到很大的数值，称为短路电流，又称电激流，用 I_S 表示。电路的这一状态称为短路状态，有：

$$I_S = \frac{E}{R_0}$$

这时电源对外不输出功率，电源功率全部转换为热能，温度迅速上升，致使电源烧毁。

【例 1-1】　见图 1-5，已知电源电动势 E 为 24V，内阻 R_0 为 0.2Ω，负载电阻 R_L 为 5.8Ω，求负载电流和短路电流。

解：根据全电路欧姆定律，有：

$$I = \frac{E}{R_L + R_0} = \frac{24}{5.8 + 0.2} = 4 \text{（A）}$$

$$I_S = \frac{E}{R_0} = \frac{24}{0.2} = 120 \text{（A）}$$

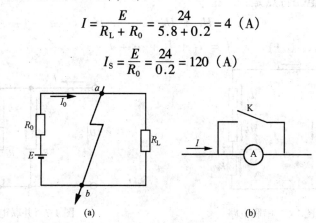

(a)　　　　　　　　(b)

图 1-5　电路的短路
(a) 电源短路；(b) 电源短接

可见，短路电流远大于负载电流。

电源的短路是应该避免的。为防止由于短路引起的大电流烧毁电源的事故发生，通常在电路中安装熔断器或其他自动保护装置，以保护电气设备和供电线路，见图 1-5a。

有时由于某种需要，人为地将电路的某一部分或某个元件短路。例如为防止电动机启动电流对串接在电动机回路中的电流表的冲击，在启动时将电流表短接，使启动电流旁路通过，待电动机启动后再断开短路线，恢复电流表的作用。这种有用的短路称为短接，见图 1-5b。

1.1.4　电阻的串联与并联

1. 电阻的串联

如图 1-6 所示，假定有 n 个电阻 R_1、R_2、R_3、…、R_n 顺序相接，其中没

有分岔，称为 n 个电阻串联。电路特点是：

电流 $$I = I_1 = I_2 = \cdots = I_n \qquad (1-3)$$

总电压 $$U = U_1 + U_2 + \cdots + U_n \qquad (1-4)$$

总电阻 $$R = R_1 + R_2 + \cdots + R_n \qquad (1-5)$$

功率 $$P = I(U_1 + U_2 + \cdots + U_n) = P_1 + P_2 + \cdots + P_n \qquad (1-6)$$

n 个串联电阻吸收的总功率等于各个电阻吸收的功率之和。

串联分压：各串联电阻上分压的大小与各电阻值的大小成正比。

2. 电阻的并联

如图 1-7 所示，假定有 n 个电阻 R_1、R_2、R_3、$\cdots$、R_n 并排连接，称为 n 个电阻并联。电路特点是：

电压 $$U = U_1 = U_2 = \cdots = U_n \qquad (1-7)$$

总电流 $$I = I_1 + I_2 + \cdots + I_n \qquad (1-8)$$

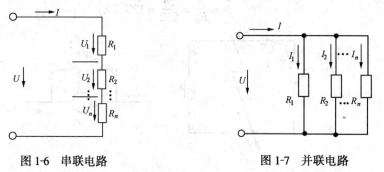

图 1-6　串联电路　　　　　　　　图 1-7　并联电路

总电阻的倒数，即：

$$\frac{1}{R} = \frac{1}{R_1} + \frac{1}{R_2} + \cdots + \frac{1}{R_n} \qquad (1-9)$$

功率 $$P = U(I_1 + I_2 + \cdots + I_n) = P_1 + P_2 + \cdots + P_n \qquad (1-10)$$

n 个并联电阻吸收的总功率等于各个电阻吸收的功率之和。

并联分流：各并联电阻上电流的大小，与各电阻值的大小成反比。

3. 电阻的混联

在一个电路中，既有相互串联的电阻，又有相互并联的电阻，这样的电路称为混联电路。

计算和分析混联电路，可以用找等电位点，画等效电路，求等效电阻的方法。

【例 1-2】　如图 1-8a 所示的电路图中，已知 $R_1 = R_5 = 2\Omega$，$R_2 = R_3 = R_4 = 1\Omega$，求 A、B 间的等效电阻。

解：其等效电路图如图 1-8b 所示，求得其等效电阻为 1Ω。

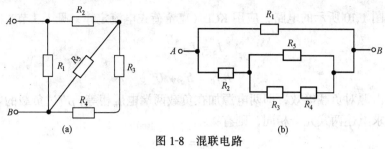

图 1-8 混联电路

（a）混联电路；（b）等效电路

1.2 等效电源

1.2.1 电压源和电流源

1. 电压源

为电路提供一定电压的电源称为电压源，以电动势 E 与内阻 R_0 串联的形式表示。若电压源的内阻 R_0 为零，电源将提供一个恒定不变的电压，则称为理想电压源，又称恒压源。恒压源有两个特点：①电压恒定不变；②电路中电流的大小取决于与恒压源连接的负载电阻的大小。实际电压源的内阻很小，可以看成是理想电压源与电阻 R_0 串联而成，如图 1-9 所示。

2. 电流源

为电路提供一定电流的电源称为电流源，用一个定值电流 I_S 和内电阻 r_0 并联的形式表示。I_S 的方向由低电位向高电位。若电流源的内阻无限大，电源将提供一个恒定的电流，则称为理想电流源，简称恒流源。

恒流源的端电压的大小随外电路而改变，但它提供的电流是一定的，不随外电路而改变，如图 1-10 所示。

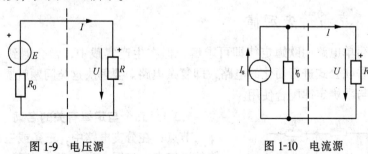

图 1-9　电压源　　　　　　　图 1-10　电流源

1.2.2 电压源与电流源的等效代换

如图 1-9 所示的电路，应用 KVL（克希荷夫电压定律，见 1.3 节），有：

$$E = U + IR_0$$

如图1-10所示的电路，应用KCL（克希荷夫电流定律，见1.3节），有：

$$I_S = I + \frac{U}{r_0}$$

$$I_S r_0 = Ir_0 + U$$

两电源对负载等效，即两电源加在负载两端电压相等，流过负载的电流相等。要求上述两式完全相同，则有：

$$R_0 = r_0$$

$$E = I_S r_0$$

或

$$I_S = \frac{E}{r_0} = \frac{E}{R_0}$$

结论1：具有电动势E和内阻R_0的电压源，可以等效变换为具有相同内阻的电流源，它的电激流I_S等于电压源的短路电流。

结论2：具有电激流I_S和内阻r_0的电流源，可以等效变换为具有相同内阻的电压源，它的电动势E等于已知电流源的开路电压，即$E = I_S r_0$。

根据以上两个结论，可以进行实际电压源和电流源之间的等效变换，这种变换仅适用于外电路，电源内部是不等效的。理想电压源和电流源之间不能进行等效变换。

进行等效变换时，要考虑电源的极性，电流源的正极就是电激流的出端。

【例1-3】 已知一个电压源电动势$E = 20V$，内阻$R_0 = 4\Omega$。求其等效电流源的电激流和内阻。

解： 电激流

$$I_S = \frac{E}{R_0} = \frac{20}{4} = 5 \text{（A）}$$

内阻

$$r_0 = R_0 = 4 \text{（}\Omega\text{）}$$

1.3 克希荷夫定律

简单电路用欧姆定律即可求解，但在生产实践中，常会遇到一些不能用串、并联公式进行简化的电路，即复杂电路。要解决这类问题就要将克希荷夫定律与欧姆定律配合使用。

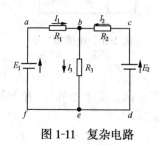

图1-11 复杂电路

1.3.1 几个与定律有关的名词

节点：在分支电路中，三条或三条以上的支路的连接点，如图1-11中的b点和e点。

支路：电路中的每个分支即为一条支路，每条支路流过一个电流，如图1-11中的$bafe$、be、$bcde$三条支路。

回路：电路中的任一闭合路径，如图1-11

8

中的 *abefa*、*bcdeb*、*abcdefa*。

网孔：不含支路的回路，如图 1-11 中的 *abefa*、*bcdeb*。

1.3.2 克希荷夫电流定律（又称为节点电流定律或 KCL 定律）

在分支电路中，各支路电流不一定相等。克希荷夫电流定律就是确立电路中各部分电流之间相互关系的定律。

表述 1：在任一瞬间，流入一个节点的电流之和等于流出该节点的电流之和，即：

$$\sum I_入 = \sum I_出$$

若规定流入节点的电流为正，流出节点的电流为负，则：

对于图 1-11 中的节点 *b*：$\qquad I_1 + I_2 = I_3$

对于图 1-11 中的节点 *e*：$\qquad I_3 = I_1 + I_2$

表述 2：对电路中的任一节点，流入流出节点的电流的代数和恒等于零，即：

$$\sum I = 0$$

对于图 1-11 中的节点 *b*：$\qquad I_1 + I_2 - I_3 = 0$

对于图 1-11 中的节点 *e*：$\qquad I_3 - I_1 - I_2 = 0$

克希荷夫电流定律的实质是反映了电流的连续性。电流不可能在电路中的任一点有积累或减少，因此，克希荷夫电流定律不仅适用于节点，还适用于任一包含几个节点的闭合面，即广义节点。

【例 1-4】 图 1-12 为电路中的部分电路，若其中 $I_1 = 1A$，$I_2 = 2A$，$I_3 = 5A$，求 I_4。

解：将图中的闭合面 △*abc* 视为一个节点，据克希荷夫电流定律，有：

$$I_1 - I_2 - I_3 - I_4 = 0$$

$$1 - 2 - 5 - I_4 = 0$$

$$I_4 = -6 \ (A)$$

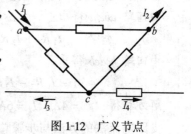

图 1-12 广义节点

1.3.3 克希荷夫电压定律（又称为回路电压定律或 KVL 定律）

克希荷夫电压定律说明了电路中各部分电压的关系。

表述 1：任一回路中，环行回路一周，所有电压的代数和等于零。

$$\sum U = 0$$

设顺时针方向为环绕正方向，则图 1-11 中：

回路 *abefa*：$I_1 R_1 + I_3 R_3 - E_1 = 0$

回路 *bcdeb*：$-I_2 R_2 + E_2 - I_3 R_3 = 0$

回路 *abcdefa*：$I_1 R_1 - I_2 R_2 + E_2 - E_1 = 0$

9

表述2：任一回路中，环行回路一周，所有电动势的代数和所有电压的代数和相等。

$$\sum E = \sum U$$

仍以顺时针方向为环绕正方向，则图1-11中：

回路 *abefa*：$I_1 R_1 + I_3 R_3 = E_1$

回路 *bcdeb*：$-I_2 R_2 - I_3 R_3 = -E_2$

回路 *abcdefa*：$I_1 R_1 - I_2 R_2 = E_1 - E_2$

克希荷夫电压定律的实质是反映了电位的单一性，即沿回路环绕一周，电场力所做的功为零。

1.3.4 支路电流法

分别对节点和回路列出所需的方程来求解各支路电流的方法称为支路电流法。

【例1-5】 如图1-11所示的电路，已知 $R_1 = 20\Omega$，$R_2 = 5\Omega$，$R_3 = 6\Omega$，$E_1 = 140\text{V}$，$E_2 = 90\text{V}$。求各支路电流。

解：在图1-11电路中有三条支路和两个节点。假定各支路电流的参考正方向如图所示。

根据KCL列出节点电流方程，由节点 *b* 得出：

$$I_1 + I_2 - I_3 = 0$$

根据KVL可列出两个回路的电压方程：

由回路 *abefa* 得出：

$$I_1 R_1 + I_3 R_3 = E_1 \qquad 140 = 20 I_1 + 6 I_3$$

由回路 *bcdeb* 得出：

$$-I_2 R_2 - I_3 R_3 = -E_2 \qquad 90 = 5 I_2 + 6 I_3$$

解方程得：$I_1 = 4\text{A}$，$I_2 = 6\text{A}$，$I_3 = 10\text{A}$

支路电流法的方法与步骤总结如下：

(1) 指定各支路电流为独立变量，在电路图中标定它们的参考正方向。

(2) 根据KCL列出节点电流方程。若节点数为 n 个，则可列出 $(n-1)$ 个独立方程(第 n 个节点电流方程可由已列出的方程推导出来,不具有独立性)。

(3) 根据KVL列出其余不足的方程。列回路电压方程时应注意方程的独立性，即每列一个回路方程，回路中至少应包括一条新的支路（据网孔所列方程定为独立方程）。若电路中有 n 个节点，b 条支路，则可以列出的独立方程的数为 $[b - (n-1)]$ 个。

(4) 解方程组，求出未知的各支路电流。

(5) 选定一条新的回路，列方程，将算出的结果代入验算。

【例1-6】 如图1-13所示为惠斯登电桥电路，试求通过检流计的电流 I_g。

解：（1）标出各支路电流的参考正方向，如图1-13所示。

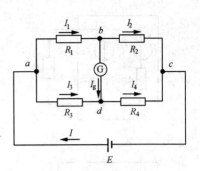

（2）列节点电流方程，根据克希荷夫电流定律。

对点 a：　　$I - I_1 - I_3 = 0$

对点 b：　　$I_1 - I_2 - I_g = 0$

对点 c：　　$I_2 + I_4 - I = 0$

（3）列回路电压方程，根据克希荷夫电压定律。

图1-13　惠斯登电桥电路

规定顺时针方向为绕行正方向，则

对回路 $abda$：　　　$I_1 R_1 + I_g R_g - I_3 R_3 = 0$

对回路 $bcdb$：　　　$I_2 R_2 - I_4 R_4 - I_g R_g = 0$

对回路 $adca$：　　　$I_4 R_4 + I_3 R_3 = E$

以上六个方程组成方程组，将已知条件代入即可求出电流 I_g。

1.4　等效电压源定理（戴维南定理）

在实际应用中，有时不需要把所有支路的电流都求出来，而只要计算某一特定支路的电流，这种计算运用等效电压源定理较为简便。

首先介绍二端网络的概念。任何网络不管它的复杂程度如何，只要它具有两个出线端子都叫做二端网络。二端网络按它的内部是否含有电源，分为有源二端网络和无源二端网络。

定理内容：对于任意的线性有源二端网络，就其对外的作用来说，可以用一个电动势 E_0 串联内阻 R_0 的电压源来等效，其中的 E_0 值等于该二端网络的开路电压 U_{OC}，内阻 R_0 的值等于把该网络中电动势短路（但保留其内阻）后该网络的入端电阻。

【例1-7】 见图1-14a，已知 $E_1 = 6V$，$E_2 = 1.5V$，$R_{01} = 0.6\Omega$，$R_{02} = 0.3\Omega$，$R = 9.8\Omega$。用戴维南定理求通过 R 的电流 I。

解： 由图1-14b，计算等效电压源的电动势 E'，因为：

$$I' = \frac{E_1 - E_2}{R_{01} + R_{02}} = \frac{6 - 1.5}{0.6 + 0.3} = 5(A)$$

$$E' = U_{AB} = E_1 - R_{01} I' = 6 - 0.6 \times 5 = 3(V)$$

或

$$E' = U_{AB} = E_2 + R_{02} I' = 1.5 + 0.3 \times 5 = 3(V)$$

由图1-14c 计算 A、B 两点间的等效电阻：

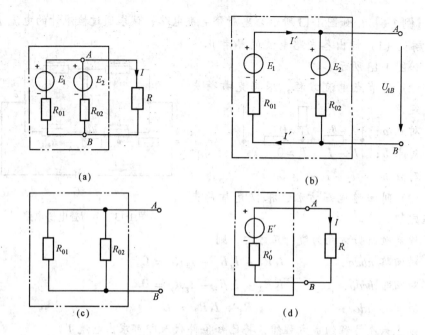

图 1-14 有源电路的等效变换

(a) 复杂电路中待求支路 I；(b) 有源二端网络

(c) 等效电压源的内电阻；(d) 用等效电压源代替有源二端网络

$$R_0' = \frac{R_{01} R_{02}}{R_{01} + R_{02}} = \frac{0.6 \times 0.3}{0.6 + 0.3} = 0.2(\Omega)$$

因此，图 1-14d 中，通过待求支路 R 的电流为：

$$I = \frac{E'}{R + R_0'} = \frac{3}{9.8 + 0.2} = 0.3(A)$$

【例 1-8】　如图 1-15a 所示为电桥电路。已知，$E = 48V$，不计内阻，$R_1 = 12\Omega$，$R_2 = 24\Omega$，$R_3 = 36\Omega$，$R_4 = 12\Omega$，$R = 33\Omega$。试用戴维南定理求电路中的 R 支路的电流 I。

解：先将支路断开，如图 1-15b 所示，求 A、B 两点间的开路电压。

A、B 两点电位：

$$U_A = E - \frac{R_1}{R_1 + R_2}E = 48 - \frac{12}{12 + 24} \times 48 = 32(V)$$

$$U_B = E - \frac{R_3}{R_3 + R_4}E = 48 - \frac{36}{36 + 12} \times 48 = 12(V)$$

$$E' = U_{AB} = U_A - U_B = 32 - 12 = 20(V)$$

将 E 短路，得无源二端网络，见图 1-15c，则 A、B 间的等效电阻：

$$R_0' = \frac{R_1 R_2}{R_1 + R_2} + \frac{R_3 R_4}{R_3 + R_4} = \frac{12 \times 24}{12 + 24} + \frac{36 \times 12}{36 + 12} = 8 + 9 = 17(\Omega)$$

将 R 支路接入有源二端网络，见图 1-15d，求得 R 支路电流：

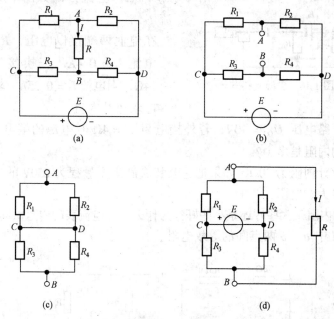

图 1-15　电桥电路

$$I = \frac{E'}{R + R_0'} = \frac{20}{33 + 17} = 0.4(A)$$

用戴维南定理解题的步骤总结如下：

（1）将电路划分为待求支路和有源二端网络两部分。

（2）将待求支路断开，求出有源二端网络的开路电压 U_{OC}，即等效电压源的电动势 E'。

（3）令有源二端网络中所有的电动势为零，保留各电源内阻，得一无源二端网络，求它的输出电阻 R_0'。

（4）用等效电压源代替有源二端网络，将待求支路接入，用欧姆定律求出该支路电流。

习　　题

1. 电路是由哪几部分组成的？各部分的作用是什么？

2. 电流、电压、电动势的实际方向是如何规定的？它们的参考正方向是如何规定的？为什么要规定参考方向？

3. 某用户离电源较远，所使用的日光灯必须在天黑以前、其他用户开灯前打开，否则，这家用户的日光灯总是不能启动，这是为什么？

4. 一段含源支路如图 1-16 所示，已知 $E_1 = 6V$，$E_2 = 14V$，$U_{ab} = 0$，$R_1 = 2\Omega$，$R_2 = 3\Omega$，电流方向如图中所示，求电流 I。

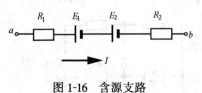

图 1-16 含源支路

5. 在电池两端接以电阻，$R_1 = 8\Omega$，得电流 $I_1 = 0.4A$，若换接电阻 $R_2 = 14\Omega$，则电流 $I_2 = 0.25A$，求此电池的电动势及内阻。

6. 某电源开路电压 $U_{OC} = 10V$，若外接电阻 $R = 4\Omega$ 时电源的端电压 $U = 8V$，该电源的内阻是多少？

7. 1mA 电流计内阻为 20Ω，如果把它改装成满刻度量程为 250V 的电压表，则需串接多大的电阻？

8. 电压表的内阻是大些好还是小些好？为什么？对电流表的内阻做同样的分析。

9. 求图 1-17 中 a、b 两点间的等效电阻。

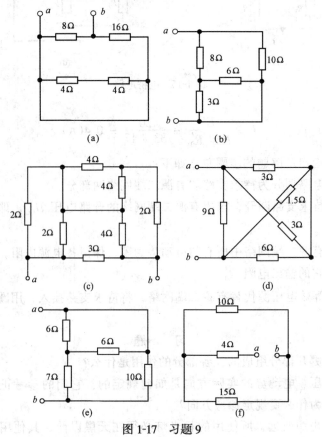

图 1-17 习题 9

10. 见图 1-11，若 $E_2 = 16V$，其他数据不变，求各支路电流。

11. 某照明线路中熔丝的熔断电流是 5A，现将 220V，1000W 的电冰箱接入电路中，问熔丝是否会熔断？若再加入 220V，500W 的彩电，熔丝会熔断吗？

12. 电源的开路电压为 120V，短路电流为 2A，问负载从该电源中能获得的电功率是多少？

13. 如图 1-18 所示，各支路电流的正方向均标在图中，试列出求解各支路电流的联立方程。

14. 如图 1-19 所示的电路中，已知 $E_1 = E_2 = 18V$，$R_1 = 2\Omega$，$R_2 = 4\Omega$，$R_3 = 8\Omega$，$R_4 = 4\Omega$，求电流 I_{CD}。

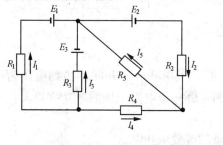

图 1-18　习题 13

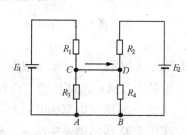

图 1-19　习题 14

15. 如图 1-20 所示，已知 $E_1 = 6V$，$E_2 = 1V$，$R_1 = 1\Omega$，$R_2 = 2\Omega$，$R_3 = 3\Omega$，试求各支路上的电流。

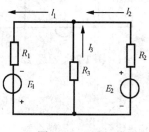

图 1-20　习题 15

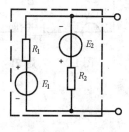

图 1-21　习题 16

16. 如图 1-21 所示，已知 $E_1 = 2V$，$E_2 = 9V$，$R_1 = 2\Omega$，$R_2 = 3\Omega$，把有源网络变换成一个等效电压源。

17. 一电动势为 8V，内阻为 0.2Ω 的电源，接上 7.8Ω 的负载电阻，用电压源与电流源两种方法，计算负载电阻消耗的功率和电源内阻消耗的功率，并比较两种方法对负载电阻和电源内阻是否等效。

18. 如图 1-22 所示的电路中，已知 $E_1 = 12V$，$E_2 = 6V$，$R_1 = 3\Omega$，$R_2 = 6\Omega$，

$R_3 = 10\Omega$，用戴维南定理求通过电阻 R_3 的电流。

19. 如图 1-23 所示的电路中，已知 $E_1 = 12V$，$E_2 = 15V$，$R_1 = 6\Omega$，$R_2 = 3\Omega$，$R_3 = 2\Omega$，用戴维南定理求通过电阻 R_3 的电流。

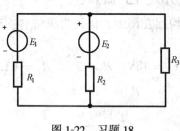

图 1-22　习题 18

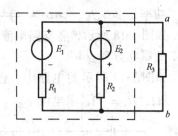

图 1-23　习题 19

20. 有三个电阻，$R_1 > R_2 > R_3$，将它们：①串联；②并联，接到电压为 U 的电源上，试就这两种情况分别说明：哪一个电阻取用的电功率最大？

21. 求图 1-24 所示电路的开口电压。

22. 求图 1-25 所示电路中的 a、b 两点的等效电压源。

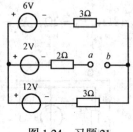

图 1-24　习题 21

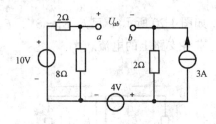

图 1-25　习题 22

第2章 正弦交流电路

正弦交流电路是电工学的重点内容之一，是学习电机、电器和电子技术的基础。

直流电路中的一些基本定律和分析方法也适用于交流电路，但交流电路中的物理量是随时间作周期性变化的，因此，会有一些特殊的物理现象和规律，学习时应注意掌握。

由于交流电具有容易生产、容易变压、输送和分配方便等特点，且生产中广泛使用的带动生产设备运转的三相异步电动机，也是用三相交流电作为电源的，所以在工业生产和日常生活中得到广泛应用。在需要直流电的场合，可以通过整流装置将交流电变换成直流电。

在周期性变化的电流中，一种是大小随时间变化，而方向不变，称为脉动电流。另一种是大小和方向都随时间变化的电流，称为交流电流。大小和方向随时间按正弦规律变化的电动势、电压、电流统称为正弦交流电。

2.1 正弦交流电的基本物理量

任何一个正弦量，都可以用正弦量三要素来表示。即：频率（周期）、初相角、振幅（最大值）。

一般情况下的正弦交流电流的表示式为：

$$i = I_m \sin(\omega t + \varphi) \quad (2-1)$$

式中　i——交流电的瞬时值；

　　I_m——交流电的最大值；

　　ω——交流电的角频率；

　　φ——交流电的初相角。

交流电的波形如图 2-1 所示。

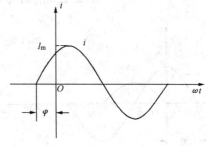

图 2-1　正弦交流电流

2.1.1 周期与频率

1. 周期与频率

周期和频率是描述正弦量变化快慢的物理量。正弦交流电循环变化一周所需的时间叫周期，用 T 表示，单位是秒（s）。周期大表示交流电变化一周所需要的时间长，波形变化慢；周期小表示交流电变化一周所用的时间短，波形

17

变化快。

正弦交流电每秒所经历的周期数称为频率，用 f 表示，单位是赫兹（Hz），更高频率的单位是千赫（kHz）或兆赫（MHz）。

根据以上定义，可得到周期和频率的关系：

$$T = \frac{1}{f} \tag{2-2}$$

周期和频率互为倒数。

我国规定工业用电的标准频率（简称工频）为 50Hz，其周期为 0.02s。

2. 角频率（电角速度）

周期与频率是描述正弦量的因素之一，但在正弦量的表示式中却看不到周期和频率，这是因为正弦量的表示式是通过 ω 与 f 或 T 建立联系的。

正弦交流电变化一个周期，相当于正弦函数变化 2π 弧度。正弦量每秒钟所经历的弧度数，称为角频率，用 ω 表示，单位是弧度/秒（rad/s）。频率为 f 的正弦量，其角频率 ω 为：

$$\omega = 2\pi f \text{ 或 } \omega = \frac{2\pi}{T} \tag{2-3}$$

对于标准工频交流电，有：

$$\omega = 2\pi f = 2\pi \times 50 = 314 \text{ rad/s}$$

2.1.2 相位

图 2-2 所表示的两个正弦量，其对应的表达式分别为：

$$u = U_m \sin(\omega t + \varphi_1) \qquad \left(\varphi_1 = \frac{\pi}{2}\right)$$

$$i = I_m \sin(\omega t + \varphi_2) \qquad (\varphi_2 = 0)$$

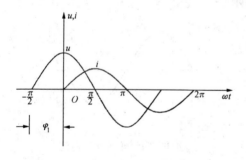

两者的区别在于，到达最大值（或零值）的时间不同，这可以从波形图上直观地看出，反映在表达式中是（$\omega t + \varphi_1$）和（$\omega t + \varphi_2$）。交流电是随时间变化的，在不同的时刻对应不同的电角度，从而得到不同的瞬时值。用（$\omega t + \varphi$）表示交流电随时间变化的进程，称为正弦量的相位，它是随时间变化的角度，所

图 2-2　两个同频率正弦量的相位差

以也叫相位角。

$t = 0$ 时的相位称初相角（初相位），其大小、正负与计时起点有关。计时起点是为了分析和研究正弦量而任意选取的。由于正弦量是周期性变化的，所以，一般相位角的取值范围是 $0 < \varphi \leqslant \pi$。

在工程上为了方便，也常以"度"为单位表示正弦量的相位。

两个同频率的正弦量在任何瞬时的相位之差叫相位差。如图 2-2 所表示的两个正弦量的相位差为：

$$\varphi = (\omega t + \varphi_1) - (\omega t + \varphi_2) = \varphi_1 - \varphi_2 \qquad (2\text{-}4)$$

可见，两个同频率正弦量的相位之差等于它们的初相位之差。

要注意的是，在计算相位差时要考虑到初相位自身的正负号。如两个正弦量：

$$i_1 = 10\sqrt{2}\sin(\omega t + 30°)$$

$$i_2 = 5\sqrt{2}\sin(\omega t - 45°)$$

则其相位差为：

$$\varphi = 30° - (-45°) = 75°$$

对于两个同频率正弦量，尽管其初相位与计时起点有关，但相位差是与计时起点无关的，它始终保持不变。

以图 2-2 所示的两个同频率正弦量为例，两个同频率正弦量的相位差有几种情况（图 2-3）：

（1）$\varphi > 0$ 时，$\varphi_1 > \varphi_2$，说明 u 比 i 先达到最大值，即 u 超前 i 或 i 滞后 u，见图 2-3a。

（2）$\varphi = 0$ 时，称为两正弦量同相位，它们同时达到最大值，在电路中的方向也总是相同的，见图 2-3b。

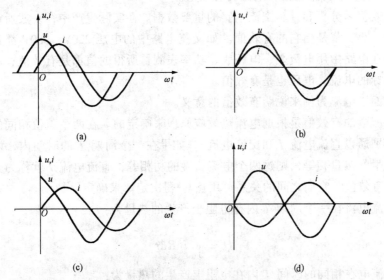

图 2-3　频率相同的正弦量的相位差

(a) $\varphi = \varphi_u - \varphi_i > 0$；(b) 同相 $\varphi = 0$

(c) 正交 $\varphi = \dfrac{\pi}{2}$；(d) 反相 $\varphi = \pi$

19

（3）$\varphi = \frac{\pi}{2}$时，称为两正弦量正交，见图 2-3c。

（4）$\varphi = \pi$ 时，称为两正弦量反相。它们中的一个达到正的最大值时，另一个则达到负的最大值，在电路中的方向总是相反的，见图 2-3d。

2.1.3　交流电的大小

1．瞬时值

对应于某一时刻的交流电的数值叫瞬时值，瞬时值是时间的函数，随时间的变化而变化。交流电瞬时值用小写英文字母表示，如 u、i、e 分别表示正弦交流电压、电流及电动势的瞬时值。

2．最大值

交流电在变化过程中所出现的最大瞬时值叫最大值，也叫振幅，用大写字母并加下标"m"表示，如 U_m、I_m 分别表示正弦电压和电流的最大值。

通常把正弦交流电的频率、最大值、初相位称为正弦量的三要素。一个正弦量由它的三要素惟一确定。

3．有效值

正弦交流电的瞬时值和振幅值只是交流电某一瞬时的数值，不能反映交流电在电路中做功的实际效果，而且测量和计算都不方便。为此，在电工技术中常用有效值来表示交流电的大小。交流电的有效值用大写英文字母表示，如 U、I 分别表示交流电压和电流的有效值。

有效值是分析和计算交流电路的重要数据。在实际生产中，一般所说的交流电的大小，都是指它的有效值。如交流电路中的电压 220V、380V 都是指有效值；在电路中用电流表、电压表、功率表测量所得的值都是有效值；电机的铭牌所标的电流、电压也是有效值。

下面以电流为例来说明有效值的意义。

交流电的有效值是根据电流热效应原理来确定的。在两个阻值相同的电阻上，分别通以直流电流 I 和交流电流 i，如果在一个周期 T 的时间内，两个电阻所产生的热量相等，则这两个电流所做的功相等，直流电流 I 就称为交流电流 i 的有效值。它们之间的关系可用焦耳-楞次定律来确定。

交流电流在一个周期 T 内在电阻上产生的热量为：

$$Q = \int_0^T i^2 R \mathrm{d}t$$

直流电在相同的时间 T 内在电阻上产生的热量为：

$$Q' = I^2 RT$$

根据交流电有效值的定义，有：

$$\int_0^T i^2 R \mathrm{d}t = I^2 RT$$

得

$$I = \sqrt{\frac{1}{T}\int_0^T i^2 \mathrm{d}t}$$

这就是有效值定义的数学表达式。可见，交流电流的有效值等于电流瞬时值的平方在一个周期内的平均值再开方，因此有效值又称为均方根值。

设

$$i = I_\mathrm{m}\sin\omega t$$

据

$$I = \sqrt{\frac{1}{T}\int_0^T i^2 \mathrm{d}t}$$

有

$$= \sqrt{\frac{1}{T}\int_0^T I_\mathrm{m}^2 \sin^2 \omega t \mathrm{d}t}$$

$$= \sqrt{\frac{1}{T}\int_0^T I_\mathrm{m}^2 \frac{1 - \cos 2\omega t}{2} \mathrm{d}t}$$

$$= \frac{I_\mathrm{m}}{\sqrt{2}}\sqrt{\frac{1}{T}\int_0^T (1 - \cos 2\omega t) \mathrm{d}t}$$

$$= \frac{I_\mathrm{m}}{\sqrt{2}} \tag{2-5}$$

同理，交流电压和电动势的有效值和最大值的关系为：

$$U = \frac{U_\mathrm{m}}{\sqrt{2}} \tag{2-6}$$

$$E = \frac{E_\mathrm{m}}{\sqrt{2}} \tag{2-7}$$

【例 2-1】 已知某正弦电流，当 $t = 0$ 时，$i = 0.5\mathrm{A}$，并已知其初相角为 30°，试求其有效值。

解：根据题意，可写出该正弦电流的瞬时值函数式：

$$i = I_\mathrm{m}\sin(\omega t + 30°)$$

当 $t = 0$ 时

$$i(0) = I_\mathrm{m}\sin 30° = 0.5 (\mathrm{A})$$

$$I_\mathrm{m} = 1 \ (\mathrm{A})$$

故有效值为 $I = \dfrac{I_\mathrm{m}}{\sqrt{2}} = 0.707$，$I = 0.707 \ (\mathrm{A})$

2.2 正弦量的相量表示

前面所讲的用正弦函数式及其波形表示正弦量，虽然都反映了正弦量的三

21

要素，但要用这种方法计算交流电路很不方便，准确性也差。用旋转矢量法和复数运算法解决交流电路的问题则方便得多。

1. 用旋转矢量表示正弦量

一个正弦交流电流 $i = I_m \sin(\omega t + \varphi)$，可以用一个旋转矢量来表示。过直角坐标系的原点作一个矢量，矢量长度等于该正弦量的最大值；与横轴正向的夹角等于该正弦量的初相角。令该矢量沿逆时针方向以角速度 ω 匀速旋转，任一时刻旋转矢量在纵轴上的投影，就是该时刻正弦量的瞬时值，ω 即为正弦量的角速度如图 2-4 所示。

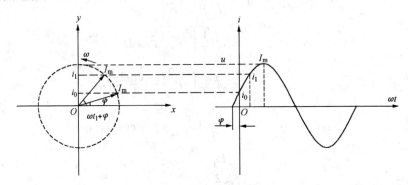

图 2-4 用旋转矢量表示正弦量

因为没有必要将交流电的每一瞬间的对应矢量都画出来，所以，通常只用起始位置的矢量来表示一个正弦量，它随时间而改变方向，是一个时间矢量，与在空间有一定方向的空间矢量（如力、电场强度等）不同。旋转矢量不仅能表示正弦量的三要素，也能说明任何时刻的瞬时值。

由于在实际中多用正弦量的有效值，而有效值与最大值之间又有一定的数值关系，所以也可以用有效值来表示正弦量，只要把矢量的长度按比例缩小就行了。但这样表示只是为了计算上的方便，用有效值表示的旋转矢量在纵轴上的投影就不是正弦量的瞬时值了。

将若干个同频率的正弦量用相应的旋转矢量画在同一个坐标系统中称为矢量图。利用矢量图可以进行正弦量的加减运算，从而使交流电路的计算简化，这种运算方法称为解析法。

2. 用相量表示正弦量

用正弦量的旋转矢量进行电路的分析和运算虽然可以使运算简化，但对比较复杂的电路进行运算时仍感不便，而用相量表示正弦量进行电路的分析和运算则可以弥补矢量法的不足。

表示正弦量的复数叫做相量。相量在复平面上的表示称为相量图。相量不是一般的复数，而是对应于某一正弦量的时间函数。用相量运算的方法进行交流电路运算最为方便。

※复数运算的基本知识：

一个复数 $\vec{A}$ 可以用四种形式表示：

(1) 代数式

$$\vec{A} = a + \mathrm{j}b$$

式中　　a——复数的实部；

　　　　b——复数的虚部。

(2) 三角函数式

$$\vec{A} = A(\cos\varphi + \mathrm{j}\sin\varphi)$$

其中　　　　　　$A = \sqrt{a^2 + b^2}, \quad \varphi = \arctan\dfrac{b}{a}$

式中　　A——复数的模；

　　　　φ——复数的幅角。

注意，用上式求复数的幅角时，一定要把 a 和 b 的符号带入，以便正确判断 φ 所在的象限，从而确定角 φ。

(3) 指数式

$$\vec{A} = A\mathrm{e}^{\mathrm{j}\varphi}$$

(4) 极坐标式

$$\vec{A} = A\angle\varphi$$

复数的加减运算用代数式比较方便，而乘除运算用极坐标式最为简便，在运算中经常需要在复数的各种形式之间进行相互转换，其方法如下：

两个相量　　　　$\vec{A}_1 = a_1 + \mathrm{j}b_1, \quad \vec{A}_2 = a_2 + \mathrm{j}b_2$

则　　　　　　$\vec{A}_1 + \vec{A}_2 = (a_1 + a_2) + \mathrm{j}(b_1 + b_2)$

$$\vec{A}_1 - \vec{A}_2 = (a_1 - a_2) + \mathrm{j}(b_1 - b_2)$$

两个相量　　　　$\vec{A}_1 = A_1\angle\varphi_1, \quad \vec{A}_2 = A_2\angle\varphi_2$

则　　　　　　$\vec{A}_1 \, \vec{A}_2 = \vec{A}_1 \, \vec{A}_2 \angle(\varphi_1 + \varphi_2)$

$$\frac{\vec{A}_1}{\vec{A}_2} = \frac{A_1}{A_2}\angle(\varphi_1 - \varphi_2)$$

【例 2-2】　　请把正弦交流电压 $u = 10\sqrt{2}\sin(\omega t + 30°)$ 用相量表示出来。

解：(1) 用三角函数式表示

$$\vec{U} = 10\cos30° + j10\sin30°$$

（2）用代数式表示

$$\vec{U} = 8.66 + j5$$

（3）用极坐标式表示

$$\vec{U} = 10\angle 30°$$

3. 用相量计算正弦量

在同一个电路中，各正弦量的频率都是相同的。在分析各正弦量的关系时，可根据各正弦量的大小和初相角，将相量画在同一个复平面上，用作图的方法求出它们的关系。

【例2-3】 求电流 $i_1 = 4\sqrt{2}\sin(\omega t + 30°)$ 和 $i_2 = 3\sqrt{2}\sin(\omega t - 60°)$ 的和。

解：根据已知条件，两正弦量的相量式（有效值相量）为：

$$\vec{I_1} = 4\angle 30°$$

$$\vec{I_2} = 3\angle -60°$$

把两相量画在复平面中，如图2-5所示。

（1）用几何作图方法求 $i = i_1 + i_2$

（2）相量的模：$I = \sqrt{3^2 + 4^2} = 5$

  幅角：$\varphi = \arctan\dfrac{4}{3} - 60° = -6.88°$

  相量：$I = 5\angle -6.88°$

（3）根据相量写出相应的正弦量

$$i = 5\sqrt{2}\sin(\omega t - 6.88°)$$

用相量图来表示多个正弦量时，能较好地表达出它们之间的关系和大小，但计算正弦量时则用相量的代数式或指数式方便。如上例中，先把正弦量化成相量，再进行运算，最后再把运算结果化成相应的正弦量。这种用相量表示正弦量，通过代数运算来求解的方法通常称为符号法。

$$\vec{I_1} = 4\cos30° + j4\sin30°$$

$$= 4 \times 0.866 + j4 \times 0.5$$

$$= 3.464 + j2$$

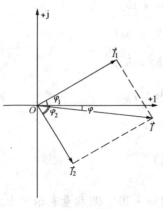

图2-5 相量图

24

$$\vec{I_2} = 3\cos(-60°) + j3\sin(-60°)$$
$$= 3 \times 0.5 - j3 \times 0.866$$
$$= 1.5 - j2.6$$
$$\vec{I} = \vec{I_1} + \vec{I_2}$$
$$= 3.464 + j2 + 1.5 - j2.6$$
$$= 4.964 - j0.6$$

模： $$I = \sqrt{4.964^2 + (-0.6)^2} = 5$$

幅角： $$\varphi = \arctan\left(\frac{-0.6}{4.964}\right) = -6.88°$$

相量： $$\vec{I} = I\angle\varphi = 5\angle -6.88°$$

相应的正弦量： $$i = I\sqrt{2}\sin(\omega t + \varphi)$$
$$= 5\sqrt{2}\sin(\omega t - 6.88°)$$

2.3 单一参数的交流电路

电感、电容在直流和交流电路中的表现是不同的。在直流电路中，因为电压恒定，所以电感相当于短路，电容相当于断路。

在交流电路中，即使在稳定状态下，电压、电流也是随时间按正弦规律变化的，使其周围空间产生不断变化的磁场和电场。在变化的电场作用下，线圈会产生感应电动势，即电路中有电感的作用；同时，变化的电场又会引起电路中电荷分布的改变，即电容的作用。在交流电路中，只要有电流流动，电路就会对电流产生一定的阻碍作用，即有电阻的作用。因此，在交流电路中，同时有电阻 R，电感 L 及电容 C 三种参数的作用。由于同时考虑三个参数分析起来比较复杂，所以先分别讨论电路中只有某一参数的情况，然后再研究较复杂的情况。

1. 纯电阻电路

如图 2-6 所示为纯电阻电路，图 2-7 所示为复参数的纯电阻电路。

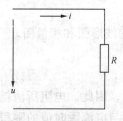
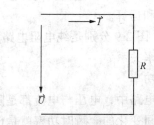

图 2-6　纯电阻电路　　　　　　图 2-7　复参数的纯电阻电路

（1）电压与电流的关系

在电阻 R 的两端加上正弦交流电压，则电路中就有交流电流流过。按图中所标的电流、电压的参考正方向，根据欧姆定律有：

$$i = \frac{u}{R}$$

(2-8)

即任一瞬间通过电阻的电流 i 与这一瞬间的电源电压 u 成正比。

以电压为参考变量，令其初相位为零，则其瞬时值表示式为：

$$u = U_m \sin\omega t$$

在研究几个正弦量的相互关系时，可任意指定某一正弦量的初相角为零，作为参考正弦量，以便于分析。

于是有

$$i = \frac{u}{R} = \frac{U_m \sin\omega t}{R} = I_m \sin\omega t$$

比较电流和电压的瞬时值表达式，可知电流与电压是同频率的正弦量，它们之间有如下关系：

①在数值上，有

$$I_m = \frac{U_m}{R}$$

(2-9)

$$I = \frac{U}{R}$$

(2-10)

②如电压的初相位为零，则电流的初相位也为零，即电流与电压同相位。在纯电阻电路中，电流、电压的关系符合欧姆定律。

③电流电压的相量关系：

设

$$\vec{U} = U \angle 0°$$

$$\vec{I} = I \angle 0°$$

$$\frac{\vec{U}}{\vec{I}} = \frac{U \angle 0°}{I \angle 0°} = R$$

$$\vec{U} = R\vec{I}$$

(2-11)

上式即为纯电阻电路中欧姆定律的相量式，它表明了电压和电流有效值的关系及相位关系。用相量运算的方法可以很方便地对交流电路像对直流电路一样进行分析和运算。

图 2-8、图 2-9 分别是纯电阻电路中电压、电流的波形图和相量图。

（2）功率关系

①瞬时功率

在交流电路中，电压与电流都是随时间而变化的，因此，电阻所消耗的功率也是随时间变化的。瞬时功率就是任一瞬间的电压与电流瞬时值的乘积。用小写字母 p 表示，即：

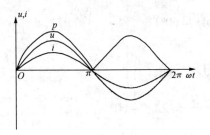

图 2-8　电压、电流及功率的波形图　　　　　　图 2-9　相量图

$$p = ui = U_{\mathrm{m}}\sin\omega t\, I_{\mathrm{m}}\sin\omega t$$

$$= U_{\mathrm{m}} I_{\mathrm{m}}\sin^2\omega t$$

$$= 2UI\left[\frac{1}{2}(1 - \cos2\omega t)\right]$$

$$= UI\left[1 + \sin\left(2\omega t - \frac{\pi}{2}\right)\right] \tag{2-12}$$

上式表明，瞬时功率由两部分组成，一部分是常数 UI，另一部分是以 UI 为幅值，2ω 为角频率，初相位为 $-\dfrac{\pi}{2}$ 的正弦量。

瞬时功率总是大于等于零的，这表示电阻元件在任一瞬间均从电源吸取能量，并将电能转换为热能。

②平均功率

瞬时功率是随时间不断变化的，它只能说明功率的变化情况，难以测量和计算，所以实用意义不大。通常电路的功率用有功功率（平均功率）来表示。有功功率是瞬时功率在一个周期内的平均值，它反映了电路实际消耗的功率。用大写字母 P 来表示。

$$P = \frac{1}{T}\int_0^T p\,\mathrm{d}t = \frac{1}{T}\int_0^T UI(1 - \cos2\omega t)\,\mathrm{d}t$$

$$= UI = I^2 R = \frac{U^2}{R} \tag{2-13}$$

上式表明，交流电路中电阻消耗的功率和直流电路中电阻消耗的功率一样，均为电流、电压有效值的乘积。

【例 2-4】　在一个 $R = 10\Omega$ 的电阻两端，外加正弦交流电压 $u = 220\sqrt{2}\sin(314t - 60°)$，试求通过电阻 R 的电流 i 的瞬时值表达式及电阻消耗的有功功率。

解：　　　　　　　$i = \dfrac{u}{R} = \dfrac{220\sqrt{2}\sin(314t - 60°)}{10}$

27

$$= 22\sqrt{2}\sin(314t - 60°)$$

用相量运算的方法：

电压相量 $\qquad\qquad \vec{U} = 220\angle - 60°$

电流相量 $\qquad \vec{I} = \dfrac{\vec{U}}{R} = \dfrac{220\angle - 60°}{10} = 22\angle - 60°$

$$i = 22\sqrt{2}\sin(314t - 60°)\ (A)$$

有功功率 $\qquad P = UI = 220 \times 22 = 4840\ (W)$

2. 纯电感电路

图 2-10 是纯电感电路，图 2-11 是复参数的纯电感电路。

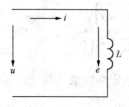 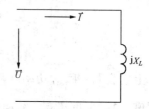

图 2-10　纯电感电路 　　　　　　　　图 2-11　复参数的纯电感电路

一个忽略其电阻的电感线圈称为纯电感线圈。电感元件在电工技术中应用非常广泛，如变压器的线圈、电动机的绕组等。

（1）电流与电压的关系

在线圈两端加上正弦交流电压 u，就会产生正弦交流电流 i，该电流的变化会在电感线圈中产生感应电动势 e，来阻碍交流电流的变化。

由法拉第电磁感应定律，有：

$$e = - L\frac{\mathrm{d}i}{\mathrm{d}t} \qquad\qquad (2\text{-}14)$$

由于所讨论的电路没有电阻压降，故由克希荷夫电压定律可得：

$$u = - e = L\frac{\mathrm{d}i}{\mathrm{d}t}$$

选定电流为参考正弦量，有：

$$i = I_{\mathrm{m}}\sin\omega t$$

则 $\qquad\qquad\qquad u = L\dfrac{\mathrm{d}i}{\mathrm{d}t}$

$$= L\frac{\mathrm{d}\ (I_{\mathrm{m}}\sin\omega t)}{\mathrm{d}t}$$

$$= I_{\mathrm{m}}\omega L\cos\omega t$$

$$= I_{\mathrm{m}}\omega L\sin\left(\omega t + 90°\right)$$

$$= U_{\mathrm{m}}\sin\left(\omega t + 90°\right) \tag{2-15}$$

比较电压、电流的瞬时值表示式，可见电压与电流是同频的正弦量。它们之间有如下的关系：

① 数值关系

由上面的推导可得：

$$U_{\mathrm{m}} = I_{\mathrm{m}}\omega L$$

上式等号两边同除以$\sqrt{2}$，得电压和电流有效值的关系式为：

$$U = I\omega L$$

$$I = \frac{U}{\omega L}$$

可见，当电压一定时，ωL愈大，电路中的电流则愈小，ωL具有阻止电流通过的性质，称为感抗，用X_L表示，即：

$$X_L = \omega L = 2\pi f L \tag{2-16}$$

若频率f的单位是赫兹（Hz），电感L的单位是亨［利］（H），则感抗X_L的单位是欧［姆］（Ω）。上式可表示为：

$$U = I X_L$$

或

$$I = \frac{U}{X_L} \tag{2-17}$$

上式在形式上和直流电路中的欧姆定律相同，说明纯电感电路中电压、电流的有效值、最大值之间的关系符合欧姆定律。

感抗X_L与电阻R虽有相同的量纲，但其本质是不同的。

电感L一定时，感抗X_L与电路的频率成正比，频率愈高，感抗愈大，因此电感线圈可以有效地阻止高频电流的通过，常用来在交流电路中做限流元件，既可起到限流作用又可避免能量损耗。如日光灯、电焊机、电动机启动器等，均采用电感元件限流。也常用在电子线路中限制高频电流，称为高频扼流圈。而对于直流电，由于它的频率$f = 0$，故$X_L = 0$，即电感线圈接在直流电路中时的作用相当于一根导线。

频率f一定时，感抗X_L与电感L成正比，即L越大，X_L越大，这是因为L越大，在同样电流下建立的磁场越强，对电流变化的阻碍作用也越大。由于电感线圈对不同频率的交流电有不同的感抗，所以常用在电子电路中做滤波和选频。

特别需要注意的是，电感电路中电流、电压瞬时值之间的关系不符合欧姆定律，电感线圈两端电压与电流变化率成正比。

②相位关系

比较电压、电流的瞬时值表达式，可知电压超前电流90°；又由于 $u = -e$，即自感电动势与电压反相，故自感电动势滞后电流90°。

为什么会出现电压超前电流90°的现象呢？在电流变化时，线圈中才有感应电动势，线圈两端才有电压。在交流电路中，电流值为零时，电流变化率最大，线圈中的感应电动势最大，即电压最大。电流最大时，其变化率为零，感应电动势为零，所以电压为零。因此，电流、电压之间就出现了90°相位差。

③相量关系

若纯电感电路的参数用复数表示，则可直接用欧姆定律进行电路的分析计算。

以电流为参考相量 $\quad\quad\quad \vec{I} = I \angle 0°$

则 $\quad\quad\quad\quad\quad\quad\quad \vec{U} = U \angle 90°$

$$\frac{\vec{U}}{\vec{I}} = \frac{U \angle 90°}{I \angle 0°} = \frac{U}{I} \angle 90° = X_L \angle 90° = jX_L$$

即 $\quad\quad\quad\quad\quad\quad\quad \vec{U} = jX_L \vec{I}$ (2-18)

式中，jX_L 称为复感抗，它反映了电感对交流电的阻碍和移相作用。图 2-12、图 2-13 分别为纯电感电路的电压、电流、功率波形图和相量图。

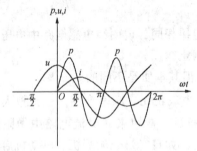

图 2-12　纯电感电路电压、电流、功率波形图

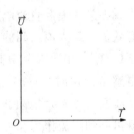

图 2-13　电感电路相量图

(2) 功率关系

①瞬时功率

电感电路中的瞬时功率：

$$p = ui = U_m \sin(\omega t + 90°) I_m \sin\omega t$$
$$= 2UI\sin\omega t\cos\omega t$$
$$= UI\sin2\omega t \quad\quad (2\text{-}19)$$

由上式可知，纯电感电路的瞬时功率也是随时间变化的正弦量，其幅值为

30

电压与电流有效值的乘积，频率是电流、电压变化频率的两倍。变化曲线如图 2-12 所示。

将电流、电压变化的一个完整周期分为四个 1/4 周期，在第一个和第三个 1/4 周期中，u、i 同为正或同为负，$p = ui$ 为正，说明电感线圈从电源吸收能量并将其转换为磁场能储存起来；在第二个和第四个 1/4 周期中，u、i 均为一正一负，$p = ui$ 为负，说明电感线圈将它从电源吸收的能量释放出来，即又还给了电源，磁场能又转换成为电能。

电感线圈在一个完整周期内吸收电能两次，释放电能两次，吸收与释放的电能相等，说明电感线圈用在交流电路中时不消耗电能，只是与电源之间进行电能的相互交换。

②平均功率

纯电感电路中，没有电能的消耗，即平均功率为零，即：

$$P = \frac{1}{T}\int_0^T p\,\mathrm{d}t = \frac{1}{T}\int_0^T UI\sin 2\omega t\,\mathrm{d}t = 0 \tag{2-20}$$

③无功功率

电感线圈与电源之间进行能量交换的规模用瞬时功率的最大值表示，称为无功功率，用大写字母 Q 表示，单位是乏（var）。

$$Q = UI = I^2 X_L = \frac{U^2}{X_L} \tag{2-21}$$

无功功率不表示电路消耗功率的能力，只表示电路与电源互换电能的能力，即表示电感建立磁场和储存磁场能的能力，应注意与消耗能量的有功功率相区别。

【例 2-5】　一线圈 $L = 10\mathrm{mH}$，不计电阻，接到 $u = 100\sin\omega t\,\mathrm{V}$ 的电源上，试分别求出电源频率为 50Hz 与 50kHz 时线圈中通过的电流。

解： 当电源频率为 50Hz 时

$$X_L = 2\pi f L = 2 \times 3.14 \times 50 \times 10 \times 10^{-3} = 3.14\ (\Omega)$$

通过线圈的电流为：

$$I = \frac{U}{X_L} = \frac{100}{\sqrt{2} \times 3.14} = 22.5(\mathrm{A})$$

当电源频率为 50kHz 时

$$X_L = 2\pi f L = 2 \times 3.14 \times 50 \times 10^3 \times 10 \times 10^{-3} = 3140\ (\Omega)$$

通过线圈的电流为：

$$I = \frac{U}{X_L} = \frac{100}{\sqrt{2} \times 3140} = 22.5\ (\mathrm{mA})$$

可见，电感线圈能有效地阻止高频电流通过。

【例 2-6】 一线圈 $L = 25.5\text{mH}$，不计电阻，接到 $f = 50\text{Hz}$，$U = 220\text{V}$ 的交流电源上，求电路中的电流 I，有功功率和无功功率。

解：
$$X_L = 2\pi f L = 2 \times 3.14 \times 50 \times 25.5 \times 10^{-3} = 8 \ (\Omega)$$

$$I = \frac{U}{X_L} = \frac{220}{8} = 27.5 \ (\text{A})$$

$$P = 0$$

$$Q = UI = 220 \times 27.5 = 6050 \ (\text{var})$$

3. 纯电容电路

在电容器两端加上交流电压，由于电源极性的不断变化，电容器将周期性地放电和充电，因而电路中不断有电流通过。由于电容器的这种通交流、隔直流的作用，在电子线路中常用来滤波、隔直及旁路交流等，此外还与其他元件配合用来选频；电力系统中常用来提高系统的功率因数，以减少电能的消耗，提高电气设备的利用率。为了更好地利用电容，必须研究电容器在交流电路中的作用；电容电路中电流、电压之间的关系及能量转换的电功率等问题。

（1）电流与电压的关系

图 2-14 所示的纯电容电路，图 2-15 为复参数的纯电容电路。

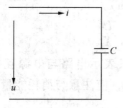
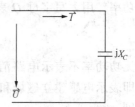

图 2-14 纯电容电路　　　　　　图 2-15 复参数的纯电容电路

由于电压的不断变化，电容上电荷量随电压而变化，电路中产生电流，即

$$q = uC$$

$$i = \frac{\mathrm{d}q}{\mathrm{d}t} = C\frac{\mathrm{d}u}{\mathrm{d}t} \tag{2-22}$$

这说明，电容电流的大小不是与电压成正比，而是与电压的变化率成正比。

选定电容两端电压为参考正弦量：

$$u = U_{\mathrm{m}}\sin\omega t$$

则

$$i = C\frac{\mathrm{d}u}{\mathrm{d}t}$$

$$= C\frac{\mathrm{d}\ (U_{\mathrm{m}}\sin\omega t)}{\mathrm{d}t}$$

$$= U_{\mathrm{m}}\omega C\cos\omega t$$

$$= U_{\mathrm{m}}\omega C\sin\left(\omega t + 90°\right)$$

$$= I_{\mathrm{m}}\sin\left(\omega t + 90°\right) \tag{2-23}$$

①数值关系

由电流瞬时值表示式的推导可得：

$$I_{\mathrm{m}} = \omega C U_{\mathrm{m}}$$

$$U_{\mathrm{m}} = \frac{I_{\mathrm{m}}}{\omega C}$$

令 $$X_C = \frac{1}{\omega C} \tag{2-24}$$

则 $$U_{\mathrm{m}} = X_C I_{\mathrm{m}}$$

电压与电流的有效值关系：

$$U = X_C I \tag{2-25}$$

上式说明纯电容电路中，电流、电压有效值、最大值的关系符合欧姆定律。

X_C 反映了电容对交流电的阻碍作用，称为容抗，单位是欧姆。

在频率 f 一定时，容抗 X_C 与电容量 C 成反比，即 C 越大，X_C 越小，因为 C 值大，电容器储存的电荷就越多，在充、放电过程中，电荷量的变化也就越大，电流则越大，相对来说就意味着阻碍作用越小，即 X_C 越小。

在电容 C 一定时，容抗 X_C 与频率 f 成反比，即电压变化频率越高，容抗越小，所以交流电流容易通过电容，即电容具有通交流作用。当 $f = 0$ 时，即在直流电的作用下，$X_C = \infty$，电容相当于开路，这时电容两端电压不变，极板上电荷不变，所以直流电流不能通过电容，即电容具有隔直流作用。电容这一特点与电阻有着本质的不同，电容对交流电的阻碍作用不仅与它自身的参数 C 有关，还与电容两端所加电压的变化频率有关。

需特别注意的是，纯电容电路中，电压与电流瞬时值间的关系不符合欧姆定律，电容电流的大小与电压的变化率成正比。

②相位关系

比较纯电容电路电压、电流的瞬时值表达式可知，在相位上，电流超前电压 90°。

为什么电流会超前电压 90°呢？因为电流的瞬时值与电压的变化率成正比，当电压为零时其变化率最大，这时电容还未积累电荷，电荷增长率最大，即电流最大。随着电容器上电荷的积累，电容两端建立电场，阻止电荷移动，故电流逐渐减小。电压变化率最大时，充电停止，电流为零。所以，电路中的电流、电压出现了 90°的相位差。

③相量关系

若纯电容电路的参数用复数表示，则可直接用欧姆定律进行电路的分析计算。

以电压为参考相量，$\qquad\qquad \vec{U} = U \angle 0°$

则$\qquad\qquad\qquad\qquad\qquad \vec{I} = I \angle 90°$

$$\frac{\vec{U}}{\vec{I}} = \frac{U \angle 0°}{I \angle 90°} = \frac{U}{I} \angle -90° = X_L \angle -90° = -jX_C$$

即$\qquad\qquad\qquad\qquad\qquad \vec{U} = -jX_C \vec{I} \qquad\qquad\qquad\qquad\qquad (2\text{-}26)$

式中，$-jX_C$ 称为复容抗，它反映了电容对交流电的阻碍和移相作用。
图 2-16、图 2-17分别为纯电容电路的电压、电流、功率变化的波形图和相量图。

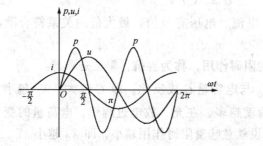 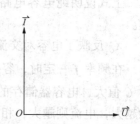

图 2-16　纯电容电路的电压、电流、功率变化的波形图　　　　图 2-17　相量图

(2) 功率关系

①瞬时功率

纯电容电路中的瞬时功率：

$$p = ui = I_m \sin(\omega t + 90°) U_m \sin\omega t$$
$$= 2UI \sin\omega t \cos\omega t$$
$$= UI \sin2\omega t \qquad\qquad\qquad\qquad\qquad (2\text{-}27)$$

由上式可知，纯电容电路的瞬时功率也是随时间变化的正弦量，其幅值为电压与电流有效值的乘积，频率是电流、电压变化频率的两倍。变化曲线如图 2-16 所示。

将电流、电压变化的一个完整周期分为四个 1/4 周期，在第一个和第三个 1/4 周期中，u、i 同为正或同为负，$p = ui$ 为正，说明电容从电源吸收能量并将其转换为电场能储存起来；在第二个和第四个 1/4 周期中，u、i 均为一正一负，$p = ui$ 为负，说明电容将它从电源吸收的能量释放出来，即又还给了电

34

源，电场能又转换成为电能。

电容在一个完整周期内吸收电能两次，释放电能两次，吸收与释放的电能相等，说明电容用在交流电路中时不消耗电能，只是与电源之间进行电能的相互交换。

②平均功率

纯电容电路中，没有电能的消耗，即平均功率为零：

$$P = \frac{1}{T}\int_0^T p\mathrm{d}t = \frac{1}{T}\int_0^T UI\sin 2\omega t\mathrm{d}t = 0$$

③无功功率

电容与电源之间进行能量交换的规模用瞬时功率的最大值表示，称为无功功率，用大写字母 Q 表示，单位是乏（var）。

$$Q = UI = I^2 X_C = \frac{U^2}{X_C} \tag{2-28}$$

无功功率不表示电路消耗功率的能力，只表示电路与电源互换电能的能力，即表示电容建立电场和储存电场能的能力，应注意与消耗能量的有功功率相区别。

【例 2-7】 设有一电容 $C = 20\mu\mathrm{F}$，接到 $f = 50\mathrm{Hz}$，$U = 220\mathrm{V}$ 的交流电源上，求电路中的容抗 X_C、电流 I 和无功功率 Q。当电源频率 $f = 50\mathrm{kHz}$ 时，重新计算。

解：当电源频率为 50Hz 时

$$X_C = \frac{1}{2\pi fC} = \frac{1}{2 \times 3.14 \times 50 \times 20 \times 10^{-6}} = 159（\Omega）$$

通过线圈的电流为：

$$I = \frac{U}{X_C} = \frac{220}{159} = 1.38（\mathrm{A}）$$

$$Q = UI = 220 \times 1.38 = 304（\mathrm{var}）$$

当电源频率为 50kHz 时

$$X_C = \frac{1}{2\pi fC} = \frac{1}{222 \times 3.14 \times 50 \times 10^{-3} \times 20 \times 10^{-6}} = 0.159（\Omega）$$

通过线圈的电流为：

$$I = \frac{U}{X_C} = \frac{220}{0.159} = 1380（\mathrm{A}）$$

$$Q = UI = 220 \times 1380 = 304（\mathrm{kvar}）$$

计算表明，电容在低频时容抗大，在高频时容抗小，也就是说，电容对交流电有通高频、阻低频的作用，与感抗的特性恰好相反。

纯电阻、纯电感与纯电容电路的一些结论，是分析一般交流电路的基础。

【例2-8】 将 $C = 38.5\mu F$ 的电容器接到 $f = 50Hz$，$U = 220V$ 的电源上，求 X_C、I 及 Q_C。

解：

$$X_C = \frac{1}{2\pi fC} = \frac{1}{2 \times 3.14 \times 50 \times 38.5 \times 10^{-6}} = 82.7 \ (\Omega)$$

$$I = \frac{U}{X_C} = \frac{220}{82.7} = 2.66 \ (\mathrm{A})$$

$$Q_C = UI = 220 \times 2.66 = 585 \ (\mathrm{var})$$

2.4 串联交流电路

将交流电路中的三种基本元件 R、L、C 串联起来就组成一种具有普遍意义的电路，即 RLC 串联电路，它是电子技术中常用的电路。

1. 电流与电压的关系

图2-18是 RLC 串联电路，图2-19是串联交流的相量图。在电路两端加以正弦电压 u，电路中便有电流 i 通过，此电流分别在 R、L、C 两端产生电压降 u_R、u_L、u_C。

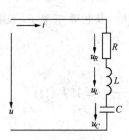

图2-18 RLC 串联电路

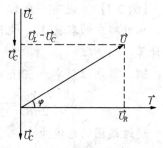

图2-19 串联交流的相量图

（1）电流、电压有效值关系

串联电路，选电流 i 作为参考正弦量，

$$i = I_m \sin\omega t = \sqrt{2}I\sin\omega t$$

根据前边所讲的知识，电阻上的电压瞬时值为：

$$u_R = \sqrt{2}U_R\sin\omega t$$
$$= \sqrt{2}RI\sin\omega t$$

电感上电压瞬时值为：

$$u_L = \sqrt{2}U_L\sin \ (\omega t + 90°)$$
$$= \sqrt{2}X_LI\sin \ (\omega t + 90°)$$

电容上电压瞬时值为：

$$u_C = \sqrt{2}\,U_C \sin\left(\omega t - 90°\right)$$

$$= \sqrt{2}\,X_C I \sin\left(\omega t - 90°\right)$$

图 2-20 为 i、u_R、u_L、u_C 的波形图。

根据克希荷夫电压定律，有：

$$u = u_R + u_L + u_C$$

$$= \sqrt{2}\,RI\sin\omega t + \sqrt{2}\,X_L I \sin\left(\omega t + 90°\right) + \sqrt{2}\,X_C I \sin\left(\omega t - 90°\right)$$

求三个同频率正弦量的和，可利用电压三角形求解。以 u_R、$u_L - u_C$ 作为直角三角形的两条直角边，可将一个直角形，即为交流电路的电压三角形，如图 2-21 所示。

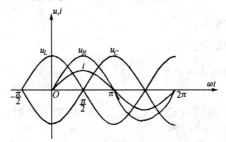

图 2-20　电阻、电感、电容串联电路
　　　　电压与电流波形

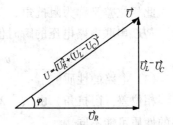

图 2-21　电压三角形

由电压三角形可得电路的总电压有效值：

$$U = \sqrt{U_R^2 + \left(U_L - U_C\right)^2}$$

$$= \sqrt{\left(IR\right)^2 + \left(IX_L - IX_C\right)^2}$$

$$= I\sqrt{R^2 + \left(X_L - X_C\right)^2}$$

$$= I\sqrt{R^2 + X^2}$$

$$= IZ$$

或

$$I = \frac{U}{Z} \tag{2-29}$$

上式表明，在交流串联电路中，电流与电压有效值之间的关系符合欧姆定律。式中 $Z = \sqrt{R^2 + X^2}$ 称为 RLC 串联电路的阻抗，它的单位仍是欧姆。$X = X_L - X_C$ 叫做电抗，它等于感抗和容抗之差。

由电压相量 $\vec{U}_R$、$\left(\vec{U}_L - \vec{U}_C\right)$、$\vec{U}$ 构成的三角形叫做电压三角形。电压三角形的每条边各除以电流 i，则可得阻抗三角形。从几何关系来看，这是两个相似三角形。

在相量图中，总电压相量可分解为两个相互垂直的分量，与电流相量同相位的分量即水平分量称为总电压的有功分量，又称为有功电压；与电流相量相位差为90°的分量即竖直分量称为总电压的无功分量，又称为无功电压。由电压三角形可得：

有功电压 $\qquad\qquad U_a = U_R = U\cos\varphi$

无功电压 $\qquad\qquad U_r = U_L - U_C = U\sin\varphi$

（2）电流、电压的相位关系

从阻抗三角形和电压三角形都可以得到 RLC 串联电路电流、电压之间的相位差，即：

$$\varphi = \arctan\frac{X_L - X_C}{R} = \arctan\frac{U_L - U_C}{U_R}$$

此相位差又称为阻抗角、功率因数角。

RLC 串联电路电压的瞬时值表示式为：

$$u = \sqrt{2}\,U\sin\left(\omega t + \varphi\right)$$

（3）电路的性质

相位差（阻抗角）由 R、X_L、X_C 共同决定，R、X_L、X_C 的值不同时，电路的性质可能不同。

当电路的 $X_L > X_C$ 时，则 $\varphi > 0$，这时电流滞后电压，称为感性电路。

当电路的 $X_L < X_C$ 时，则 $\varphi < 0$，这时电压滞后电流，称为容性电路。

当电路的 $X_L = X_C$ 时，则 $\varphi = 0$，这时电流电压同相，称为阻性电路，又称为谐振电路，这种电路在后面章节再讨论。

（4）RLC 串联电路的相量分析

图 2-22 为复参数的 RLC 串联电路。

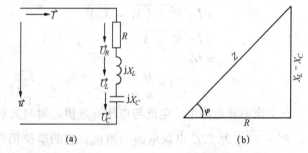

图 2-22　复参数 RLC 串联电路

用相量表示电流与电压的关系，则有：

$$\vec{U} = \vec{U_R} + \vec{U_L} + \vec{U_C}$$

38

$$= \vec{I}R + j\vec{I}X_L - j\vec{I}X_C$$

$$= \vec{I}[R + j(X_L - X_C)]$$

$$= \vec{I}(R + jX)$$

$$= \vec{I}Z'$$

$$Z' = R + jX = Z\angle\varphi \tag{2-30}$$

Z'称为复阻抗，单位是欧姆。其中 Z 为复数的模，即电路的阻抗。φ 为复数的幅角，即电路的阻抗角，也就是电流、电压的相位差。

复阻抗不是时间函数，也不是正弦量，而仅仅是一个复数，故不是相量，阻抗三角形也不是相量图。

2. 功率关系

(1) 瞬时功率

以电流为参考变量，即：

$$i = I_m \sin\omega t = \sqrt{2}I\sin\omega t$$

则电压
$$u = \sqrt{2}U\sin(\omega t + \varphi)$$

则 RLC 串联电路的瞬时功率为：

$$p = ui = \sqrt{2}I\sin\omega t \sqrt{2}U\sin(\omega t + \varphi)$$
$$= UI[\cos\varphi - \cos(2\omega t + \varphi)]$$

(2) 有功功率

由电压三角形每边各乘以电流 I 得功率三角形。其中三角形的水平直角边为有功功率，竖直直角边为无功功率，斜边为电路的视在功率。斜边与水平直角边的夹角为功率因数角。

$$P = UI\cos\varphi = U_R I$$

可知，电路的有功功率即为电阻消耗的电功率。式中，$\cos\varphi$ 称为交流电路的功率因数。电路的有功功率不仅与电流、电压有效值有关，还与电路的功率因数有关。

①对于纯电阻电路，$\varphi = 0$，$\cos\varphi = 1$，$P = UI$。

②对于纯电感和纯电容电路，$\varphi = \pm 90°$，$\cos\varphi = 0$，$P = 0$。

(3) 无功功率

无功功率即为电抗上的功率。它是电感、电容和电源之间进行能量交换的功率。在多参数电路中，总无功功率是电感上与电容上无功功率的代数和。RLC 串联电路中，电流是相同的，而电感上和电容上的电压总是相反的，瞬时功率的符号也总是相反的，如图 2-23 所示。有一个在吸收电能，另一个就输出电能，在电路中首先是电感与电容之间进行能量交换，多余的能量再与电源进行能量交换。因此，总无功功率是电感无功功率与电容无功功率的差。

$$Q = UI\sin\varphi = (U_L - U_C)I = Q_L - Q_C \qquad (2\text{-}31)$$

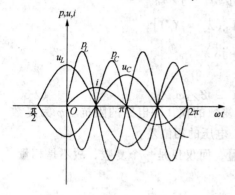

图 2-23　电感及电容的瞬时功率

无功功率有正有负，其正负只说明电路的性质，不说明电路是吸收还是输出功率。

（4）视在功率

在多参数交流电路中，总电压与总电流有效值的乘积，虽然有功率的形式，但它既不是电路实际消耗的有功功率，也不是电感、电容与电路进行能量交换的无功功率，称为视在功率，用 S 表示，单位是伏安（V·A）。

$$S = UI = \sqrt{P^2 + Q^2} \qquad (2\text{-}32)$$

视在功率包含有功功率和无功功率，三者之间的关系满足直角三角形关系，即为功率三角形。

如图 2-24 所示，由于 P、Q、S 都不是正弦量，所以功率三角形也不能用相量来表示。可见，在电阻、电感、电容串联电路中，电压三角形、阻抗三角形、功率三角形互为相似三角形。由这三个三角形可得 RLC 串联电路中功率因数的三种表达式，即：

$$\cos\varphi = \frac{R}{Z} = \frac{U_R}{U} = \frac{P}{S} \qquad (2\text{-}33)$$

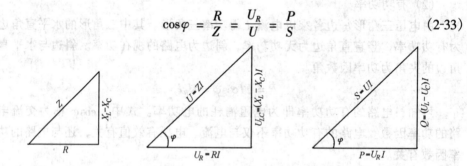

图 2-24　阻抗、电压及功率三角形关系

用三角形表示阻抗、功率及电压的关系是较直观的，一定要牢牢记住。

【例 2-9】　一个电阻、电感、电容串联的电路，电阻为 40Ω，电感为 298mH，电容为 50μF，接在 $u = 220\sqrt{2}\sin 314t$ 伏的交流电源上，求（1）电路的阻抗 Z；（2）电流 i；（3）各部分电压 u_R、u_L、u_C；（4）P、Q、S。

解：感抗　　　$X_L = \omega L = 314 \times 298 \times 10^{-3} = 93.6\ (\Omega)$

　　　容抗　　　$X_C = \dfrac{1}{C\omega} = \dfrac{1}{314 \times 50 \times 10^{-6}} = 63.7\ (\Omega)$

阻抗　$Z = \sqrt{R^2 + (X_L - X_C)^2} = \sqrt{40^2 + (93.6 - 63.7)^2} = 50$（Ω）

电流有效值　　　　　　$I = \dfrac{U}{Z} = \dfrac{220}{50} = 4.4$（A）

阻抗角　　　$\varphi = \arctan \dfrac{X_L - X_C}{R} = \arctan \dfrac{93.6 - 63.7}{40} = 36.8°$

电路性质为感性，电压初相角 $\varphi = 0°$，则电流的初相角为 $-36.8°$

$$i = 4.4\sqrt{2}\sin (314t - 36.8°) \text{（A）}$$

各电压有效值　　$U_R = IR = 4.4 \times 40 = 176$（V）

　　　　　　　　$U_L = IX_L = 4.4 \times 93.6 = 411.8$（V）

　　　　　　　　$U_C = IX_C = 4.4 \times 63.7 = 280.3$（V）

各电压瞬时值　　$u_R = 176\sqrt{2}\sin (314t - 36.8°)$

　　　　　　　　$u_L = 411.8\sqrt{2}\sin (314t + 53.2°)$

　　　　　　　　$u_C = 280.3\sqrt{2}\sin (314t - 126.8°)$

有功功率　　　　　　$\cos\varphi = \dfrac{R}{Z} = \dfrac{40}{50} = 0.8$

　　　　　　$P = UI\cos\varphi = 220 \times 4.4 \times 0.8 = 774.4$（W）

无功功率　　　　　　$\sin\varphi = \dfrac{X_L - X_C}{Z} = \dfrac{30}{50} = 0.6$

　　　　　　$Q = UI\sin\varphi = 220 \times 4.4 \times 0.6 = 580.8$（var）

视在功率　　　　$S = \sqrt{P^2 + Q^2} = \sqrt{774.4^2 + 580.8^2} = 968$（V·A）

【例 2-10】　一电感线圈，$L = 0.78H$，电阻 $R = 50Ω$，接到 220V，$f = 50Hz$ 的电源上，求（1）流过线圈的电流；（2）各部分电压。

解： 感抗　　　　$X_L = \omega L = 314 \times 0.78 = 245$（Ω）

　　阻抗　　　$Z = \sqrt{R^2 + X_L^2} = \sqrt{50^2 + 245^2} = 250$（Ω）

电流有效值　　　　　$I = \dfrac{U}{Z} = \dfrac{220}{250} = 0.88$（A）

阻抗角　　　　$\varphi = \arctan \dfrac{X_L}{R} = \arctan \dfrac{245}{50} = 78.5°$

电阻电压　　　　$U_R = RI = 50 \times 0.88 = 44$（V）

电感电压　　　　$U_L = X_L I = 245 \times 0.88 = 215.6$（V）

【例 2-11】　在如图 2-25 所示的正弦交流电路中，已知 $f = 800Hz$，$C = 0.046\mu F$，$R = 2500Ω$。求输出电压 u_2 与输入电压 u_1 之间的相位差。

解： 输出电压 u_2 是电阻上的电压 U_R，输入电压 u_1 是电路的总电压。由相量图可知，u_2 比 u_1 超前 φ 角，有：

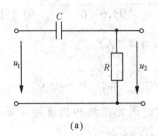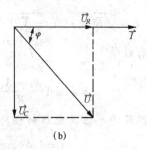

(a)   (b)

图 2-25　正弦交流电路

（a）RC 移相电路；（b）RC 串联电路中的电压、电流矢量图

$$\varphi = \arctan \frac{X_C}{R} = \arctan \frac{1}{2 \times 3.14 \times 800 \times 0.046 \times 10^{-6} \times 2500} = 60°$$

此例说明，RC 串联电路对电压有移相作用。移相角度较大时，可采用多级 RC 串联电路来扩大移相范围。如果有一个三级移相电路，每级移相 60°，就可以达到"反相"的目的。这种电路在电子线路中应用很广。

【例 2-12】　RLC 串联电路，$R = 22\Omega$，$L = 0.6H$，$C = 63.7\mu F$，接到 $U = 220V$，$f = 50Hz$ 的交流电源上，求（1）电路中的电流 I；（2）各部分电压 U_R、U_L、U_C；（3）有功功率 P，无功功率 Q、Q_L、Q_C；（4）视在功率 S。

解：
$$X_L = \omega L = 314 \times 0.6 = 188.4 \ (\Omega)$$

$$X_C = \frac{1}{\omega C} = \frac{1}{314 \times 63.7 \times 10^{-6}} = 50 \ (\Omega)$$

可知，$X_L > X_C$，电路呈电感性。

阻抗　$Z = \sqrt{R^2 + (X_L - X_C)^2} = \sqrt{22^2 + (188.4 - 50)^2} = 140.1 \ (\Omega)$

$$I = \frac{U}{Z} = \frac{220}{140.1} = 1.57 \ (A)$$

电流滞后于电压的角度 φ 为：

$$\varphi = \arctan \frac{X_L - X_C}{R} = \arctan \frac{138.4}{22} = 81°$$

$$U_R = RI = 22 \times 1.57 = 34.5 \ (V)$$

$$U_L = X_L I = 188.4 \times 1.57 = 295.8 \ (V)$$

$$U_C = X_C I = 50 \times 1.57 = 78.5 \ (V)$$

$$P = UI\cos\varphi = 220 \times 1.57 \times \cos 81° = 54 \ (W)$$

$$Q = UI\sin\varphi = 220 \times 1.57 \times \sin 81° = 341 \ (var)$$

$$S = UI = 220 \times 1.57 = 345 \ (V \cdot A)$$

2.5 串联谐振

1. 谐振现象

从上面的分析知道，在 RLC 串联电路中，电源的端电压与电路中的电流一般是不同相位的。但适当地调节电路参数和电源频率，就有可能使电流和电压同相位，这时整个电路呈电阻性，电路的这种现象称为谐振现象。由于是 RLC 串联电路，故称串联谐振（或电压谐振）。研究谐振的目的在于找出产生谐振的条件，分析谐振的特点，并在实际工作中加以利用，同时避免在某些情况下谐振时可能产生的危害。谐振电路在电子技术中应用很广，如收音机、振荡器等。常见的谐振电路有串联谐振、并联谐振。

2. 串联谐振的条件

RLC 串联电路中，当 $X_L = X_C$ 时，电路中的电流和总电压同相位，这时就产生谐振现象。

3. 谐振频率

由谐振条件 $X_L = X_C$，得：

$$\omega L = \frac{1}{\omega C}$$

$$2\pi f L = \frac{1}{2\pi f C}$$

谐振角频率：

$$\omega_0 = \frac{1}{\sqrt{LC}} \tag{2-34}$$

谐振频率：

$$f_0 = \frac{1}{2\pi\sqrt{LC}} \tag{2-35}$$

由上式可知，串联电路发生时的频率 f_0 仅与电路本身的参数 L、C 有关，因此 f_0 又称为电路的固有频率。电路的 L、C 值一定，则其固有频率一定。调节电源的频率使之与电路的固有频率相等，电路便会发生谐振；若电源频率一定，调节电路的 L、C 值，即改变电路的固有频率，使二者相等，电路也会发生谐振。

4. 谐振电路的特点

（1）由于 $X_L = X_C$，$X_L - X_C = 0$，$Z = R$，阻抗最小，在一定电压下，电路中的电流最大。

（2）若电阻 R 很小，则 I 会很大。当满足 $X_L = X_C \gg R$ 时，在电感和电容两端产生的电压将大大超过电源电压，即 $U_L = U_C \gg U$，局部电压大于整体电压，因此串联谐振又换为电压谐振。

电路中产生的这种局部电压升高，在电力工程中可能会导致线圈和电容器的绝缘击穿，造成设备损坏，因此在电力工程中应避免串联谐振的发生。

在电信工程中，当外来的无线电信号很微弱时，可以利用串联谐振把信号电压放大到几十倍甚至几百倍。

为了衡量电路在这方面的能力，常使用品质因数 Q。Q 定义为串联谐振时电感（或电容）上的电压与电源电压之比，即：

$$Q = \frac{U_L}{U} = \frac{U_C}{U} = \frac{X_L}{R} = \frac{X_C}{R}$$

品质因数的物理意义是反映了电压放大的倍数。Q 值越高，电感（电容）电压高出电源电压就越多。

5. 串联谐振电路的应用举例

在无线电技术中常用串联谐振来选择信号，如收音机调台。当各种频率的电磁波通过收音机的接收天线时，在天线回路中会产生一个微弱的感应电流，选择信号，通常在收音机中采用如图 2-26a 所示的调谐电路。天线回路和调谐回路 LC 之间的感应作用，在 LC 回路中感应出和各种频率的电磁波相对应的感应电动势 e_1、e_2、e_3 等，如图 2-26b 所示。各种频率的电动势和 RLC 回路相串联，调节 LC 回路中的电容 C 至某一值，电路就具有一个固有频率 f_0，若某电台的电磁波的频率与调谐电路的固有频率相等，电路就产生谐振，因此 LC 回路中频率为 f_0 的电流达到最大，在电容 C 上的频率为 f_0 的电压也最高。再经过放大，就能收听到该电台的广播节目。改变电容 C 的值，就可以使其他频率的电流最大，即使其他电台的信号最大，这样就达到了选择电台的目的。

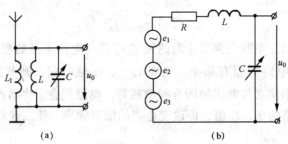

(a)   (b)

图 2-26 收音机的调谐电路

6. 谐振电路的功率

串联谐振时，$\varphi = 0$，$\cos\varphi = 1$，有功功率 $P = UI$，这表示电源功率全部消耗在电阻上；总无功功率 $Q = 0$，表示电源与电路之间没有能量的交换。但

$Q_L = Q_C$，表明能量的交换是在电感和电容之间进行的，当电容器释放电场能量时，这些能量正好被线圈吸收建立磁场；而当线圈释放磁场能量时，这些能量又正好被电容吸收建立电场。

【例 2-13】　一个电阻、电感、电容串联的电路，电阻 $R = 22\Omega$，电感 $L = 0.6H$，电容 $C = 16.9\mu F$，接在 $U = 220V$，$f = 50Hz$ 的交流电源上，求（1）电路的阻抗 Z；（2）电流 I；（3）各部分电压 U_R、U_L、U_C；（4）P、Q、S。

解：感抗　　$X_L = \omega L = 2 \times 3.14 \times 50 \times 0.6 = 188.4$（$\Omega$）

容抗　　$X_C = \dfrac{1}{C\omega} = \dfrac{1}{314 \times 16.9 \times 10^{-6}} = 188.4$（$\Omega$）

$X_L = X_C$，电路是电阻性的，即发生串联谐振。

阻抗　　　$Z = \sqrt{R^2 + (X_L - X_C)^2} = 22$（$\Omega$）

电流　　　　$I = \dfrac{U}{Z} = \dfrac{220}{22} = 10$（A）

各电压　　　$U_R = RI = 22 \times 10 = 220$（V）

$U_L = X_L I = 188.4 \times 10 = 1884$（V）

$U_C = X_C I = 188.4 \times 10 = 1884$（V）

功率　　　$P = I^2 R = 10^2 \times 22 = 2.2$（kW）

$Q = UI\sin\varphi = 0$

$S = UI = 220 \times 10 = 2.2$（kV·A）

2.6　并联交流电路

1. 阻抗的串、并联

直流电路中电阻的串、并联规律也适用于交流电路中阻抗的串、并联，即阻抗串联时，总阻抗等于各阻抗之和。阻抗并联时，总阻抗的倒数等于各阻抗的倒数之和。以三个阻抗串、并联为例：

串联时：$Z = Z_1 + Z_2 + Z_3$

并联时：$\dfrac{1}{Z} = \dfrac{1}{Z_1} + \dfrac{1}{Z_2} + \dfrac{1}{Z_3}$

2. 电路计算

对阻抗并联的交流电路，用相量运算的方法最为简便。

图 2-27 为负载并联的交流电路。

并联电路，设电路电压为参考相量，则

$\vec{U} = U\angle 0°$

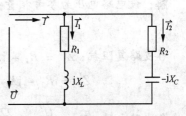

图 2-27　负载并联的交流电路

各支路复阻抗：
$$Z_1' = R_1 + jX_L = Z_1\angle\varphi_1$$
$$Z_2' = R_2 - jX_C = Z_2\angle\varphi_2$$

各支路电流：
$$\vec{I} = \frac{\vec{U}}{Z_1'}$$

$$\vec{I_2} = \frac{\vec{U}}{Z_2'}\vec{I_1} = \frac{\vec{U}}{Z_1'}$$

根据 KCL，电路的总电流为：
$$\vec{I} = \vec{I_1} + \vec{I_2} \qquad\qquad (2\text{-}36)$$

或
$$Z' = Z_1' \mathbin{/\mkern-5mu/} Z_2'$$

$$= \frac{Z_1' Z_2'}{Z_1' + Z_2'}$$

$$\vec{I} = \frac{\vec{U}}{Z'} \qquad\qquad (2\text{-}37)$$

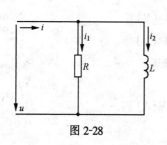

图 2-28

【例 2-14】 如图 2-28 所示的电路，已知 $R = 5\Omega$，$X_L = 5\Omega$，$U = 10V$，求电路的总电流和各支路电流。

解：设 $\vec{U} = U\angle 0°$，各支路电流：

$$\vec{I_1} = \frac{\vec{U}}{R} = \frac{U\angle 0°}{R} = \frac{10\angle 0°}{5} = 2\angle 0° = 2$$

$$\vec{I_2} = \frac{\vec{U}}{jX_L} = \frac{U\angle 0°}{X_L\angle 90°} = \frac{10\angle 0°}{5\angle 90°} = 2\angle -90° = -j2$$

根据 KCL，电路的总电流为：

$$\vec{I} = \vec{I_1} + \vec{I_2} = 2 - j2 = 2.83\angle -45°$$

【例 2-15】 如图 2-27 所示的电路，已知 $R_1 = 40\Omega$，$R_2 = 80\Omega$，$X_L = 30\Omega$，$X_C = 60\Omega$，$U = 220V$，求电路的总电流相量。

解：设电路电压为参考相量，则

$$\vec{U} = U\angle 0°$$

各支路复阻抗：$Z_1' = R_1 + jX_L = 40 + j30 = 50\angle 36.9°$

$$Z_2' = R_2 - jX_C = 80 + j60 = 100\angle -36.9°$$

各支路电流：$\vec{I_1} = \frac{\vec{U}}{Z_1'} = \frac{220\angle 0°}{50\angle 36.9°} = 4.4\angle -36.9° = 3.52 - j2.64$

46

$$\vec{I_2} = \frac{\vec{U}}{Z'_2} = \frac{220\angle 0°}{100\angle - 36.9°} = 2.2\angle 36.9° = 1.76 + j1.32$$

根据 KCL，电路的总电流为：

$$\vec{I} = \vec{I_1} + \vec{I_2} = 5.28 - j1.32 = 5.44\angle - 14°(A)$$

2.7 线圈和电容并联的交流电路

实际应用中的大多数负载为感性负载，这类负载与电容并联，在实用中有很重要的意义。

【例 2-16】 当把一台功率 $P = 1.1$kW 的感应电动机，接到 $U = 220$V，$f = 50$Hz 的交流电源上，电动机的电流为 10A。求：（1）电动机的功率因数；（2）若在电动机的两端并联一只 $C = 79.5\mu$F 的电容器，如图 2-29 所示，电路的功率因数又为多少？相量图如图 2-30 所示。

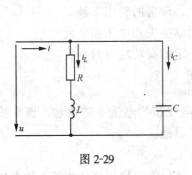

图 2-29

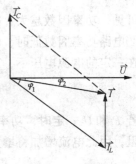

图 2-30　相量图

解：（1）

$$P = UI\cos\varphi$$

$$\cos\varphi = \frac{P}{UI} = \frac{1100}{220 \times 10} = 0.5$$

$$\varphi = 60°$$

（2）感性负载两端并联电容后，由于电路总电压不变，所以，感性支路电流不变。并联电路，以电压为参考变量，即：

$$\vec{U} = U\angle 0°$$

则感性支路电流

$$\vec{I_L} = 10\angle - 60°$$

$$X_C = \frac{1}{\omega C} = \frac{1}{314 \times 79.5 \times 10^{-6}} = 40 \ (\Omega)$$

$$I_C = \frac{U}{X_C} = \frac{220}{40} = 5.5(A)$$

$$\vec{I_C} = 5.5\angle 90°$$

$$\vec{I} = \vec{I_L} + \vec{I_C} = 5 - j3.16 = 5.91\angle - 32.3°$$

功率因数 $\cos\varphi' = 0.844$

由上题可知，在感性负载的两端并联一只适当的电容，可以提高电路的功率因数。

1. 并联功率因数的提高

（1）功率因数提高的意义

①电路功率因数低时，电源设备的容量得不到充分利用。

电源设备的容量是根据额定电压与额定电流确定的，即：

$$S_{\mathrm{N}} = U_{\mathrm{N}} I_{\mathrm{N}}$$

其中能为我们所用的有功功率为：

$$P = U_{\mathrm{N}} I_{\mathrm{N}} \cos\varphi$$

可见，功率因数越大，有功功率越大，设备的利用率越高。

②电路功率因数低时，输电线路的功率损失和电压损失大。

在一定的电源电压下，对负载输送一定的有功功率时，有：

$$I = \frac{P}{U\cos\varphi}$$

若 P 和 U 一定时，功率因数低，输电线路的电流 I 将增加，而导线有一定电阻，因此电流增加将增大线路的电能损耗。

$$P_r = I^2 r$$

由于输电线路本身具有一定的阻抗，所以电流增加将使线路上的电压损失增加，使用户端的电压降低。

对实际应用中的感性负载，提高其功率因数在技术和经济上都有着非常重要的意义。

（2）提高功率因数的方法

提高功率因数要保证两点：对负载的工作状态没有任何影响；不增加额外的功率损耗。

功率因数低通常是感性负载造成的，因此，提高功率因数的方法之一是正确选择负载，使其在满负荷下工作；第二种方法叫做电容补偿法，即在负载两端并联一只适当的电容器，如图 2-29 所示。由图 2-30 可知，未并联电容时，电路电流 $\vec{I}$ 等于负载电流 $\vec{I_1}$，将其正交分解，则得到有功分量和无功分量；并联电容后，电路电流等于负载电流 $\vec{I_1}$ 与电容电流 $\vec{I_C}$ 之和。由于电容电流 $\vec{I_C}$ 补偿了一部分无功电流，所以电路电流 $\vec{I}$ 的数值小于负载电流 $\vec{I_1}$，功率因数角 φ 减小，功率因数 $\cos\varphi$ 提高。从相量图可以知道，电路电流的减小是由于无功分量减小的缘故，而有功分量并未改变。

2. 并联电容值的计算

在电源电压一定时，输送的电功率一定，由相量图可得如下关系：

电容支路电流

$$I_C = I_L \sin\varphi_1 - I \sin\varphi_2$$

$$= \frac{P}{U\cos\varphi_1}\sin\varphi_1 - \frac{P}{U\cos\varphi_2}\sin\varphi_2$$

$$= \frac{P}{U}（\tan\varphi_1 - \tan\varphi_2）$$

其中

$$I_C = \frac{U}{X_C} = U\omega C$$

所以

$$U\omega C = \frac{P}{U}（\tan\varphi_1 - \tan\varphi_2）$$

$$C = \frac{P}{\omega U^2}(\tan\varphi_1 - \tan\varphi_2) \tag{2-38}$$

【例 2-17】 一台发电机，$S_N = 10kV \cdot A$，$U_N = 220V$，$f = 50Hz$，给一功率因数 $\cos\varphi_1 = 0.6$ 的负载供电，(1) 当发电机满载时，输出的有功功率为多少？电路电流为多少？(2) 负载不变，将一电容器与负载并联，使供电系统的功率因数提高到 0.85，所需电容值为多少？

解：(1) 发电机输出的有功功率为

$$P = S_N\cos\varphi_1 = 10 \times 0.6 = 6 （kW）$$

电路电流

$$I = \frac{S_N}{U_N} = \frac{10000}{220} = 45.5(A)$$

(2) 若要使功率因数提高到 0.85，所需电容值为：

$$\cos\varphi_1 = 0.6 \qquad \tan\varphi_1 = 1.333$$

$$\cos\varphi_2 = 0.85 \qquad \tan\varphi_2 = 0.62$$

$$C = \frac{P}{\omega U^2}（\tan\varphi_1 - \tan\varphi_2）$$

$$= \frac{6000}{314 \times 220^2}（1.333 - 0.62）\times 10^6 = 281 （\mu F）$$

【例 2-18】 某感性负载，$P = 10kW$，$U_N = 220V$，$f = 50Hz$，$\cos\varphi_1 = 0.8$，现欲将功率因数分别提高到 0.85、0.90、0.95、1.00，求相应的电流值和需并联的电容值。

解：$\cos\varphi_1 = 0.8$ 时，电路电流如下：

$$I_1 = \frac{P}{U_N\cos\varphi_1} = \frac{10000}{220 \times 0.8} = 56.8(\text{A})$$

$$\cos\varphi_1 = 0.8, \quad \tan\varphi_1 = 0.75$$

$$\cos\varphi_2 = 0.85, \quad \tan\varphi_2 = 0.62$$

将功率因数提高到0.85，所需并联的电容值：

$$C = \frac{P}{\omega U^2}(\tan\varphi_1 - \tan\varphi_2)$$

$$= \frac{10000}{314 \times 220^2}(0.75 - 0.62) \times 10^6 = 85.5 \ (\mu F)$$

其余计算依此类推，计算列表如下：

$\cos\varphi$	0.80	0.85	0.90	0.95	1.00
I/A	56.8	53.5	50.5	47.8	45.5
$C/\mu\text{F}$	0	86	178	276	498

由上表可知，功率因数每提高0.05，所需并联的电容值越来越大，对电路电流减小的效果越来越小，所以供电系统不要求用户的功率因数提高到1，否则，电容器的投资太大，经济效果反而不好。

习 题

1. 不同频率的正弦量能否比较相位差，为什么？

2. 电容器的耐压值为500V，能否接在有效值为500V的交流电路中？为什么？

3. 让10A的直流电流和最大值 $I_m = 12\text{A}$ 的正弦交流电流分别通过阻值相同的电阻，在一个周期内，哪个电阻的发热量大？

4. 将220V，50W的白炽灯，接在220V的直流电源上时的亮度和把它接在220V的交流电源上时的亮度是否一样，为什么？

5. 正弦量的最大值和有效值，是否随时间变化？它们和频率、初相位是否有关？为什么？

6. 不同频率的几个正弦量能否用相量表示在同一图上？为什么？

7. 如何用相量运算的方法求两个同频率正弦量的和或差？

8. 已知一正弦电压的瞬时值表达式为

$$u = 380\sin314t$$

求它的最大值、有效值、频率、周期、角频率和初相角。

9. 已知正弦交流电压的三要素为：$U_m = 220\text{V}$，$f = 50\text{Hz}$，$\varphi = 60°$，试写出电压的瞬时值表达式，并画出它的波形图。

10. 试写出有效值为100V，在 $t = 0$ 时瞬时值为122.5V，$f = 50\text{Hz}$ 的正弦交流

50

电压的瞬时值表达式。

11．在第 3 题算出电压瞬时值表达式中，问 $t = 0.1\text{s}$ 时，电压瞬时值为多少？

12．已知正弦交流电流的瞬时值表示式为 $i = \sin\left(314t + 30°\right)$，试求其最大值、角频率、频率与初相角，并问该电流经多少时间后第一次出现最大值？

13．已知两正弦交流电压的瞬时值表达式为

$$u_1 = 220\sqrt{2}\sin\left(314t + 30°\right)$$

$$u_2 = 220\sqrt{2}\sin\left(314t - 90°\right)$$

指出各正弦量的最大值、有效值、角频率、周期、频率以及两者之间的相位差。试分别用波形图、相量图表示各正弦量。

14．已知两正弦电流的瞬时值表达式为

$$i_1 = 3\sqrt{2}\sin\left(\omega t + 135°\right)$$

$$i_2 = 4\sqrt{2}\sin\left(\omega t + 45°\right)$$

用相量运算的方法求两正弦量之和，并画出相量图。

15．已知正弦交流电流的复数极坐标式为：

$$\vec{I} = 10\angle 30°$$

求电流的有效值、初相角、最大值及瞬时值表达式。

16．一白炽灯接在 $u = 220\sqrt{2}\sin\left(314t + 45°\right)$ 的交流电源上，其电阻为 484Ω，求通过电阻的电流的瞬时值表达式和消耗的电功率。

17．在纯电阻电路中，下列各式是否正确，为什么？

$(1)\ i = \dfrac{U}{R}$ $(2)\ I = \dfrac{U}{R}$ $(3)\ i = \dfrac{U_\text{m}}{R}$ $(4)\ i = \dfrac{u}{R}$ $(5)\ I_\text{m} = \dfrac{U_\text{m}}{R}$

18．在纯电感电路中，下列各式是否正确，为什么？

$(1)\ i = \dfrac{U}{X_L}$ $(2)\ I = \dfrac{U}{X_L}$ $(3)\ I = \dfrac{U}{\omega L}$ $(4)\ i = \dfrac{u}{\omega L}$ $(5)\ I_\text{m} = \dfrac{U_\text{m}}{X_L}$

19．有一电感，$L = 0.6\text{H}$，接在 $U = 220\text{V}$，$f = 50\text{Hz}$ 的交流电路中，求电流 I 及无功功率 Q，画出相量图。

20．把一个电感线圈接在 48V 的直流电源上，电流为 8A；接在 $U = 220\text{V}$ 的交流电源上，电流为 12A，求线圈的电阻和电感。

21．40W 的日光灯镇流器工作时的电压为 198V，电流为 0.5A，电源 $f = 50\text{Hz}$，忽略电阻，求电感 L。

22．一电容 $C = 100\mu\text{F}$，分别接在 $U = 220\text{V}$，（1）$f = 50\text{Hz}$，（2）$f = 5000\text{Hz}$ 的交流电源上，试求两种情况下的 X_C、I、Q，并画出相量图。

23．在纯电容电路中，下列各式是否正确，为什么？

$(1)\ i = \dfrac{u}{X_C}$ $(2)\ i = \omega CU$ $(3)\ I = \dfrac{U}{\omega C}$ $(4)\ I = \omega CU$ $(5)\ I_\text{m} = \dfrac{U_\text{m}}{X_C}$

24. 将电容 $C = 40\mu F$ 及电阻 $R = 60\Omega$ 组成的串联电路接入 $U = 220V$，频率 $f = 50Hz$ 电源上，求（1）容抗；（2）电路的阻抗；（3）电流有效值；（4）电阻压降 U_R 和电容压降 U_C；（5）电流、电压间的相位差；（6）有功功率、无功功率、视在功率；（7）画出相量图。

25. 在 R、L 串联电路中，$R = 60\Omega$，$X_L = 80\Omega$，电源电压 $U = 100V$，$f = 50Hz$，试求（1）电流有效值；（2）电阻电压 U_R、电感电压 U_L；（3）有功功率、无功功率；（4）视在功率；（5）画出相量图。

26. 具有电阻 R_1、电感 L_1 的线圈与一个电阻 R 串联后接入 $f = 50Hz$ 的交流电源上，则电阻 R 两端电压为 130V，电流为 2.5A，试计算 R_1、L_1。

27. 在图 2-31 中已知 $R = 3k\Omega$，$C = 5\mu F$，$f = 220Hz$，输入电压 $u_1 = 0.2V$，求输出电压 u_2。

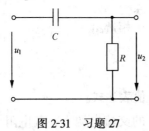

图 2-31　习题 27　　　　　　　图 2-32　习题 28

28. 电感线圈 $L = 0.1H$，与 $C = 58\mu F$ 的电容器串联后接入 $U = 220V$，$f = 50Hz$ 的交流电源上，如图 2-32 所示，求通过线圈支路电流和电容支路电流及电路的总电流。

29. 将 $R = 15\Omega$，$L = 0.18H$ 的线圈与 $C = 5\mu F$ 的电容器串联后接入 $U = 20V$，$f = 500Hz$ 的交流电源上，求（1）电路中的电流 I、电流与电压之间的相位差、线圈上的电压、电容器上的电压；（2）判断电路性质；（3）求电路的有功功率、无功功率、视在功率；（4）画出电压、电流相量图；（5）若要调整 f 使电路发生谐振，则 f 应为多少？（6）若要 f 不变，调节 C 使电路发生谐振，则 C 是多少？（7）分别求两种情况下线圈、电容器上的电压。

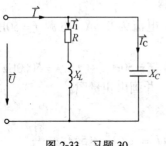

图 2-33　习题 30

30. 如图 2-33 所示，已知电源电压 $U = 220V$，频率 $f = 50Hz$，电阻 $R = 6\Omega$，感抗 $X_L = 8\Omega$，容抗 $X_C = 19\Omega$，求（1）各支路电流、电路的总电流；（2）线圈支路的功率因数和电路的总功率因数。

31. 额定功率 40W 的日光灯，接入电压 $U =$

220V，频率 $f = 50\text{Hz}$ 的交流电源中，电流为 0.65A，其功率因数为多少？若要使功率因数提高到 0.92，则需并联多大的电容？这时电路的总电流又是多少？画出相量图。

第 3 章 三 相 电 路

3.1 三相电源

三相交流远距离输电在获得成功后便迅速发展,目前,电力系统普遍采用三相三线制、三相四线制供电,也就是说,电能的产生、输送和分配一般都采用三相制的交流电,也就是由三个同频率而相位不同的电动势供电的电源系统。这三个同频率的电动势幅值相等,相位互差 120°,称为三相对称电动势。

负载有单相与三相之分。单相负载只与三相制供电系统的某一相连接,例如照明用电。三相负载则与三相电动势连接,例如三相交流电动机。这样就构成了三相交流电路。组成三相电路的每一单相电路称为一相。

广泛采用三相制的原因是它与单相交流供电比较有以下主要优点:

(1) 工农业生产上广泛使用的三相异步电动机是以三相交流电作为电源的,它在技术和经济上都比单相发电机优越。

(2) 在相同的输电条件下 (电压、功率、距离、线路损失),采用三相制输电可大大节省导线。

(3) 三相交流电动机的性能比单相的好,具有体积小、价格低、效率高、性能好、结构简单、运行可靠、维护方便等优点。

1. 三相发电机的结构、工作原理

三相对称电动势是由三相发电机产生的。图 3-1 是最简单的具有一对磁极

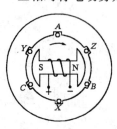

图 3-1 三相发电机的
结构原理图

的三相交流发电机的结构原理图,它主要由定子和转子两部分组成。定子是固定不动的,包括定子铁芯和定子绕组;其中定子铁芯是用薄的硅钢片叠装而成的圆筒,内表面冲有均匀分布的槽,槽内嵌放完全相同的三相定子绕组。三个绕组的始端用 A、B、C 表示;末端用 X、Y、Z 表示。三相绕组的始端 (或末端) 有 120°的相位差。转子是一个绕中心轴旋转的磁极,转子绕组绕在铁芯上。选择合适的极面形状和转子绕组的布置方式,可使定子与转子之间的空气隙中的磁感应强度按正弦规律分布。

当转子由原动机拖动,以角速度 ω 沿顺时针方向匀速旋转时,每个绕组

要切割磁力线而产生按正弦规律变化的感应电动势 e_A、e_B、e_C，它们的有效值分别用 E_A、E_B、E_C 表示。这三个电动势具有以下三个特点：

（1）由于三相绕组固定在同一转子铁芯上，且等速旋转，故三个电动势的频率相同。

（2）由于三相绕组完全相同（形状、尺寸、匝数、材料等），因此，三个电动势的最大值和有效值相等。

（3）由于三相绕组的空间位置互差 120°，所以三个电动势之间有 120° 的相位差。

由此可见，三相交流发电机产生的三相电动势为三相对称电动势。若以 A-X 绕组经过水平面的时刻为计时起点，则各相电动势瞬时值的正弦函数表达式为：

$$\left. \begin{array}{l} e_A = E_A \sin\omega t \\ e_B = E_B \sin(\omega t - 120°) \\ e_C = E_C \sin(\omega t + 120°) \end{array} \right\} \tag{3-1}$$

相量表达式为：

$$\left. \begin{array}{l} \vec{E}_A = E\angle 0° \\ \vec{E}_B = E\angle -120° \\ \vec{E}_C = E\angle 120° \end{array} \right\} \tag{3-2}$$

e_A、e_B、e_C 的波形图和相量图见图 3-2 和图 3-3。

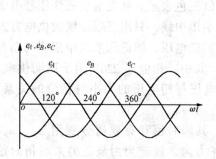

图 3-2　三相电动势波形图

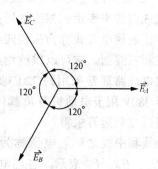

图 3-3　三相电动势相量图

在电力系统中，各发电机产生的电动势，毫无例外都是对称的。由于三相电动势的对称，故它们的瞬时值之和或相量和都等于零，即：

$$\left. \begin{array}{l} e_A + e_B + e_C = 0 \\ \vec{E}_A + \vec{E}_B + \vec{E}_C = 0 \end{array} \right\} \tag{3-3}$$

2．三相电源的连接

（1）星形（Y）连接

作为三相电源的三相发电机或是三相变压器，都有三个独立绕组，每相绕组都有它相应的电动势。如果将每相绕组分别与负载相接，将构成三个互不相关的单相供电系统，这种输电方式需要六根导线，很不经济，实际不被采用。通常总是将三相绕组接成星形；在某些情况下也有接成三角形的，如图3-4、图3-5所示。

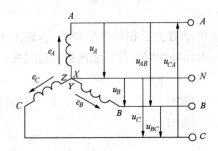

图3-4　三相发电机绕组的
星形连接

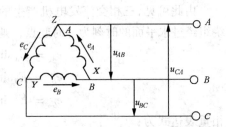

图3-5　三相发电机绕组的
三角形连接

将三相绕组的末端接成一点，用 N 表示，称为中点或零点，这种连接方式称为星形（Y）连接。从中点引出的导线称为中线或零线；从绕组的首端 A、B、C 引出的导线称为端线、火线、相线。在生产和生活实际中，中线常用黑线或白线来表示，相线常用黄、绿、红三色表示。从发电机或变压器引出一根中线的供电方式称为三相四线制；不引出中线，只出三根相线的供电方式称为三相三线制。它可以供给用户两种不同的电压，即低压系统中照明与动力混合供电线路通常采用的 220/380V 电源。其中，相电压 220V 用于照明供电，线电压 380V 用于电动机等负载供电。线电压与相电压的大小与相位的关系，也可通过复数运算求得。

端线和中线之间的电压称为相电压，其瞬时值和有效值分别用 u_A、u_B、u_C 和 U_A、U_B、U_C 表示。各相电动势的正方向，规定为由绕组的末端指向首端，而各相电压的正方向则相反，规定为从绕组的首端指向末端。各线电压的正方向用双下标注明的顺序来表示，瞬时值和有效值分别为 u_{AB}、u_{BC}、u_{CA} 和 U_{AB}、U_{BC}、U_{CA} 表示，如图3-4所示。

根据克希荷夫电压定律，线电压和相电压的关系为：

$$\left.\begin{array}{l} u_{AB} = u_A - u_B \\ u_{BC} = u_B - u_C \\ u_{CA} = u_C - u_A \end{array}\right\} \tag{3-4}$$

写成相量式为：

$$\left.\begin{array}{l} \vec{U}_{AB} = \vec{U}_A - \vec{U}_B \\ \vec{U}_{BC} = \vec{U}_B - \vec{U}_C \\ \vec{U}_{CA} = \vec{U}_C - \vec{U}_A \end{array}\right\} \qquad (3\text{-}5)$$

由于三相电动势是对称的，所以三相电压也是对称的。根据上式，可作出相电压和线电压的相量图，如图 3-6 所示。

由图 3-6 可得，$\vec{U}_{AB}$、$\vec{U}_A$ 之间的夹角为：

$$\varphi = \frac{180° - 120°}{2} = 30°$$

$$U_{AB} = 2U_A \cos 30° = \sqrt{3}\,U_A$$

可见，线电压也是对称的。

结论：当电源的三相绕组星形连接时，线电压有效值为相电压有效值的 $\sqrt{3}$ 倍，相位上较相应的相电压超前 30°。

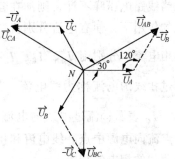

图 3-6 星形连接时线电压
与相电压的相量图

根据需要，星形连接的三相电源，可以引出中线，即为三相四线制；也可以不用中线，为三相三线制。

（2）三角形（△）连接

电源的三角形接法如图 3-5 所示。三相绕组的首末端依次连接，构成闭合回路，然后从三个连接点引出三条导线。

由图可知，电源 △ 连接时，线电压就是对应的相电压。

在生产实际中，发电机的三相绕组很少接成三角形，通常都接成星形；对三相变压器来说，则两种接法都有。

3．相序

三个电动势达到最大值的顺序称为相序，有顺相序和逆相序之分。若按 A—B—C 的顺序循环下去称为顺相序，而按 A—C—B 的顺序循环下去称为逆相序。

3.2 负载的星形连接

使用交流电的电气设备有很多，其中有些是需要三相电源才能工作的，如三相异步电动机，这些属于三相负载，多为对称负载。另外还有一些设备只需单相电源，如各种照明灯具，它们可以接在电源的任一相上，但大多数情况下是按照一定的方式接在三相电源上，所以，从整体上可看成是三相负载。尽管这些单相负载在设计电路时可以接成对称，平均分配在三相电源上，但在实际运行中因使用情况各不相同而无法保证对称，此类负载为不对称负载。

对称负载：若每相负载的阻抗相等，阻抗角相等，且性质相同，则此三相负载称为对称三相负载，否则称为不对称负载。

把三相电源和负载按一定方式连接起来，就组成三相电路。三相电路中的负载有星形和三角形两种基本连接方式。

三相负载的星形连接，如图 3-7、图 3-8 所示。三个负载 Z_A、Z_B、Z_C 的一端连在一起接到三相电源的中线上，另一端接在三相电源的三根相线上。若忽略线路电压降不计，则加在各相负载两端的电压即为电源的相电压。在相电压的作用下，便有电流分别流过各相线、负载、中线。通过各个负载的电流称为相电流，分别用 $\vec{I}_a$、$\vec{I}_b$、$\vec{I}_c$ 表示，规定其正方向是从负载流向负载中点；流过相线的电流称为线电流，其正方向规定是从相线流向负载，分别用 $\vec{I}_A$、$\vec{I}_B$、$\vec{I}_C$ 表示；流过中线的电流称为中线电流，用 $\vec{I}_N$ 表示，其方向是从负载中点流向电源中点。线电流和相电流的关系是：流过某一相的线电流和流过该相负载的相电流相等。

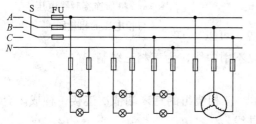

图 3-7 三相负载星形连接的实际电路

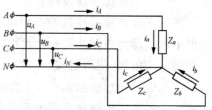

图 3-8 三相不对称负载的星形连接

1. 不对称负载的星形连接

由于有中线，各相负载与电源构成各自的回路。负载不对称时，各相的阻抗、电流、功率等均可按单相电路的方法来计算。各个线电流和相电流的计算若用复数运算，则有：

$$
\left.
\begin{array}{l}
\vec{I}_A = \vec{I}_a = \dfrac{\vec{U}_A}{Z_A'} \\[2mm]
\vec{I}_B = \vec{I}_b = \dfrac{\vec{U}_B}{Z_B'} \\[2mm]
\vec{I}_C = \vec{I}_c = \dfrac{\vec{U}_C}{Z_C'}
\end{array}
\right\}
\tag{3-6}
$$

各线电流和相电流的有效值：

$$I_A = I_a = \frac{U_A}{Z_A}$$

$$I_B = I_b = \frac{U_B}{Z_B}$$ (3-7)

$$I_C = I_c = \frac{U_C}{Z_C}$$

各相负载的相电流与相电压之间的相位差为:

$$\varphi_A = \arctan \frac{X_A}{R_A}$$

$$\varphi_B = \arctan \frac{X_B}{R_B}$$ (3-8)

$$\varphi_C = \arctan \frac{X_C}{R_C}$$

由于电源电压为三相对称电压,而负载为三相不对称负载,所以线电流和相电流均为不对称电流。

根据克希荷夫电流定律,可得中线电流:

$$\vec{I}_N = \vec{I}_A + \vec{I}_B + \vec{I}_C$$

三个线电流不对称,所以中线电流不等于零。中线电流的大小随三相负载的变化而变化,三相负载越接近对称,中线电流就越小。一般情况下,中线电流总小于最大的一相负载的线电流。因此,在三相四线制供电系统中,中线截面可以比相线截面小一个等级。

【例3-1】 如图3-9所示三相三线制供电线路上,接入三相电灯负载,星形连接,$U_L = 380V$,每一相电灯负载的 $R = 400\Omega$,求(1)正常工作时,每一相负载两端的电压及流过的电流值;(2)若其中的一相短路;(3)一相断开,对其他两相有何影响?(4)若为三相四线制供电,当其中的一相短路或一相断开时,情况又如何?

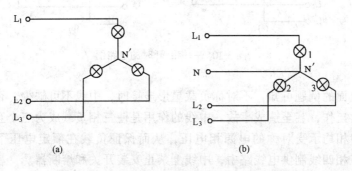

(a)   (b)

图 3-9　三相三线制供电线路图

解：（1）正常情况下，三相负载对称，各相相电压：

$$U_P = \frac{380}{\sqrt{3}} = 220(\text{V})$$

各相相电流：

$$I = \frac{U_P}{R} = \frac{220}{400} = 0.55(\text{A})$$

（2）一相断开，R_2、R_3 串联分压，如图 3-10a 所示其相电压：

$$U_{P2} = U_{P3} = \frac{380}{2} = 190(\text{V})$$

各相电流：

$$I_{P2} = I_{P3} = \frac{190}{400} = 0.475(\text{A})$$

二相、三相两端电压低于额定电压，电灯不能正常工作，电灯变暗。

（3）一相短路，R_2、R_3 并联分流，如图 3-10b 所示。其相电压：

$$U_{P2} = U_{P3} = 380(\text{V})$$

各相电流：

$$I_{P2} = I_{P3} = \frac{380}{400} = 0.95(\text{A})$$

二相、三相两端电压高于额定电压，电灯不能正常工作，电灯变亮。

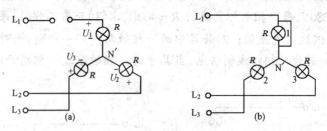

图 3-10　一相断开时的电路图

由上面的例题可知，不对称负载星形连接时，中线不可缺少，否则，负载不能正常工作，甚至造成事故。中线的作用是使三相负载成为三个互不影响的回路，各相均承受对称的电源相电压，从而保证负载在额定电压下工作。因此，在三相四线制供电线路中，中线上禁止安装开关和熔断器。

2. 对称负载的星形连接

三相异步电动机是最常见的三相对称负载。三相负载对称时，由于相电压对称，所以各相线电流和相电流也对称。若以 $\vec{I}_A$ 为参考变量，三相对称电流为：

$$\left.\begin{array}{l} \vec{I}_A = I_P\angle 0° \\ \vec{I}_B = I_P\angle -120° \\ \vec{I}_C = I_P\angle 120° \end{array}\right\} \tag{3-9}$$

式中　I_P——相电流有效值。

由于电流、电压都对称，所以进行电路计算时，只需计算出其中的一相即可，其余两相可按对称关系直接求出。

三相负载对称时，中线电流为：

$$\vec{I}_N = \vec{I}_A + \vec{I}_B + \vec{I}_C = 0 \tag{3-10}$$

中线中没有电流流过，可以省去中线，即为三线三相三制，如图 3-11 所示。

三相三线制系统中虽然没有中线，但各相负载承受的电压仍为对称的电源相电压，其相量图如图 3-12 所示。这时，三个相电流互成回路。也就是说，在任一瞬间，三相电流的流动情况有两种：①若三相负载均有电流流过，则流进（或流出）的两相电流之和必等于流出（或流入）的另一相电流。②若有一相电流为零，则流出（或流入）的另一相电流必等于流入（或流出）的第三相电流。

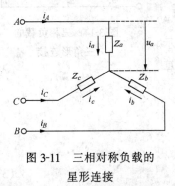

图 3-11　三相对称负载的
星形连接

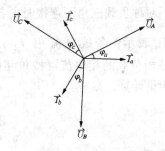

图 3-12　三相对称感性
负载的相量图

【例 3-2】　一星形连接的对称负载，接入 380/220V 的三相四线制电源中，每相负载由 $R = 6\Omega$ 的电阻和 $L = 25.5\text{mH}$ 的线圈串接而成，u_A 的初相位为 0°，求各相电流并画出相量图。

解：
$$X_L = \omega L = 314 \times 25.5 \times 10^{-3} = 8(\Omega)$$

$$Z = \sqrt{R^2 + X_L^2} = \sqrt{6^2 + 8^2} = 10(\Omega)$$

$$I_A = I_a = \frac{U_A}{Z} = \frac{220}{10} = 22(A)$$

$$\varphi = \arctan \frac{X_L}{R} = \arctan \frac{8}{6} = 53°$$

感性负载，电流滞后于电压，所以有

$$\vec{I}_A = \vec{I}_a = 22\angle -53°(A)$$

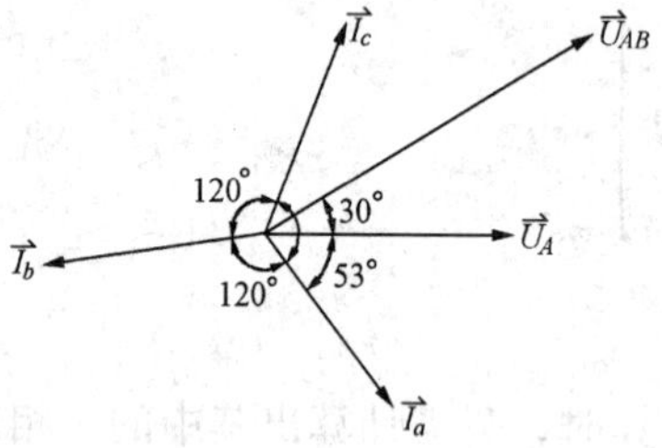

三相电流对称，所以：

图 3-13　相量图

$$\vec{I}_B = \vec{I}_b = 22\angle -173°(A)$$

$$\vec{I}_C = \vec{I}_c = 22\angle 67°(A)$$

3.3　负载的三角形连接

当负载的额定电压等于电源的线电压时，应采三角形连接。如定子绕组的额定电压为 380V 的三相异步电动机、电焊机、电钻等。接法如图3-14所示。

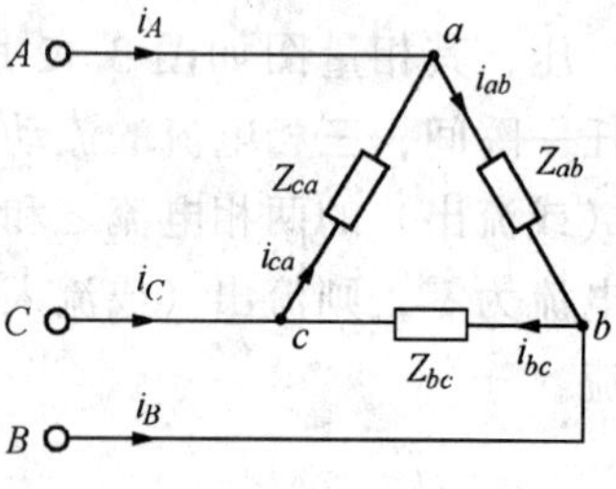

由图可知，不论负载对称与否，各相负载所承受的电压均为对称的电源线电压。

1. 不对称负载的三角形连接

不对称负载三角形连接时的各相电流用 $\vec{I}_{ab}$、$\vec{I}_{bc}$、$\vec{I}_{ca}$ 表示，各线电流用 $\vec{I}_A$、$\vec{I}_B$、$\vec{I}_C$ 表示。流过各相负载的相电流可按单相电路分别计算，若用相量计算，则有：

图 3-14　三相负载的
三角形连接

$$\left.\begin{array}{l} \vec{I}_{ab} = \dfrac{\vec{U}_{ab}}{Z_{ab}} \\[2mm] \vec{I}_{bc} = \dfrac{\vec{U}_{bc}}{Z_{bc}} \\[2mm] \vec{I}_{ca} = \dfrac{\vec{U}_{ca}}{Z_{ca}} \end{array}\right\} \qquad (3\text{-}11)$$

各相电流有效值：

$$I_{ab} = \frac{U_{ab}}{Z_{ab}} \left.\begin{matrix} \\ \\ \\ \end{matrix}\right\}$$

$$I_{bc} = \frac{U_{bc}}{Z_{bc}} \qquad (3\text{-}12)$$

$$I_{ca} = \frac{U_{ca}}{Z_{ca}}$$

各相负载的相电流与相电压之间的相位差为：

$$\varphi_{ab} = \arctan \frac{X_{ab}}{R_{ab}} \left.\begin{matrix} \\ \\ \\ \end{matrix}\right\}$$

$$\varphi_{bc} = \arctan \frac{X_{bc}}{R_{bc}} \qquad (3\text{-}13)$$

$$\varphi_{ca} = \arctan \frac{X_{ca}}{R_{ca}}$$

由于电源电压对称，而三相负载不对称，所以三相相电流也不对称，线电流一般也不对称。

三相不对称负载三角形连接时的线电流与相电流之间的关系可由克希荷夫电流定律推出，即：

$$\vec{I}_A = \vec{I}_{ab} - \vec{I}_{ca} \left.\begin{matrix} \\ \\ \\ \end{matrix}\right\}$$

$$\vec{I}_B = \vec{I}_{bc} - \vec{I}_{ab} \qquad (3\text{-}14)$$

$$\vec{I}_C = \vec{I}_{ca} - \vec{I}_{bc}$$

2. 对称负载的三角形连接

若三相负载对称，由于电源电压对称，所以三个相电流对称，若以 $\vec{I}_{ab}$ 为参考变量，由三个对称相电流的表示式为：

$$\vec{I}_{ab} = \vec{I}_P \angle 0° \left.\begin{matrix} \\ \\ \\ \end{matrix}\right\}$$

$$\vec{I}_{bc} = \vec{I}_P \angle -120° \qquad (3\text{-}15)$$

$$\vec{I}_{ca} = \vec{I}_P \angle 120°$$

式中 I_P——相电流有效值。

根据线电流与相电流的关系，可画出线电流与相电流的相量图，见图3-15。由相量图可得线电流与相电流的关系：

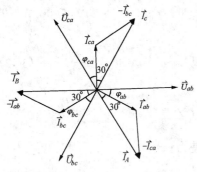

图 3-15　三相对称负载三角形连接
线电流与相电流的相量图

$\vec{I}_{ab}$ 与 $\vec{I}_A$ 之间的夹角：

$$\varphi = \frac{180° - 120°}{2} = 30°$$

$$I_A = 2I_{ab}\cos 30° = \sqrt{3}\,I_{ab}$$

结论：对称负载三角形连接时，相电流对称，线电流也对称。它们之间的关系是：线电流有效值为相电流有效值的 $\sqrt{3}$ 倍，在相位上，线电流滞后相电流 30°。

3.4　三相电功率

三相电路中各相电功率的计算与单相电路相同。不论负载是星形还是三角形连接，三相总有功功率和无功功率等于各相有功功率和无功功率之和。

若负载不对称，则需先分别求出各相有功功率、无功功率，然后相加。计算公式如下：

Y形连接时，

$$P = P_A + P_B + P_C = U_A I_a \cos\varphi_a + U_B I_b \cos\varphi_b + U_C I_c \cos\varphi_c \qquad (3\text{-}16)$$

$$Q = Q_A + Q_B + Q_C = U_A I_a \sin\varphi_a + U_B I_b \sin\varphi_b + U_C I_c \sin\varphi_c \qquad (3\text{-}17)$$

$$S = \sqrt{P^2 + Q^2}$$

△连接时，

$$P = P_A + P_B + P_C = U_{AB} I_{ab} \cos\varphi_{ab} + U_{BC} I_{bc} \cos\varphi_{bc} + U_{CA} I_{ca} \cos\varphi_{ca} \qquad (3\text{-}18)$$

$$Q = Q_A + Q_B + Q_C = U_{AB} I_{ab} \sin\varphi_{ab} + U_{BC} I_{bc} \sin\varphi_{bc} + U_{CA} I_{ca} \sin\varphi_{ca} \qquad (3\text{-}19)$$

$$S = \sqrt{P^2 + Q^2}$$

上述公式中，功率因数角 φ 均为各相负载的相电压与相电流之间的相位差。

负载对称时，各相功率相等，三相总功率等于一相功率的三倍。即：

$$P = P_A + P_B + P_C = 3U_P I_P \cos\varphi = \sqrt{3}\,U_L I_L \cos\varphi \qquad (3\text{-}20)$$

$$Q = Q_A + Q_B + Q_C = 3U_P I_P \sin\varphi = \sqrt{3}\,U_L I_L \sin\varphi \qquad (3\text{-}21)$$

$$S = 3U_P I_P = \sqrt{3}\,U_L I_L \qquad (3\text{-}22)$$

【例3-3】 三相异步电动机每相定子绕组的 $R = 6\Omega$，$X_L = 8\Omega$，接入 380/220V 的电源中，求定子绕组分别采用 Y 连接和 △ 连接时的 P、Q、S。

解：
$$Z = \sqrt{R^2 + X_L^2} = \sqrt{6^2 + 8^2} = 10(\Omega)$$

$$\cos\varphi = \frac{R}{Z} = \frac{6}{10} = 0.6$$

$$\sin\varphi = \frac{X_L}{Z} = \frac{8}{10} = 0.8$$

Y 连接时：$U_P = 220V$，$I_P = \dfrac{U_P}{Z} = \dfrac{220}{10} = 22(A)$

$$P_Y = 3U_P I_P \cos\varphi = 3 \times 220 \times 22 \times 0.6 = 8712(W)$$

$$Q_Y = 3U_P I_P \sin\varphi = 3 \times 220 \times 22 \times 0.8 = 11616(var)$$

$$S_Y = 3U_P I_P = 3 \times 220 \times 22 = 14520(V \cdot A)$$

△ 连接时：$U_P = 380V$，$I_P = \dfrac{U_P}{Z} = \dfrac{380}{10} = 38(A)$

$$P_\triangle = 3U_P I_P \cos\varphi = 3 \times 380 \times 38 \times 0.6 = 25992(W)$$

$$Q_\triangle = 3U_P I_P \sin\varphi = 3 \times 380 \times 38 \times 0.8 = 34656(var)$$

$$S_\triangle = 3U_P I_P = 3 \times 380 \times 38 = 43320(V \cdot A)$$

由上的计算可知：$P_\triangle / P_Y = 3$

由本章中的例题可知，若把应该作星形连接的负载错接成三角形时，则每相负载所承受的电压为额定电压的 $\sqrt{3}$ 倍，相电流、线电流、负载功率随之显著增大，很容易导致导线和负载烧毁。相反，若把应该作三角形连接的负载错接成星形时，则每相负载不能尽其所用，还可能出现事故。因此，三相负载应按铭牌或说明书的要求进行连接，不可接错。

习 题

1. 指出下列哪些说法是正确的，哪些是错误的？
   (1) 同一台发电机作星形连接时的线电压等于作三角形连接时的线电压。
   (2) 对称负载作星形连接时，必须有中线。
   (3) 负载星形连接时，线电流必等于相电流。
   (4) 星形连接时，三相负载越接近对称，则中线电流就越小。
   (5) 负载作三角形连接时，线电流必为相电流的 $\sqrt{3}$ 倍。
   (6) 在照明配电系统中，由于把单相负载均衡地分配在三相电源上，故中线可以省去。

2. 试判断图 3-16 中三相电路是星形连接还是三角形连接？是三线制还是四线制？

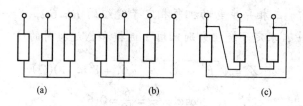

图 3-16　习题 2

3. 如图 3-17 所示，已知三相负载是对称的，接在电路中的电流表 A_1 的读数是 15A，电流表 A_2 的读数是多少？

4. 如图 3-18 所示，已知三相负载是对称的，接在电路中的电压表 V_2 的读数是 660V，电压表 V_1 的读数是多少？

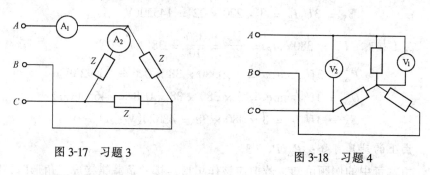

图 3-17　习题 3

图 3-18　习题 4

5. 三相四线制供电系统中，有一相断开（或短路），对其他两相是否有影响？为什么？

6. 三相负载的阻抗相等，能肯定它们是三相对称负载吗？为什么？

7. 在 380/220V 三相四线制系统中，中线的主要作用是什么？为什么中线上禁止安装开关、熔断器？

8. 三相负载在什么情况下应采用星形连接？什么情况下应采用三角形连接？

9. 在线电压为 380V 的供电系统中，接入三相对称负载，每相的阻抗为 $Z' = 10 + j10$，试求负载作星形连接和三角形连接时的线电流、相电流、三相有功功率、无功功率、视在功率。

10. 如图 3-19 所示电源线电压 $u_{AB} = 380\sqrt{2}\sin(\omega t + 30°)$，$R = X_L = X_C = 10\Omega$，求各相电流、线电流、中线电流和负载消耗的总有功功率。

11. 额定电压为 220V 的三个单相负载，其阻抗均为 $Z' = 8 + j6$，接在线电压为 380V 的三相四线制系统中，（1）负载该采用什么接法？（2）求各相相电流、线电流；（3）求总有功功率、无功功率、视在功率。

12. 上题中，若把负载错接成三角形，重求相电流、线电流、总有功功率；并计算两种情况下相电流、线电流、总有功功率的比值。

13. 三相对称负载作星形连接，每相阻抗 $Z = 30\Omega$，$\cos\varphi = 0.8$，电源的线电压 $U_L = 380\text{V}$，求线电流及三相总功率。

14. 如图 3-20 所示三相负载采用三角形连接，接入 $U_L = 380\text{V}$ 的三相电源上，$R_{ab} = 10\Omega$，$X_{bc} = 10\Omega$，$R_{ca} = 6\Omega$，$X_{ca} = 8\Omega$，求各相电流、线电流和总有功功率、无功功率、视在功率。

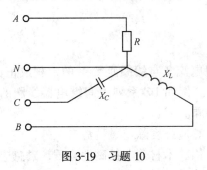

图 3-19　习题 10

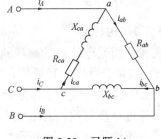

图 3-20　习题 14

15. 一台三相异步电动机，采用三角形连接，接入 $U_L = 380\text{V}$ 的三相电源上，$P = 7.5\text{kW}$，$I_L = 19\text{A}$，求每相定子绕组的功率因数和阻抗。

16. 把一台 $P = 2.2\text{kW}$ 的三相异步电动机接在 $U_L = 380\text{V}$ 的三相电源上，此时，电动机工作正常，其线电流为 4.8A，求电动机每相绕组的功率因数及其所承受的电压。此台电动机采用的是哪种连接方式？

17. 三个完全相同的线圈，接在 $U_L = 380\text{V}$ 的三相电源上，线圈的 $R = 3\Omega$，$X_L = 4\Omega$，求星形连接和三角形连接时，（1）线圈中的电流；（2）总有功功率、无功功率、视在功率。

18. 一台采用三角形连接的三相异步电动机，在电源电压 $U_L = 380\text{V}$ 的情况下，耗用的电功率为 6.55kW，功率因数为 0.79，求此时电动机的相电流、线电流。

第4章 变压器

4.1 磁路的基本知识

4.1.1 磁导率

实验证明通电线圈的磁场的强弱，跟电流 I 与线圈匝数 N 的乘积成正比。乘积 IN 称为磁通势，其单位是安匝或安。例如 DZ 系列中间继电器线圈的磁通势为 877A。磁通势 IN 是激励磁场的根源。

实验进一步表明，通电线圈产生的磁感应强度除与磁通势有关外，还与线圈中的介质性质有关。在线圈中放入铜、铝、木材等非铁磁性物质，磁感应强度几乎不变，若放入铁、钴、镍等铁磁性物质，磁感应强度将大大增强。

用磁导率 μ 来表示物质的导磁能力，其国际单位制单位是亨/米（H/m）。经测定，真空磁导率 $\mu_0 = 4\pi \times 10^{-7} \text{H/m}$ 是一常量，又称磁常数。

物质的磁导率 μ 与真空磁导率 μ_0 的比值 μ_r 称为该介质的相对磁导率，即 $\mu_r = \mu/\mu_0$ 或 $\mu = \mu_r/\mu_0$，如表 4-1 为几种铁磁性物质的相对磁导率。

磁感应强度与物质磁导率的比值称为磁场强度。

μ_r 是没有量纲的物理量，从它的大小可以直接看出物质导磁能力的高低。$\mu_r \geq 1$ 的物质称为顺磁性物质，如铝、铂、空气等；$\mu_r < 1$ 的物质称为反磁性物质，如铜、银、塑料、橡胶等。这两种物质的 μ_r 都接近于 1，导磁能力都和真空差不多，统称为非铁磁性物质。实际使用中，非铁磁性物质的磁导率 μ 均可用真空磁导率 μ_0 代替。

表 4-1　几种铁磁性物质的相对磁导率

铁磁性物质	μ_r	铁磁性物质	μ_r
钴	174	已经退火的铁	7000
铸　铁	200 ~ 400	变压器硅钢片	7500
铸　钢	500 ~ 2200	镍铁合金	12950
镍	1120	C 型坡莫合金	115000
软　钢	2180	锰锌铁氧体	300 ~ 5000

铁磁性物质是指铁、钴、镍以及它们的合金，导磁能力很强，它们的 μ_r 值都比 μ_0 值大得多，即 $\mu_r \gg 1$。由表 4-1 可知，铁磁性物质的磁导率比非铁磁性物质的磁导率高得多。因此，在相同磁通势的条件下，铁芯线圈比空心线圈的磁场要强几百、几千、几万倍。所以铁磁性物质在电机、电器、仪表、电信和广播等设备中得到广泛应用。铁磁性物质都比较重，最近新发现某些比较轻的有机材料具有较大的磁导率，若能付诸实用，将会大大减轻电机、电器的重量。

4.1.2　铁磁性物质的磁化

1. 磁化

为什么铁芯线圈比同样的空心线圈能大大增强磁场呢？这是因为铁磁性物质的内部存在着大量磁畴，即磁性小区域。在没有外磁场作用时，这些磁畴的排列极不规则，因此宏观对外不显示磁性；如果把它放在通电的线圈内，则在通电线圈产生的磁场的作用下，磁畴做定向排列，与外磁场方向一致，从而产生很强的附加磁场，如图 4-1 所示。附加磁场与外磁场叠加起来，就使通电线圈的磁场大大增强，这种现象称为磁化。由此可见，磁畴是铁磁性物质磁化的内在根据，而外磁场则是磁化的外部条件。

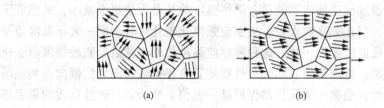

(a)　　　　　　　　　　　(b)

图 4-1　磁畴

(a) 无外磁场；(b) 有外磁场

2. 磁饱和性

铁磁性物质由于磁化而产生的磁场，不会随线圈中电流的增大而无限地增强。初始磁化时，随电流的增加，磁通也增大，两者近似呈线性关系。随后，磁通随电流的增加而增加的速度逐渐变慢，电流增加至一定值时，全部磁畴均已转向外磁场方向，磁通随电流的增加几乎不再增加，铁磁性物质磁化到此程度称为磁饱和。

3. 磁滞损耗

当铁芯线圈中通入交流电时，铁芯就会受到反复磁化。所谓反复磁化，就是指铁磁性物质在大小和方向作周期性变化的外磁场作用下进行磁化。其过程为正方向磁化→去磁→反方向磁化→去磁→正方向磁化→……

铁磁性物质还有一些磁的性能需在反复磁化的过程中才显示出来。在反复磁化的过程中，先是磁场强度从零开始增大，磁感应强度随之增大，直到达到

69

饱和值。铁磁性物质的磁感应强度随磁场强度而变化的曲线称为磁化曲线。如图 4-2 所示为几种铁磁性材料的磁化曲线。

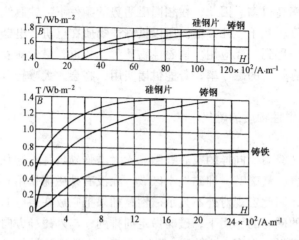

图 4-2　几种铁磁材料的磁化曲线

当磁感应强度已达到饱和值后，磁场强度将从最大值逐渐减小，磁感应强度也随之减小。但在去磁过程中，磁感应强度比磁化过程中同一磁场强度值所对应的磁感应强度值要大一些。这种磁感应强度值变化落后于磁场强度值变化的现象称为磁滞。磁滞现象表明铁磁性物质具有保持既有磁性的倾向。当磁场强度值回到零时，磁感应强度仍然保留某一量值，称为该铁磁性物质的剩磁感应，简称剩磁，当反向电流达到某一数值时，才能使剩磁消失，而后反向磁化。随着反向磁场强度值的继续增大，就会使磁感应强度值反向由零增大至反向的饱和值。然后再随反向的磁场强度值减小，即反向去磁，磁感应强度将出现反向剩磁。铁磁性物质经过多次这样磁化、去磁、反向磁化、反向去磁的过程，磁感应强度和磁场强度的关系将沿着一条闭合曲线周而复始地变化，这条闭合曲线称为磁滞回线。

在反复磁化过程中，铁磁性物质内部的磁畴来回翻转，要消耗一些能量，这些能量转变为热能，称为磁滞损耗。磁滞损耗是引起铁芯发热的原因之一。所以电机、变压器等电气设备的铁芯应采用磁滞损耗较小的铁磁性物质。

4.1.3　涡流

涡流也是一种电磁感应现象。铁磁性物质也是导体，根据电磁感应原理，当变化的磁通穿过整块导体时，导体中产生感应电动势，从而引起自成回路的旋涡形电流，称为涡流。

在交流电气设备中，交变电流的交变磁通在铁芯中产生涡流，会使铁芯发热而消耗电功率，称为涡流损耗。为了减小涡流损耗，铁芯通常采用 0.35～0.5mm 的硅钢片叠成，硅钢片间有绝缘层（涂绝缘漆或用表面氧化层）。一方面使涡流局限在每片硅钢片的较小截面上，另一方面可增大铁芯的电阻率来减少涡流。由于硅钢片具有较大的电阻率和较小的剩磁，所以它的涡流损失与磁滞损失都比较小。

涡流在电机和变压器等电气设备中造成能量损耗，并使设备发热，是不利的，应尽量减弱它；因此交流电机、变压器的铁芯一般都用硅钢片叠成。但在另外一些场合，却利用了涡流。例如高频感应电炉是利用在金属中激起的涡流来加热或冶炼金属。

4.1.4　磁路的基本概念

大多数电气设备都有铁芯，由于铁芯的导磁能力很强，所以绝大部分磁通从铁芯中通过而形成一闭合的路径，这种为磁通集中通过的闭合路径称为磁路。在电机、电器中既有电路部分又有磁路部分。

若各段铁芯的横截面积相等，则磁路称为均匀磁路；若磁路由几种不同的物质构成，而且磁路中都有很短的空气隙，各段磁路的横截面积也不一定相等，则磁路称为不均匀磁路，见图 4-3。

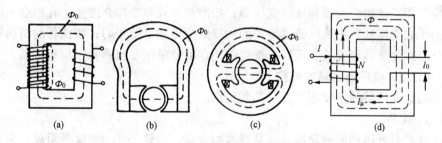

图 4-3　磁路

给缠绕在铁芯上的线圈通以电流以后，产生的磁通中有绝大部分通过铁芯形成闭合磁路，这部分磁通称为主磁通；极少部分磁通通过其他介质如空气形成闭合磁路，这部分磁通称为漏磁通。给线圈通的电流称为励（激）磁电流。励磁电流为直流电流时称为直流励磁，交流电流时称为交流励磁。

4.2　变压器的基本构造

4.2.1　概述

变压器是根据电磁感应原理制成的一种静止电器，用它可把某一电压的交流电变换成同频率的另一电压的交流电。

变压器是远距离输送电能所必需的重要设备。在电力系统中，输送一定功率的电能时，电压愈高，则电流愈小，因而可以减少线路上的电能损失，并减小导线截面，节约有色金属。

发电站的交流发电机发出的电压不能太高，因为电压太高电机绝缘有困难。因此，要用升压变压器将发电机发出的电压升高，然后再输送出去。在用户方面电压又不宜太高，太高就不安全，所以又需用降压变压器把电压降低，供给用户使用。升压、降压都需用变压器。

用电设备所需的电压数值往往是多种多样的。例如，机床用的三相交流电动机，一般用380V的电压；机床上的照明灯，为了安全，一般使用36V电压，这就需用变压器把电网电压变换成适合各种设备正常工作的电压。

在实际工作中，除用变压器变换电压外，在各种仪器、设备上还广泛应用变压器的工作原理来完成某些特殊任务。例如焊接用的电焊变压器；冶炼金属用的电炉变压器；整流装置用的整流变压器；输出电压用可以调节的自耦变压器、感应调压器；供测量高电压和大电流用的电压互感器、电流互感器等。这些特殊用途的变压器，机构形状虽然各有特点，但其工作原理基本上是一样的。在电子电路中，变压器还用来变换阻抗。

为了适应不同的使用目的和工作条件，变压器有很多种类。按用途分有电力变压器、输出变量器和特殊变压器；按冷却方式和冷却介质分，有用空气冷却的干式变压器和用变压器油冷却的油浸式变压器（图4-4）；按铁芯的结构形式分心式变压器和壳式变压器；按绕组的相数分单相变压器和三相变压器。

4.2.2 变压器的基本结构

构成变压器的主要部件是铁芯和绕组。

1. 铁芯

铁芯是变压器的磁路部分，是器身的骨架，由铁芯柱、铁轭等组成。它是用厚度为0.35~0.5mm的硅钢片叠装而成，片间相互绝缘，以减少涡流损失；用薄的硅钢片是为了减小磁滞损耗。

按绕组与铁芯的安装位置，变压器可分为心式和壳式两种。心式变压器的绕组套在各铁芯柱上，如图4-5a所示。壳式变压器的绕组则只套在中间的铁芯柱上，绕组两侧被外侧铁芯柱包围，如图4-5b所示。心式变压器绕组包围铁芯，散热性能较好，所以三相电力变压器多采用心式，壳式变压器铁芯包围绕组，小容量单相变压器多采用壳式。

2. 绕组

绕组是变压器的电路部分，用绝缘铜线或铝线绕制而成。与电源连接的绕组称为一次绕组（原边绕组）；与负载相连接的又称为二次绕组（副边绕组）；与高压电网相连接的又称为高压绕组；接低压电网或负载的又称为低压绕组。

变压器的原边、副边绕组可按其相对位置分为同心式和交叠式两类。同心式绕组的高、低压绕组同心地套在铁芯柱上，为便于绝缘，一般低压绕组靠近铁芯，如图 4-5 所示。同心式绕组结构简单，制造方便，国产电力变压器均采用这种结构。交叠式绕组多制成饼形，高、低压绕组上下交叠放置，其优点是漏抗小，机械强度高，引线方便，主要用于壳式变压器中。为了散热，每相邻的两组绕组之间留有一定的空隙作为冷却通道。

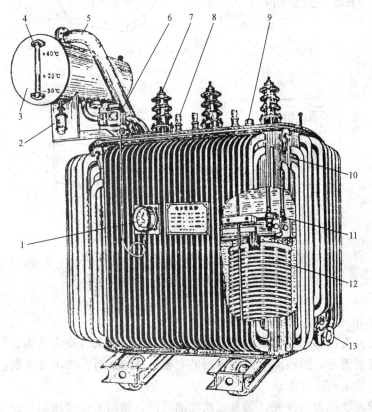

图 4-4　油浸式电力变压器

1—讯号式温度计；2—吸湿器；3—储油柜；4—油表；
5—安全气道；6—气体继电器；7—高压套管；8—低压套管；
9—分接开关；10—油箱；11—铁芯；12—线圈；13—放油阀门

变压器在运行时因有铜损和铁损而发热，使绕组和铁芯的温度升高，为了防止变压器因温度过高而烧坏，必须采取冷却散热措施。常用的冷却介质有两种，空气和变压器油，分别称为干式和油浸式。小型变压器的热量由铁芯和绕组直接散发到空气中去，这种冷却方式称为空气自冷式，即在空气中自然冷却。油浸式又分为油浸自冷式、油浸风冷式和强迫循环式三种。容量较大的变压器多采用油冷式，即把变压器的铁芯和绕组全部浸在油箱中。油箱中的变压器油（矿物油）除了使变压器冷却外，它还是很好的绝缘材料。

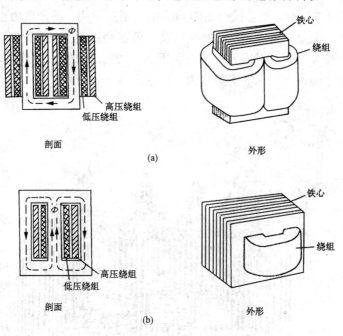

图 4-5　变压器
（a）心式变压器；（b）壳式变压器

3.其他附件

油浸式变压器的其他附件有油箱、油枕、分接开关、安全气道、气体继电器、绝缘套管等。这些附件对变压器的安全可靠的运行是必不可少的。

（1）油箱和冷却系统

油箱是变压器的外壳，器身就放在油箱内，箱内盛放变压器油，作为绝缘介质和冷却介质。为了容易散热，常采用波形壁来增加散热面积，大型电力变压器常在箱壁上焊有散热管，热油从管上部流出，从下部流入，不但增加散热面积，而且使油经过管子循环流动，加强油对流作用以促进变压器的冷却。还有的是在散热器上安装数个风扇，增加散热效果，即用强迫冷却方式。另外，还有采用强迫循环冷却的——通过油泵把变压器油输入螺旋形油管中进行循环，油管外面通过与水的热交换把热量带走。

（2）绝缘套管

设置在变压器油箱盖上，作用是将变压器高、低绕组从油箱引至箱外，使其分别与电源及负载相连，并使引线与接地的油箱绝缘。

（3）分接开关

74

是改变变压器变比的一种机构。通常装置在变压器绕组的高压侧，通过改变绕组的匝数，以调节变压器的输出电压。高压侧比低压侧电流小，故开关接触问题容易解决。

(4) 安全保护装置

①储油柜：变压器运行时，油温升高，体积膨胀；油温降低，体积收缩。这就形成了油对空气的呼吸作用。空气吸入油内，会使油受潮、氧化、油质劣化，降低使用年限。为防止这种现象的发生，大中型变压器油箱盖上都装有油枕。其下部与油箱相连，柜的容积为变压器油总容积的 8% ~ 10%，一端装有油表用以指示实际油面。

②吸湿器：与储油柜配合使用。吸湿器内装有吸湿剂，如变色硅胶、氯化钙。它在干燥状态下为蓝色，吸潮后变为红色，可重复使用。大、中型变压器的储油柜是经吸湿器与空气相通的，这样既减小了空气与变压器油的接触，又防止空气中杂质和湿气进入油中。

③安全气道：又称防爆管。是一根较粗的管子，上端装有防爆膜，安装在变压器的箱盖上，与箱盖成 65° ~ 70°倾斜角，并与内部相通。当内部发生故障而产生大量的气体，使压力增加至一定值时，油和气体将冲破保护膜片，向外喷出，从而起到排气泄压的作用，避免油箱爆裂、变形等事故。国家标准规定，800kV·A 以上带储油柜的油浸变压器均应安装安全气道。当油箱压力达到 50662.5Pa（0.5atm）时，保护膜应破裂。

④气体继电器：又称瓦斯继电器。是油浸式变压器的保护装置，安装在变压器油箱与储油柜的连接管上。当变压器内因短路或接触不良等发生故障时，产生的气体便经气体继电器向储油柜流动。轻微故障产生的气体少，聚集在气体继电器上部，压迫油面下降，会使接点动作，发出信号。严重故障产生大量的气体，会使形成的油流冲动气体继电器，使接点动作而自动切断电源，变压器停止运行。当变压器因漏油而使油下降时，也可通过气体继电器将变压器电源切断，从而对变压器内部起到保护作用。

⑤变压器绝缘油：是饱和的碳氢化合物。绝缘油在变压器发生故障时形成的过热或绝缘破坏后引起的电弧的作用下，会发生分解而产生气体，产生气体的多少随故障性质和故障程度而异。它起绝缘和冷却散热的作用，所以对变压器油的质量和技术性能有较高的要求。在补充和更换变压器油时，必须注意油号相同。

4.3 变压器的工作原理

下面以单相变压器为例，分有载与空载两种情况来说明变压器的工作原理。单相变压器有两个匝数不等而又彼此绝缘的绕组和一个闭合铁芯，两个绕组在电路上是分开的，但却处在同一个磁路上。

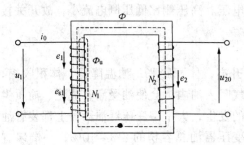

图4-6 变压器空载运行工作原理图

4.3.1 变压器的空载运行

变压器的空载运行是原绕组加额定电压而副绕组开路（不接负载）时的情况。例如，某用户的全部用电设备停止工作时，专给此用户供电的变压器就处于空载运行状态。

如图 4-6 所示为单相变压器的空载运行。为了便于分析，将匝数为 N_1 的原绕组和匝数为 N_2 的副绕组分别画在闭合铁芯的两个柱子上。

原绕组两端加上交流电压 u_1 时，便有交变电流 i_0 通过原绕组，i_0 称为空载电流。大、中型变压器的空载电流约为原边额定电流的 3% ~ 8%。

变压器空载时原绕组近似为纯电感电路，故 i_0 较 u_1 滞后 90°。此时原绕组的交变磁通势为 $i_0 N_1$，它产生交变磁通，因为铁芯的磁导率比空气（或油）的磁导率大得多，绝大部分磁通通过铁芯形成闭合磁路并交链着原、副绕组，称为主磁通，计为 Φ；还有少量磁通穿出铁芯沿着原绕组外侧通过空气或油而闭合，这些磁通只与原绕组交链，称为漏磁通，漏磁通一般都很小，为了使问题简化，可以略去不计。

根据电磁感应定律，交变的主磁通 Φ 在原、副绕组中分别感应出电动势 e_1 与 e_2，即：

$$e_1 = - N_1 \frac{\mathrm{d}\Phi}{\mathrm{d}t} \tag{4-1}$$

$$e_2 = - N_2 \frac{\mathrm{d}\Phi}{\mathrm{d}t} \tag{4-2}$$

若外加电压 u_1 按正弦规律变化，则 i_0 与 Φ 也都按正弦规律变化。设 Φ 的初相位为零，即：

$$\Phi = \Phi_{\mathrm{m}} \sin \omega t$$

式中　Φ_{m}——主磁通的幅值。

将 Φ 代入上式，得：

$$e_1 = - N_1 \frac{\mathrm{d}\Phi}{\mathrm{d}t} = - N_1 \omega \Phi_{\mathrm{m}} \cos \omega t = N_1 \omega \Phi_{\mathrm{m}} \sin\left(\omega t - \frac{\pi}{2} \right) = E_{1\mathrm{m}} \sin\left(\omega t - \frac{\pi}{2} \right)$$

$$\tag{4-3}$$

式中　$E_{1\mathrm{m}}$——e_1 的最大值，$E_{1\mathrm{m}} = N_1 \omega \Phi_{\mathrm{m}}$，V。

$$e_2 = - N_2 \frac{\mathrm{d}\Phi}{\mathrm{d}t} = N_2 \omega \Phi_{\mathrm{m}} \sin\left(\omega t - \frac{\pi}{2} \right) = E_{2\mathrm{m}} \sin\left(\omega t - \frac{\pi}{2} \right) \tag{4-4}$$

式中 Φ_m——主磁通最大值，W_b。

可见 e_1 与 e_2 的相位都比 Φ 滞后 $\frac{\pi}{2}$；因为 i_0 与产生的磁通 Φ 是同相位的，而 i_0 比外加电压 u_1 滞后 $\frac{\pi}{2}$，所以 e_1 与 e_2 都与外加电压 u_1 相位相反。

由上式可以看出，e_1 与 e_2 的有效值分别为：

$$E_1 = \frac{E_{1m}}{\sqrt{2}} = \frac{N_1 \Phi_m \omega}{\sqrt{2}} = 4.44 f N_1 \Phi_m \tag{4-5}$$

$$E_2 = \frac{E_{2m}}{\sqrt{2}} = \frac{N_2 \Phi_m \omega}{\sqrt{2}} = 4.44 f N_2 \Phi_m \tag{4-6}$$

由此可得：

$$\frac{E_1}{E_2} = \frac{4.44 f N_1 \Phi_m}{4.44 f N_2 \Phi_m} = \frac{N_1}{N_2} \tag{4-7}$$

即原、副绕组中的感应电动势之比等于原、副绕组匝数之比。

由于变压器的空载电流 i_0 很小，原绕组中的电压降可略去不计，故原绕组的感应电动势 e_1 近似地与外加电压 u_1 相平衡，即 $u_1 \approx e_1$，有效值 $U_1 \approx E_1$。

副绕组是开路，其端电压 u_{20} 就等于感应电动势 e_2，即 $u_{20} = e_2$，有效值 $U_{20} = E_2$。于是：

$$\frac{U_1}{U_{20}} \approx \frac{E_1}{E_2} = \frac{N_1}{N_2} = k \tag{4-8}$$

说明，变压器空载时，原、副绕组端电压之比近似等于电动势之比（即匝数之比），这个比值 k 称为变压比，简称变比。

上式也可写成 $U_1 \approx k U_{20}$。当 $k > 1$，则 $U_{20} < U_1$，为降压变压器；若 $k < 1$，则 $U_{20} > U_1$，是升压变压器。

一般变压器的高压绕组总有几个抽头，以便在运行中由于负载变动或外加电压 u_1 稍有变动时，用来改变高压绕组匝数，从而调低压绕组的输出电压。通常调整范围为额定电压的 $\pm 5\%$。

【例4-1】 有一台降压变压器，原绕组接到6600V的交流电源上，副绕组电压为220V，试求其变比。若原绕组匝数 $N_1 = 3300$ 匝，试求副绕组匝数 N_2。若电源电压减少到6000V，为使副绕组电压保持不变，试问原绕组匝数应调整到多少？

解： 变比 $\quad k = \frac{N_1}{N_2} \approx \frac{U_1}{U_2} = \frac{6600}{220} = 30$

副绕组匝数 $\quad N_2 = \frac{N_1}{k} = \frac{3300}{30} = 110$ 匝

若 $U_1' = 6000\text{V}$，U_2 不变，则原绕组匝数应调整为：

$$N_1' = N_2 \frac{U_1'}{U_{20}} = 110 \times \frac{6000}{220} = 3000 \text{匝}$$

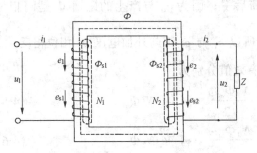

图 4-7　变压器有载运行工作原理图

4.3.2　变压器的负载运行

变压器的负载运行是指原绕组加额定电压，副绕组与负载接通时的运行状态，如图 4-7 所示。这时副边电路中有了电流 i_2，它的大小由副绕组电动势 E_2 和副边电路的总阻抗来决定。

因为变压器原绕组的电阻很小，它的电阻电压降可忽略不计；实际上，即使变压器满载，原绕组的电压降也只有额定电压 U_{1N} 的 2% 左右。所以变压器负载时仍可近似地认为 U_1 等于 E_1，因此可得：

$$U_1 \approx 4.44 f N_1 \Phi_m \tag{4-9}$$

这是反映变压器基本原理的重要公式，它说明，不论是空载还是负载运行，只要加在变压器原绕组的电压 U_1 及其频率 f 都保持一定，铁芯中工作磁通的幅值 Φ_m 就基本上保持不变；那么，根据磁路欧姆定律，铁芯磁路中的磁通势也应基本不变。

空载时，铁芯磁路中的磁通是原边磁通势 $i_0 N_1$ 产生和决定的。设负载时原、副边电流分别为 i_1 与 i_2，则此时铁芯中的磁通是由原、副边的磁通势共同产生和决定的。也就是说，空载时的磁通势为 $\vec{I}_0 N_1$，负载时的磁通势为 $\vec{I}_1 N_1$ 和 $\vec{I}_2 N_2$ 的合成。前面说过，铁芯磁路中的磁通势基本不变，所以负载时的合成磁通势应近似等于空载时的磁通势，即：

$$\vec{I}_1 N_1 + \vec{I}_2 N_2 = \vec{I}_0 N_1 \tag{4-10}$$

此式称为变压器负载运行时的磁通势平衡方程。也可写成：

$$\vec{I}_1 N_1 = \vec{I}_0 N_1 + (-\vec{I}_2 N_2)$$

这表明，负载时原绕组的电流建立的磁通势 $\vec{I}_1 N_1$ 可分为两部分：其一是 $\vec{I}_0 N_1$，用来产生主磁通 Φ_m；其二是 $-\vec{I}_2 N_2$，用来抵偿副绕组电流所建立的磁通势 $\vec{I}_2 N_2$，从而使 Φ_m 基本保持不变。

当变压器空载时电流很小，$I_0 N_1$ 远小于 $I_1 N_1$，即可认为 $I_0 N_1 \approx 0$，于是有：

$$I_1 N_1 \approx I_2 N_2 \qquad\qquad (4\text{-}11)$$

这说明 $\dot{I}_1 N_1$ 与 $\dot{I}_2 N_2$ 近似相等而反相，若只考虑量值关系，则：

$$I_1 N_1 \approx I_2 N_2 \qquad\qquad (4\text{-}12)$$

或

$$\frac{I_1}{I_2} = \frac{N_2}{N_1} = \frac{1}{k}$$

这就是说，变压器负载时，原、副绕组的电流近似地跟绕组匝数成反比。这表明变压器有变流的作用。注意，上式只适用于满载或重载的运行状态，而不适用于轻载运行状态。

由以上分析可知，变压器负载运行时，通过电磁感应关系，原、副边电流紧密联系在一起，原边电流 I_1 的大小是由副边电流 I_2 的大小决定的。加大副边电流 I_2 时，原边电流 I_1 必然相应增加，电流能量经过铁芯中磁通的媒介作用，从原边电路传递到副边电路。

对于用户来说，变压器的副绕组相当于电源，在原绕组外加电压不变的条件下，变压器的负载电流 I_2 增大时，副绕组的内部电压降也增大，副绕组端电压 U_2 将随负载电流的变化而变化，这种特性称为变压器的外特性，对于感性负载，可用图 4-8 的曲线表示。现代电力变压器从空载到满载，电压变化约为额定电压的 $4\% \sim 6\%$（称为电压变化率）。

变压器除有变压和变流作用之外，还可用来实现阻抗的变换。在变压器的副边接入阻抗 Z，从原绕组看进去的输入阻抗值 Z' 为：

$$Z' \approx \frac{U_1}{I_1} = \frac{kU_2}{k^{-1} I_2} = k^2 Z \qquad\qquad (4\text{-}13)$$

上式说明，变压器副边的负载阻抗 Z' 值反映到原边的阻抗值近似为 k^2 倍，起到了阻抗变换作用。图 4-9 是表示这种变换作用的等效电路图。

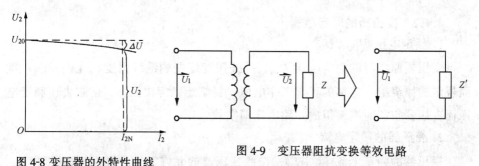

图 4-8 变压器的外特性曲线

图 4-9 变压器阻抗变换等效电路

把一个 8Ω 的负载电阻接到 $k = 3$ 的变压器副边，折算到原边就是 $R' \approx 3^2 \times 8 = 72\Omega$。可见，选用不同的变比，就可把负载阻抗变换成为等效二端网络所需要的阻抗值，使负载获得最大功率。这种做法称为阻抗匹配，在广播设备中常用到，该变压器称为输出变压器。

4.4　变压器的铭牌

4.4.1　变压器型号的含义

型号用来表示设备的特征和性能。使用变压器时，一定要掌握其铭牌上的技术数据。变压器的型号一般由两部分组成，第一部分用汉语拼音字母表示变压器的类型和特点；第二部分由数字组成，斜线左方数字表示额定容量（kV·A），斜线右方数字表示高压侧的额定电压（kV），见图4-10。

例如 SJ—560/10 表示油浸自冷式三相铜线绕制变压器。高压侧的额定电压为 10kV，额定容量为 560kV·A。

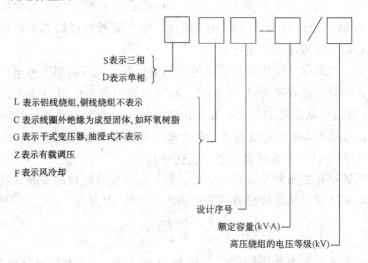

S表示三相
D表示单相

L 表示铝线绕组，铜线绕组不表示
C 表示线圈外绝缘为成型固体，如环氧树脂
G 表示干式变压器，油浸式不表示
Z 表示有载调压
F 表示风冷却

设计序号
额定容量(kV·A)
高压绕组的电压等级(kV)

图 4-10　变压器型号标示说明图

4.4.2　变压器的额定数据

1. 额定电压 U_{1N}、U_{2N}

变压器原绕组的额定电压 U_{1N}，是按照变压器的绝缘强度和允许发热程度而规定的原绕组上应加的正常工作电压；副绕组额定电压 U_{2N} 是原边加额定电压而变压器空载时副绕组的开路电压即空载电压。

2. 变压器的额定电流 I_{1N}、I_{2N}

变压器的额定电流 I_{1N}、I_{2N} 是按照变压器的允许发热程度而规定的原、副绕组中能长期允许通过的最大电流值。实际运用中不得超过各项额定值，否则由于发热过多或绝缘破坏而使变压器受到损害。对三相变压器，I_{1N}、I_{2N} 均指线电流。

3. 额定容量 S_N

副绕组的额定电压与额定电流的乘积 U_{2N}、I_{2N} 称为变压器的额定容量 S_N，也就是变压器的额定视在功率，以 kV·A 为单位。

单相变压器

$$S_N = \frac{U_{2N} I_{2N}}{1000}$$

又

$$S_N = U_{2N} I_{2N} \approx \frac{U_{1N}}{k} k I_{1N} = U_{1N} I_{1N}$$

上式表明变压器原、副边的额定容量近似相等。

三相变压器

$$S_N = \frac{\sqrt{3} U_{2N} I_{2N}}{1000}$$

4. 变压器的效率

变压器实际输出的有功功率 P_2 不仅决定于副边的实际电压 U_2 与实际电流 I_2，而且还与负载的功率因数 $\cos\varphi_2$ 有关，即：

$$P_2 = U_2 I_2 \cos\varphi_2$$

式中 φ_2——U_2 与 I_2 的相位差。

变压器输入功率决定于它的输出功率。输入的有功功率为：

$$P_1 = U_1 I_1 \cos\varphi_1$$

变压器输入与输出功率之差（$P_1 - P_2$）是变压器本身消耗的功率，称为变压器的损耗。包括两部分：

（1）铜损 P_{Cu}

由于原、副绕组具有电阻 r_1、r_2，当电流 I_1、I_2 通过时，有一部分电能变成热能，其值为：

$$P_{Cu} = r_1 I_1^2 + r_2 I_2^2$$

铜损与电流有关，随负载而变化，因而也称可变损耗。

（2）铁损 P_{Fe}

铁损是铁芯中的涡流损耗 P_e 与磁滞损耗 P_h 之和，即

$$P_{Fe} = P_e + P_h$$

频率一定时，铁损与铁芯中交变磁通的幅值 Φ_m 有关。而当电源电压 U_1 一定时，Φ_m 基本不变，因而铁损耗与变压器的负载大小无关。所以铁损耗也称固定损耗。

输出功率和输入功率之比值就是变压器的效率，记作 η，即：

$$\eta = \frac{P_2}{P_1} \times 100\% = \frac{P_2}{P_2 + P_{Cu} + P_{Fe}} \times 100\%$$

变压器没有转动部分，也就没有机械摩擦损耗，因此它的效率很高，大容量变压器最高效率可达 98% ~ 99%，而中小型变压器的效率可达 90% ~ 95%。

5. 变压器的温升

指变压器额定运行时，允许内部温度超过周围标准环境温度的数值。我国的标准环境温度规定为 40℃。温升的大小取决于变压器所用的绝缘材料的等级，也与变压器的损耗和散热条件有关。允许温升等于由绝缘材料耐热等级确定的最高允许温度减去标准环境温度。

4.5 三相变压器

三相变压器的铁芯有三个芯柱，每个芯柱上装有属于同一相的两个绕组，如图 4-11 所示。就每一相来说，其工作情况和单相变压器完全相同。

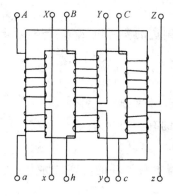

图 4-11 三相变压器

三相变压器或三个单相变压器的原绕组和副绕组都可分别接成星形或三角形，我国国家标准规定变压器的五种标准连接方式是：Y/Y_0、$Y/\triangle$、$Y_0/\triangle$、Y/Y、Y_0/Y。分子表示高压绕组的接法，分母表示低压绕组的接法，Y_0 表示有中线的星形接法。其中前三种应用最为广泛。

新规定的标注法将 Y/Y_0、$Y/\triangle$、$Y_0/\triangle$ 分别记作 Y、yn，Y、d，Y_N、d；大写字母表示高压边，小写字母表示低压边，Y 或 y 表示星形接法，D 或 d 表示三角形接法，N 或 n 表示接中线。

由于三相绕组可以采用不同的连接，使得三相变压器原、副绕组中的线电动势会出现不同的相位差，因此按原、副边线电动势的相位关系把变压器绕组的连接分成各种不同的所谓连接组。实践和理论证明，对于三相绕组，无论采用什么连接方法，原、副边线电动势的相位差总是 30° 的整数倍。有时采用时钟盘面上的 12 个数字来表示这种相位差，具体表示法是：把高压边线电动势矢量作为时钟的长针，总是指着 "12"，而以低压边线电动势矢量作为短针，它指的数字与 12 之间的角度就表示高、低压边线电动势矢量之间的相位差。这个 "短针" 指的数字称为三相变压器连接组的符号。

4.6 特殊变压器

1. 自耦变压器

普通双绕组变压器原、副绕组之间仅有磁的耦合，并无电的直接联系。自耦变压器只有一个绕组，如图 4-12 所示。即原、副绕组共用一部分绕组，所

82

以自耦变压器原、副绕组之间除有磁的耦合外，又有电的直接联系。实质上自耦变压器就是利用一个绕组抽头的办法来实现改变电压的一种变压器。

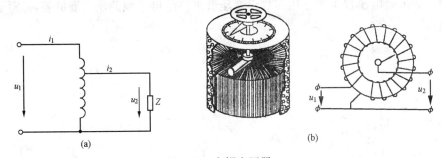

图 4-12　自耦变压器

（a）单相自耦变压器的原理图；（b）自耦调压器

如图 4-12 所示单相自耦变压器，将匝数为 N_1 的原绕组与电源相接，其电压为 U_1；匝数为 N_2 的副绕组（原绕组的一部分）接通负载，其电压为 U_2。自耦变压器的绕组也是套在闭合铁芯的心柱上。工作原理与普通变压器一样，原边和副边的电压、电流与匝数的关系为：

$$\frac{U_1}{U_2} = \frac{N_1}{N_2} = k$$

$$\frac{I_1}{I_2} = \frac{N_2}{N_1} = \frac{1}{k}$$

适当选用匝数 N_2，就可得到所需的副边电压。

三相自耦变压器的三个绕组通常接成星形。自耦变压器的中间出线端，如果做成能沿着整个线圈滑动的活动触头，如图 4-13 所示，这种自耦变压器称为自耦调压器，其副边电压 U_2 可在 0 到稍大于 U_1 的范围内变动。

小型自耦变压器常用来启动交流电动机；在实验室和小型仪器上常用作调压设备；也可用在照明装置上来调节光度。电力系统中也应用大型自耦变压器作为电力变压器。

自耦变压器结构简单，用铁、用铜量少，体积小、重量轻、成本低、效率高。因为自耦变压器的原、副绕组有直接的电的联系，所以原、副边采用同一绝缘等级，既不经济，也不安全。

公共部分断开时，原边高电压将会引入低压边，造成危险，所以自耦变压器的变比不宜过大，一般应小于 2.5；自耦变压器的线路一旦接错，容易发生触电事故，所以不能用来作 36V 以下的安全供电电源。

2. 多绕组变压器

如图 4-14 所示为多绕组变压器。这种变压器有几个副绕组，可分别提供几种不同的电压，因此，它代替了几个变压器。

多绕组变压器可提高效率、节省材料；因体积小，便于安装而得到广泛应用。如工业电子技术中常用多绕组变压器来供给电子线路所需要的各种不同的电压。

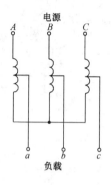

图 4-13 三相自耦变压器

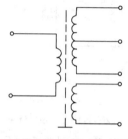

图 4-14 多绕组变压器（装有屏蔽层）

电子技术中，为了减少干扰，常在小型多绕组变压器的原、副绕组之间装有屏蔽层。如图 4-14 中的虚线（接机壳）是表示屏蔽层的符号。

3．电焊变压器

交流弧焊机应用很广，它的主要组成部分是电焊变压器，是一种双绕组变压器，也是一种特殊的降压变压器，其特殊性在于它具有陡降的外特性，如图 4-15 所示。

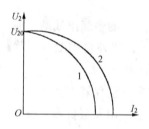

图 4-15 电焊变压器的外特性

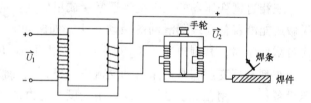

图 4-16 电焊变压器原理图

如图 4-16 所示为电焊变压器的原理图。它是一个双绕组变压器，在变压器的副绕组中串联一个可变电抗器。

空载时，电焊变压器把 380V 或 220V 的电源电压变为引弧电压(约 60 ~ 80V)，以保证电极间产生电弧。有载时，负载随焊条与焊件之间的距离发生较大变化时，副边电压随之发生较大变化，当焊条与焊件间产生电弧并稳定燃烧时，约有 30 ~ 40V 的电弧压降。短路时(焊条与焊件相接触)，为了使点燃着的电弧稳定连续地工作，短路电流不能过大，以免损坏电焊机。为了适应不同的焊件和不同规格的焊条,焊接电流的大小要能够调节。所以,电焊变压器必须有陡降的外特性,即副边电压变化较大时,副边电流(焊接电流)变化较小。

副绕组电路中串联有铁芯电抗器,铁芯电抗器主要由绕在铁芯上的线圈组成,铁芯包括动铁芯与静铁芯,动、静铁芯之间有可调节的空气隙。调节其电抗,就可调节焊接电流的大小。改变电抗器空气隙的长度就可改变它的电抗,空气隙增大,电抗器的感抗随之减小,电流就随之增大。

为了调节引弧电压,原绕组配备分接出头,并用一分接开关来调节副边的空载电压。

空载时,焊接电流 $I_2 = 0$,引弧电压等于副边端电压;焊接时,I_2 在电抗器上产生较大的电压降,因此副边电压 U_2 比空载时显著下降。短路时,由于电抗器的分压限流作用,短路电流也不会太大。

4. 仪用互感器

专供电工测量和自动保护设备用的变压器,称为仪用互感器。仪用互感器有两种:电压互感器和电流互感器。利用互感器可以将待测的高电压或大电流按一定比率减小以便于测量,即用小量程的电流表、电压表测量大电流、高电压,扩大了仪表的量程;还可以将高压电路与测量仪表电路隔离,以保证工作人员安全。互感器实质上就是损耗低、变比精确的小型变压器。

图 4-17 是电压互感器和电流互感器的工作原理电路图。由图 4-17 可知,高压电路与测量仪表电路只有磁的耦合而无电的直接连通。为防止互感器原、副绕组之间绝缘损坏时造成危险,铁芯以及副绕组的一端应当可靠接地。

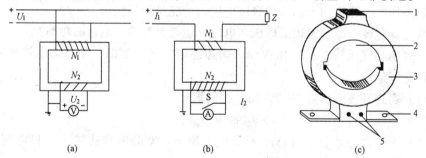

图 4-17 电压、电流互感器原理接线图和外形图
(a) 电压互感器;(b) 电流互感器;(c) LMJ$_1$—0.5型电流互感器外形图
1—铭牌;2——次母线穿过口;3—铁芯,外绕二次绕组,环氧树脂浇注;
4—安装板;5—二次接线端

电压互感器的原边匝数多,与被测高压线路并联;副边匝数少,接在电压表上。由于电压表内阻较大,所以电压互感器工作时相当于变压器运行在空载状态。其变比 $k_u = \dfrac{U_1}{U_2} = \dfrac{N_1}{N_2}$,被测电压 $U_1 = k_u U_2$。

使用电压互感器时应注意，由于副边电流很大，因此不允许短路，以免烧坏互感器。

电流互感器原边导线较粗，匝数很少，串接在被测线路上，副边匝数较多，接在电流表上。由于电流表的内阻很小，电流互感器工作时，相当于变压器运行的短路状态。其变比 $k_i = \dfrac{I_1}{I_2} = \dfrac{N_2}{N_1}$，被测电流 $I_1 = k_i I_2$。

使用电流互感器时应注意，由于副边会产生很高的感应电动势，因此不允许开路，以免击穿绝缘，损坏设备，危及工作人员安全。

习　　题

1. 变压器能否用来变换直流电压？为什么？若把一台 220/36V 的变压器的原边接在 220V 的直流电源上，将会有什么后果？

2. 变压器的铁芯有什么作用？改用木心行不行？为什么铁芯要用硅钢片叠装而成？

3. 一台 220/110V 的单相变压器，原绕组 400 匝，副绕组 200 匝，
   (1) 能否把 220V 的交流电压升至 440V（即副边接 220V），为什么？
   (2) 是否可以原绕组只绕两匝，副绕组只绕一匝？为什么？

4. 电焊变压器的陡降特性是如何实现的？

5. 仪用互感器的作用是什么？电压互感器和电流互感器的结构各有何特点？使用时应注意哪几点？

6. 变压器的原边电阻很小，为什么空载运行时原边加上额定的交流电压而不致烧坏？若原边加上相同的直流电压，情况又如何？

7. 变压器能改变原、副边的电压和电流，能否改变原、副边的功率？

8. 一台单相变压器，$S_N = 10kV \cdot A$，副边额定电压为 220V，要求变压器在额定状态下运行。
   (1) 副边可接多少盏 220V，40W 的白炽灯？
   (2) 原、副边额定电流 I_{1N}、I_{2N} 各为多少？

9. 单相变压器原边接在 3300V 的交流电源上，空载时副边接上一只电压表，其读数为 220V。若副边匝数为 20，求：
   (1) 变比；
   (2) 原边匝数。

10. 使用 6000/100V 的电压互感器进行测量时，电压表指在 98V 上，线路电压为多少？

11. 使用 100/5A 的电流互感器进行测量时，电流表指在 4.2A 上，被测线路的实际电流为多少？

第 5 章　交流电动机

5.1　概　　述

根据电磁原理进行机械能和电能相互转换的机械称为电机。发电机和电动机可统称为电机，从能量转换来说它们是可逆的。发电机是把机械能转换为电能；电动机是把电能转换为机械能。

按电流种类的不同，电动机可分为交流电动机和直流电动机两大类。直流电动机具有调速方便、启动转矩大等优点，但其构造复杂、成本高、直流电源不易获得，所以应用受到限制。

交流电动机又分为异步电动机和同步电动机。同步电动机成本高、构造复杂、使用和维护困难，一般需要功率较大，调速稳定时才使用。

异步电动机构造简单、价格便宜、工作可靠、维护方便，所以在工农业生产、科研以及生活中应用非常广泛，是所有电动机中应用最广的一种。大部分生产机械，如起重机、机床、风机、水泵、搅拌机、破碎机、皮带运输机、卷扬机、电锯等都是用三相异步电动机来拖动的。异步电动机按相数分为单相电动机和三相电动机；三相电动机根据转子结构的不同又分为鼠笼式和绕线式。

用电动机作为动力，能够更方便地实现自动控制和远距离操纵，减轻劳动强度，提高劳动生产率。

本章着重讨论异步电动机的基本构造，工作原理，转矩特性，启动、调速、制动、反转的方法及电动机的各种控制电路。

5.2　三相异步电动机的基本构造

三相异步电动机由两个基本部分组成：不动部分——定子；转动部分——转子。图 5-1 所示是鼠笼式异步电动机的外观。

1. 定子

异步电动机的定子主要由机座、定子铁芯、定子绕组组成。另外还有端盖、接线盒等，如图 5-2 所示。

机座由铸铁或铸钢制成，起固定和支撑的作用。

定子铁芯在机座内，用 0.5mm 厚的硅钢片叠装成圆筒形（图 5-3），硅钢片之间相互绝缘以减少涡流损耗。铁芯是定子的磁路部分，内表面冲有均匀分布的、与轴平行的线槽，用来嵌放定子绕组（图5-4）。

图 5-1　三相异步电动机的外观

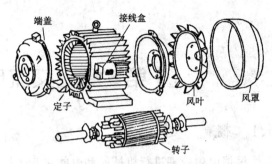

图 5-2　三相异步电动机的主要部件

端盖　接线盒　定子　风叶　风罩　转子

图 5-3　定子的硅钢片

图 5-4　未装绕组的定子

三相定子绕组是定子的电路部分，用高强度漆包线绕制而成，每相绕组的几何尺寸、匝数完全一样，在空间位置上彼此相差120°，对称均匀地嵌放在定子铁芯的线槽中。定子绕组可以接成星形或三角形。为了便于改变接线，三相绕组的六根端线都接到定子外面的接线盒上，三个首端用 U_1、V_1、W_1 表示，三个末端用 U_2、V_2、W_2 表示。接线柱的布置如图5-5所示。

2. 转子

异步电动机的转子主要由转轴、转子铁芯、转子绕组组成，另外还有风扇等。

转子铁芯也是由 0.5mm 厚的相互绝缘的硅钢片叠装而成的圆柱体，并固定在转轴上，如图 5-6 所示。转子的外表面有均匀分布的槽。转子有两种形式：鼠笼式转子和绕线式转子。

鼠笼式转子的绕组是用裸导体（铜条或铝条）嵌放在槽内的，两端用金属环相互连接而成，因为它的形状像个松鼠笼子（图5-7），所以称为鼠笼式转子。金属环使所有的导体处于短路状态，又称为端环或短路环，如图5-7、图5-8所示。

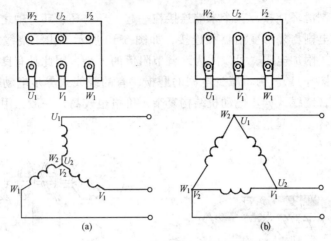

图 5-5　三相异步电动机的接线盒

（a）Y 接；（b）△接

图 5-6　转子的硅钢片

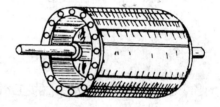

图 5-7　鼠笼式转子

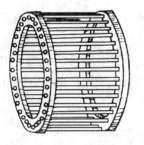

图 5-8　鼠笼式转子的绕组

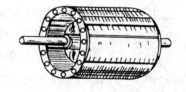

图 5-9　铝铸的鼠笼式转子

　　一般中小型鼠笼式异步电动机的转子绕组用铝浇铸而成，为了简化生产工艺，降低生产成本，将槽内的导体、转子的两个端环以及风扇叶一起用铝铸成一个整体，如图 5-9 所示。大型电动机的转子绕组用铜条制成。因转子绕组形状像鼠笼而称为鼠笼式电动机。

　　绕线式转子的绕组相似，也是三相对称绕组，通常接成星形，三个首端分别与三个铜制滑环连接，三个末端连接在一起。环与环、环与轴之间都相互绝缘，再经过电刷与外加变阻器相连接，如图 5-10 所示。由于绕线式转子绕组回路中串联了附加电阻，可以人为地调节阻值的大小，因此具有良好的启动和调速性能（图 5-11）。为了减少电刷的磨损，有的绕线式异步电动机还装有提刷短路装置，绕线式异步电动机结构复杂，价格也较高，一般只用在某些有特殊需要的场合，如起重设备。

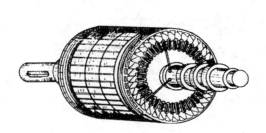

图 5-10　绕线式转子

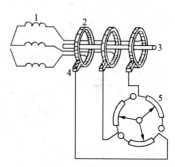

图 5-11　绕线式电动机转子绕组

1—转子绕组；2—滑环；3—轴；

4—电刷；5—变阻器

5.3　三相异步电动机的工作原理

5.3.1　旋转磁场

1. 旋转磁场的产生

三相异步电动机是利用三相对称交流电流通入三相对称定子绕组产生的旋转磁场来使转子绕组旋转的。

最简单的三相对称定子绕组的接线如图 5-12 所示。三个首端接于三相对称电源上，定子绕组中便有三相对称电流通过，即：

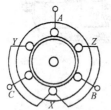

图 5-12　定子绕组接线（$p=1$）

$$i_A \ = \ I_m \sin \omega t$$

$$i_B \ = \ I_m \sin(\omega t - 120°)$$

$$i_C \ = \ I_m \sin(\omega t + 120°)$$

其波形图如图 5-13 所示。

规定电流的参考正方向是从绕组的首端流入,末端流出。电流为正时,其实际方向与参考方向相同,即首端流入,末端流出;电流为负时,其实际方向相反,即末端流入,首端流出。电流流入用⊗表示,流出用⊙表示。

90

为了方便，选择几个典型的时刻，来分析三相对称电流产生的合成磁场的情况。

（1）$\omega t = 0°$时，$i_A = 0$，即 $A - X$ 中没有电流；$i_B < 0$，电流从末端 Y 流入，首端 B 流出；$i_C > 0$，电流从首端 C 流入，末端 Z 流出。根据右手螺旋定则，判定合成磁场的方向如图 5-14a 所示。

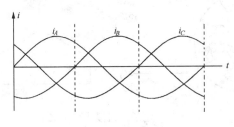

图 5-13　波形图

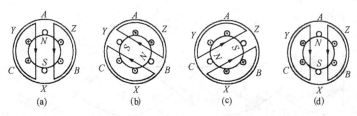

图 5-14　合成磁场方向

（2）$\omega t = 120°$时，$i_B = 0$，即 $B - Y$ 中没有电流；$i_C < 0$，电流从末端 Z 流入，首端 C 流出；$i_A > 0$，电流从首端 A 流入，末端 X 流出。根据右手螺旋定则，判定合成磁场的方向如图 5-14b 所示。

（3）$\omega t = 240°$时，$i_C = 0$，即 $C - Z$ 中没有电流；$i_A < 0$，电流从末端 X 流入，首端 A 流出；$i_B > 0$，电流从首端 B 流入，末端 Y 流出。根据右手螺旋定则，判定合成磁场的方向如图 5-14c 所示。

（4）$\omega t = 360°$时，$i_A = 0$，即 $A - X$ 中没有电流；$i_B < 0$，电流从末端 Y 流入，首端 B 流出；$i_C > 0$，电流从首端 C 流入，末端 Z 流出。根据右手螺旋定则，判定合成磁场的方向如图 5-14d 所示。

可见，三相对称电流产生的合成磁场随时间的变化沿顺时针方向旋转，称为旋转磁场。电流变化一周，旋转磁场在空间旋转 360°。

三相定子绕组在空间相差 120°时产生的磁场是两极的，磁极对数 $p = 1$。

旋转磁场的磁极对数与定子绕组的设置有关。

若将每相定子绕组改为都由两个线圈串接而成，定子铁芯设 12 个线槽，并使每相绕组的首端与首端或末端与末端之间的空间相差 60°，如图 5-15 所示。则定子绕组通入三相对称电流后，会产生磁极对数 $p = 2$ 的旋转磁场，如图 5-16 所示。电流变化一周，旋转磁场在空间旋转半周。

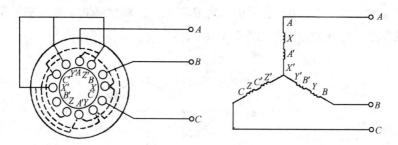

图 5-15　定子绕组接线（$p = 2$）

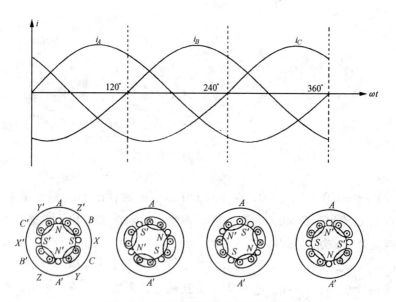

图 5-16　三相电流及四极旋转磁场

2. 旋转磁场的方向

从以上分析可知，当三相电流的相序为 $A \rightarrow B \rightarrow C$ 时，旋转磁场沿顺时针方向旋转；若把相序改变为 $A \rightarrow C \rightarrow B$，则用与以上相同的方法分析可知，旋转磁场将会沿逆时针方向旋转。因此，若将三相异步电动机的三根电源线中的任意两相对调，就可使电动机反转。

3. 旋转磁场的转速

根据上面的分析，电流变化一周，二极（$p = 1$）磁场在空间旋转一周，四极（$p=2$）磁场在空间旋转半周，依此类推，具有 p 对磁极的旋转磁场旋转 $1/p$ 周。若电流的频率为 f_1，则旋转磁场每分钟的转速为：

$$n_1 = \frac{60f_1}{p} \qquad (5-1)$$

n_1 也称为同步转速。我国的交流电源频率 $f_1 = 50\text{Hz}$，根据上式可列出不同磁极对数时电动机所对应的同步转速，见表 5-1。

表 5-1　不同磁极对数时电动机的同步转速

p/对	1	2	3	4	5	6
$n_1/\text{r·min}^{-1}$	3000	1500	1000	750	600	500

5.3.2　异步电动机的工作原理

1. 工作原理

定子绕组通以三相对称交流电流后，在空间产生一旋转磁场，则静止的转子与旋转磁场间就有了相对运动。假设旋转磁场以速度 n_1 沿顺时针方向旋转，即相当于转子绕组沿逆时针方向切割磁力线，转子绕组中产生的感应电动势。根据右手定则，确定转子绕组的上半部的感应电动势的方向是从里向外的，下半部的感应电动势的方向是从外向里的。由于转子绕组自成回路，所以在此感应电动势的作用下，转子绕组中就产生感应电流，此电流又与旋转磁场相互作用而产生电磁力，其方向用左手定则判定，与旋转磁场的旋转方向是一致的。各转子绕组受到的电磁力对转轴形成一电磁转矩，其作用方向与电磁力的方向相同。在电磁转矩的作用下，转子便顺

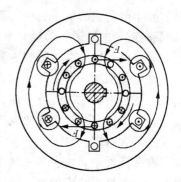

图 5-17　异步电动机的运转原理

着旋转磁场的方向转动起来。若旋转磁场的方向改变，则转子的旋转方向也随之改变，见图 5-17。

2. 转速和转差率

由于转动时转子与转轴之间有摩擦力及空气阻力，因此，转子转速即电动机的转速 n 总是小于旋转磁场的转速 n_1。如果 $n = n_1$，则转子与旋转磁场之间就没有相对运动，转子导体就不会切割旋转磁场的磁力线，也就不会产生感应电动势、感应电流，无法形成电磁转矩，电动机就不可能转动。异步电动机也因此而得名。

转速差（$n_1 - n$）与旋转磁场转速 n 的比值称为转差率 S，用百分数表示。

$$S = \frac{n_1 - n}{n_1} \times 100\%$$ (5-2)

转差率 S 是分析电动机运转特性的一个重要参数。转子电路中的感应电动势、感应电流及其频率、电抗以及功率因数等都与转差率有着密切的关系。

在电动机启动瞬间，$n = 0$，$S = 1$。

电动机在额定情况下运行时，转差率 S 为 1% ~ 6%。

转子产生的电磁转矩与其他机械作用在转轴上的转矩相等时，转子就等速运转。若转子的电磁转矩大于其他机械作用在转轴上的转矩，转子加速；反之则减速。

电动机空载即轴上不带机械负载时，轴上的阻转矩称为空载转矩。它是由轴与轴承之间的摩擦以及风的阻力等造成的，其值很小，因而这时转子产生的电磁转矩也很小，这时电动机的转速（空载转速）很高，接近于同步转速。

3. 异步电动机的工作过程

异步电动机的工作过程与变压器相比较，有相似之处，也有不同之处。

变压器的原、副绕组之间没有电的联系，依靠铁芯中的工作磁通传递能量。异步电动机的定子绕组和转子电路之间也没有电的联系，也是靠工作磁通（即旋转磁场的磁通）为媒介来传递能量。这是它们的主要相似之处。

异步电动机与变压器的主要不同点是：异步电动机的负载是机械负载，输出的是机械功率；而变压器的负载是电负载，输出的是电功率。此外，异步电动机定子与转子之间有空气隙，旋转磁通两次穿过空气隙而闭合，因而磁阻比变压器的大得多，产生磁通也就需要较大的磁通势。故异步电动机的空载电流比变压器大得多。

在变压器中，由于主磁通不停地随时间而变化，使得原绕组中产生感应电动势，若忽略原绕组的电压降，则此感应电动势近似地与外加电压相平衡。同样，在异步电动机中，由于磁通在空间不停地旋转，使得定子绕组也产生感应电动势，如果忽略定子绕组的电压降，此感应电动势也近似地与外加电压相平衡。

外加电压及其频率恒定时，旋转磁场的磁通也基本不变。

当异步电动机的负载增大时，其转速将下降，即转差率增大，转子电流增大，所建立的磁通势将影响旋转磁通。但在外加电压及其频率恒定时，旋转磁场的磁通也应基本不变，故此时定子绕组中的电流必增大，以便抵消转子磁通对旋转磁通的影响，使其保持不变。反之，当异步电动机的负载减小时，转子电流减小。可见，转子电流的增大或减小，会引起定子绕组取用电流的增减，即异步电动机中，定子绕组的电流是由转子绕组的电流决定的，这与变压器的情况相似。

由此可得出结论：异步电动机输出机械功率增加时，定子绕组从电源取用的电流将随之增大，即输入的电功率随之增大；反之，电动机输出机械功率减小时，输入电功率也随之减小。这完全符合能量转换与守恒定律。

5.4 异步电动机的机械特性

在电源电压不变的情况下，电动机的转速和电磁转矩之间的关系称为电动机的机械特性，即 $n = f(M)$，如图 5-18 所示。其中，横轴表示电动机的电磁转矩 M，纵轴表示转子的转速 n。

电磁转矩还与电源电压有关。当电源频率与电动机的转速一定时，转矩的大小与加在定子绕组上的电源电压的平方成正比。可见，电源电压对电磁转矩的影响是很大的。电压降低，电磁转矩将以平方倍下降，所以在使用时应引起注意，以免电动机在使用时输出转矩不够，造成电动机不能正常工作，甚至烧坏绕组。

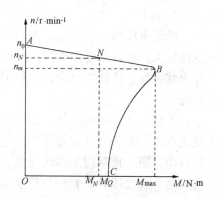

图 5-18 机械特性曲线

5.4.1 稳定区与不稳定区

1. 稳定区

在图 5-18 中的曲线 AB 部分，电动机的转速较高，转差率较小，随着转速的减小，电磁转矩增大。

当由于某种原因而引起负载转矩增加时，电动机的转速下降，转矩将增加，可自动适应负载转矩的增加，使之达到平衡。

若负载转矩由于某种原因而减小时，电动机的转速增大，转矩减小，亦可自动适应负载转矩的减小。

因此，可以说电动机运行在此区域时具有适应负载变化的能力，工作是稳定的，称曲线 AB 部分为稳定区域。

2. 不稳定区域

在曲线 BC 部分，电动机的转速较低，转差率较大，电磁转矩随着转速的下降而减小。

当负载转矩增加时，电动机转速下降，电磁转矩随之减小，又使转速下降，直至转速为零而电动机停转。

当负载转矩减小时，电动机转速增大，电磁转矩随之增加，又使转速增加，直至绕过 B 点而稳定在曲线 AB 即稳定区域的某一点上。

5.4.2 硬特性与软特性

1. 自然特性

转子电路未串接电阻时的特性称为自然特性。

2. 硬特性

电动机在稳定区工作，当电磁转矩从零到最大变化时，转速的变化较小。这种机械特性称为硬特性。

3. 人造特性

转子电路串入不同电阻时的特性称为人造特性。这时的曲线要比未串接电阻时倾斜得多。

4. 软特性

转子电路串入电阻后，并不影响最大电磁转矩，但电磁转矩变化时，转速变化较大。在转子电路中串入的电阻越大，转速的变化就越大，这种机械特性称为软特性。绕线式电动机的转子电路中串入电阻后所得到的机械特性属于软特性。

某些生产机械如风机、压缩机等，当负载转矩变化时，要求电动机的转速变化不大，宜选用具有硬特性的电动机。某些生产机械如起重机，要求有较大的启动转矩，重载时要求转速低，以保证安全运行；轻载时要求转速高，以缩短工时，宜选用具有软特性的电动机。

电动机的接通电源刚刚启动的一瞬间，转速为零，转差率最大，此时的转矩称为启动转矩。当启动转矩大于电动机转轴上的负载转矩时，转子便旋转起来，并逐渐加速。同时，电磁转矩沿特性曲线的 CB 部分上升，经过最大转矩后又沿 AB 下降，直到与负载转矩相等时，电动机就以某一转速等速旋转。也就是说，只要异步电动机的启动转矩大于负载转矩，启动后便会进入机械特性曲线的稳定区域稳定地运行。

异步电动还有两种转矩：最大转矩、额定转矩。

额定转矩是电动机在额定负载下工作时轴上输出的转矩，应小于最大转矩。可以根据铭牌上所标的电动机的额定功率 P_N（kW）和额定转速 n_N（r/min）求得。电动机的额定转矩总要规定得比最大转矩小，但若把额定转矩规定得很接近最大转矩，则电动机略一过载就会停转，因此电动机必须有一定的过载能力。最大转矩与额定转矩的比值就是电动机的过载能力。异步电动机具有一定的过载能力，也可以使其在受到突然性负载冲击时，不致于发生事故。一般异步电动机的过载能力在 1.8～2.5 之间。

启动转矩与额定转矩的比值称为电动机的启动能力。异步电动机的启动能力在 0.8～2 之间。

5.5 异步电动机的启动

异步电动机从接入电源开始转动到稳定运转的过程为启动。在生产过程中，电动机经常要启动、停车，其启动性能和优劣与否对生产有很大影响。所以用户要考虑电动机的启动性能，选择合适的启动方法。

异步电动机启动性能主要是启动转矩、启动电流，还有启动时间、启动可靠性等。

启动时的电磁转矩必须大于负载转矩，转子才能启动并加速旋转。启动开始瞬间，旋转磁场与静止的转子之间有最大的相对转速，转子电路的感应电动势最大，因此转子电流也最大，一般为额定情况时的 5～8 倍。转子电流很大时，由于电磁感应的缘故，定子电流也相应增大，即启动电流也很大，一般约为额定电流的 4～7 倍。启动时，虽然启动电流很大，但因此时功率因数很低，所以启动转矩并不大。大的启动电流对电动机本身一般不会有太大的影响，因为启动时间很短，只有几秒至十几秒。在这很短暂的时间内，大启动电流产生的热量还不至于使电动机的温度升高到不容许的程度。而且只要转子不"堵转"，它就很快启动，转速很快会达到正常值，转子电流随之迅速减小。但是，大的启动电流会引起供电线路电压的显著下降，在启动大型电动机时这种现象尤为严重，这势必影响到接在同一供电线路中的其他用电设备的正常运行。例如，使同一线路的照明灯变暗，使邻近的异步电动机的转速下降，电流增大，甚至可使邻近的电动机停转。所以，电动机启动时，除要求电磁转矩大于负载转矩之外，还必须限制启动电流在容许的范围内。

下面介绍异步电动机的一些常用启动方法。

5.5.1 鼠笼式异步电动机的启动

鼠笼式异步电动机的启动方法有直接启动和降压启动。

1. 直接起动

容量不大的鼠笼式异步电动机转子的转动惯量不大，启动后能在极短时间内达到正常转速，启动电流也随之极快地降低到正常值。因此不需附加任何启动设备，直接将电动机接入供电线路，在定子绕组上加额定电压的启动方法称为直接启动。这种方法的优点是设备简单、操作便利、启动过程短、启动电流大。电动机是否可以直接启动可按经验公式确定。一般启动不太频繁的、中小容量的、启动时电网电压降不在一定值的电动机可以直接启动。

2. 降压启动

若异步电动机启动频繁或容量较大，为了减小启动电流，通常采用降压启动。也就是在启动时降低定子绕组的电压，启动完毕，再加上额定电压使电动机正常运转。由于降低了定子绕组的电压，也就减小了启动电流，但启动转矩也随之大大减小。因此，降压启动只能用于轻载或空载的情况下。

（1）Y/△启动

此种方法只适用于正常工作时定子绕组为三角形连接的电动机。启动时，先把定子绕组改接成星形，启动完毕，电动机转速达到稳定后再改接成三角形，这种启动方法称为降压启动。

由于启动时,定子绕组改接成星形,使加在定子绕组上的相电压只有三角形接法时的 $1/\sqrt{3}$,星形接法的电流只有三角形连接时的 1/3,启动电流降低了 2/3,但启动转矩也只有直接启动时的 1/3,所以这种方法只适用于空载或轻载起动。

Y/△启动可以用三刀双投开关来实现，所用设备简单，维护方便，如图 5-19所示。

（2）自耦变压器启动

利用自耦变压器降低启动电流，如图 5-20 所示。启动时先将三刀双投开关扳向启动，这时经自耦变压器降低的电压加在定子绕组上，以限制启动电流，等电动机转速接近稳定时，再将三刀双投开关扳向运行，使定子绕组在全压下运行。自耦变压器的副绕组一般有三个抽头可供选择，可以根据启动转矩的要求来选用。

这种方法有手动和自动控制电路，且需要一台专用的三相自耦变压器，所以体积大、成本高、检修麻烦；但启动转矩较大，只适用于容量较大或正常运行时接成星形、不能采用 Y/△启动的鼠笼式异步电动机。

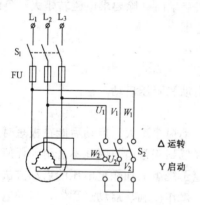

图 5-19　Y/△启动控制电路

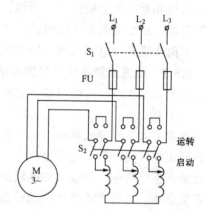

图 5-20　用自耦变压器降压
启动控制电路

5.5.2　绕线式异步电动机的启动

绕线式异步电动机是在转子绕组中串接入可变电阻,如图 5-21 所示。启动时,先将可变电阻调至最大,闭合开关,电动机开始转动,随着转速的升高,逐步减小变阻器的阻值,转速达到稳定时,短接变阻器,电动机便正常运行。

转子绕组中接入变阻器后,不仅可以减小启动电流,还可以增大启动转矩,这是降压启动所不具备的优点。

绕线式异步电动机还可以在转子绕组中接入频敏变阻器启动。频敏变阻器是随转子电流频率而改变其电抗大小的电抗器,具有启动性能好、控制系统设备少、结构简单、制造容易、运行可靠、维护方便等优点。启动时,转子电流频率最高,频敏变阻器电抗最大,因而,转子绕组和定子绕组的启动电流下

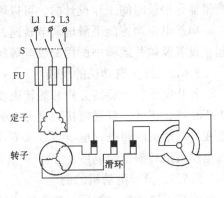

图 5-21　绕线式转子回路串电阻启动接线

降,并可使电动机获得较大的启动转矩;在电动机启动过程中,随着转子频率的减小,频敏变阻器的电抗也自动减小;可使电动机实现无级、平稳地启动;启动完毕,频敏变阻器应短接。

5.6　异步电动机的调速、制动与反转

5.6.1　异步电动机的调速

某些生产机械在工作中需要调速,如金属切削机床需要按被加工金属的种类、切削工具的性质等来调节转速。在同一负载下改变电动机的转速以便满足工作需要,称为调速。根据同步转速的公式可知,改变磁极对数、电源频率即可改变电动机的转速。

1.变极调速

用这种方法调速时,定子的每相绕组必须由两个相同部分组成。这两部分可串联,也可并联。串接时得到的磁极对数为并联时的两倍,因而转速就等于并联时的一半。由于定子绕组的磁极对数只能成对改变,所以转速只能一级一级地改变,转速变化不平稳,是一种有级调速。

可以改变磁极对数,从而具有几种不同转速的电动机称为多速电动机。多速电动机均采用鼠笼式转子。

2.变频调速

我国电力网的频率为 50Hz,所以这种调速方法需用专用的变频设备,价格较高;但调节范围大而且调速平滑,能适应各种不同负载的要求,是交流电动机调速的发展方向。目前广泛使用晶闸管变频装置进行交流变频及调压。

3.转子绕组串接电阻调速

这种方法只适用于绕线式异步电动机,见图 5-21。不同的只是启动变阻器

是按短时间运行设计的，不能长时间通过电流，否则会因过热而烧坏。而调速变阻器是按长时间工作设计的，可以两者合用。

串接电阻调速能平滑地调节转速，但消耗的电能较多，不太经济。常用于起重设备及矿井运输中所用的绞车等的拖动上。

5.6.2 异步电动机的反转

异步电动机的旋转方向和旋转磁场的方向是一致的，旋转磁场的方向又取决于相序，因此，只要把接到电源上的三根电源线中的任意两根对调一下，就改变了电动机的相序，也就可以实现电动机的反转。图5-22是用双投开关实现电动机反转的控制电路。

5.6.3 异步电动机的制动

当切断电动机电源后，由于转子的被拖动的生产设备的惯性，电动机仍继续转动，要经过一段时间后才能停转。为了提高生产效率，并保证安全，要求电动机能迅速、准确地停转，这就需要对电动机进行制动。制动就是刹车。

1. 反接制动

电动机反接后，旋转磁场就会反向转动，转子绕组中的感应电动势和感应电流的方向也随之改变，此时转子产生的转矩与原转矩方向相反，为一制动转矩。在制动转矩的作用下，电动机速度很快下降，接近于零时切断电源，以免电动机反转。

反接制动简单容易，制动力强，但制动过程中冲击强烈，电动机的零部件易损坏。

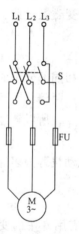

图 5-22 三相电动机正、反转控制

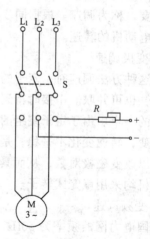

图 5-23 能耗制动接线

2. 能耗制动

如图 5-23 所示，切断电源后，把开关扳向向下的位置，使定子绕组和直流电源接通，于是在电动机内产生了一个恒定的不旋转的磁场，这时转子由于惯性继续旋转，因而转子导体切割磁力线，产生感应电动势和感应电流，载流导体在恒定磁场的作用下产生制动转矩，使转子迅速停转。由于制动过程中，将转轴上的动能转变成了电能，消耗在转子绕组上，故称为能耗制动。

能耗制动制动强而平稳，无冲击，但需要直流电源。低速时制动转矩小。

5.7 异步电动机的铭牌

电动机按照制造厂规定的条件运行时，称为额定运行，额定运行的主要技术数据标在铭牌上，所以，要正确使用电动机，必须先看懂铭牌。下面以Y160M—4型电动机为例（图5-24）来说明铭牌上各个数据的意义。

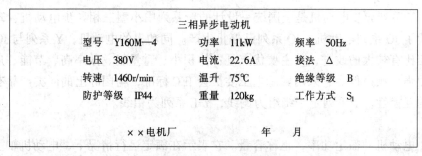

图5-24　Y160M—4型电动机

1.型号

实际生产中,各种设备及其运行环境、运行情况千变万化,为了适应不同用途和不同工作环境的需要,电动机制成不同系列,用不同的型号来表示。异步电动机型号是依照国家标准的规定,由汉语拼音大写字母和阿拉伯数字组成。按书写次序第一部分字母是名称代号,如字母 Y 表示异步电动机,鼠笼式,YR 表示异步电动机,绕线式;第二部分数字表示机座中心高;第三部分字母为机座长度代号(S—短机座、M—中机座、L—长机座、),字母后的数字为铁芯长度号;第四部分横线后的数字为电动机的极数。上面的例子,其型号含义是:

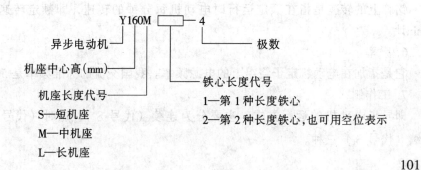

101

异步电动机的产品名称代号及其汉字意义见表5-2。

表5-2 异步电动机产品名称

产 品 名 称	新代号	汉字意义	老代号
异步电动机	Y	异	J JO
绕线式异步电动机	YR	异绕	JR JRO
防爆型异步电动机	YB	异爆	JB JBS
高启动转矩异步电动机	YQ	异启	JQ JQO
变极多速异步电动机	YD	异多	JD JDO
高速异步电动机	YK	异高	JK JKO
电动阀门用异步电动机	YDF	异电阀	

Y系列异步电动机是全国统一设计的新系列中小型三相异步电动机,现已取代了JO系列电动机,JO系列已停止生产。同功率的电动机,Y系列与JO系列相比有较大的改进,其主要优点是:体积小、重量轻、效率高、节能、启动能力强、噪声低。它采用国际电工委员会IEC标准,与国际上的同类产品有较好的互换性。Y系列定子绕组为铜线,Y-L系列为铝线。

2．功率

电动机的额定功率,也称容量。它表示在额定运行情况下,电动机轴上输出的机械功率,单位为千瓦(kW),通常用 P_N 表示。

3．电压和接法

电压是指电动机的额定电压,即电动机额定运行时定子绕组应加的线电压,单位为V或kV。上述铭牌实例上所标的"380V、△接法"表示该电动机定子绕组接成三角形,应加的电源线电压为380V。目前,我国生产的异步电动机如不特殊订货,额定电压380V、3kW以下为Y形连接,其余均为△形连接。

4．电流

它是指电动机的额定电流,即电动机在额定运行时,定子绕组的线电流,以A计。

5．转速

铭牌上的转速是指在额定运行时电动机每分钟的转速,即额定转速,以r/min计。

6．频率

它是指加在电动机定子绕组上的电源频率。我国交流的标准频率是50Hz。

7．工作制

即异步电动机的运行方式,主要分为连续(代号 S_1)、短时(代号 S_2)、断续(代号 S_3)三种。

（1）连续（S_1）：可按铭牌上给出的额定功率长期连续运行，温升可达稳定值。拖动通风机、水泵、压缩机等生产机械的电动机常为连续运行。

（2）短时（S_2）：运行时间短，停歇时间长，温升未达稳定值就停止运行，停歇时间足以使电动机冷却到环境温度。若连续使用时间过长会使电动机过热。如拖动机床、水闸闸门的电动机常为短时运行。

（3）断续（S_3）：周期性地工作与停机，工作时温升达不到稳定值，停机时也来不及冷却到环境温度。如带动起重机、电梯等的电动机均属断续运行。

8. 温升与绝缘等级

电动机在运行过程中产生的各种损耗转化为热量，使电动机绕组温度升高。铭牌中的温升是指电动机运行时，其温度高出环境温度的允许值。

我国规定的标准环境温度为 40℃。允许温度取决于电动机的绝缘等级。常用的绝缘材料的等级及其最高允许温升如表 5-3 所示：

表 5-3 常用绝缘材料的等级及其最高允许温升

绝缘等级	A 级	E 级	B 级	F 级	H 级
最高允许温度/℃	105	120	130	155	180

9. 防护等级

指电动机外壳防护形式的分级，IP 是"国际防护"的英文缩写。第一位"4"是指防止直径大于 1mm 的固体异物进入，第二位"4"是指防止水滴进入。

10. 效率与功率因数

额定运行时，电动机轴上输出的功率与输入的功率之比值称为效率。

通常在铭牌上不标出，可按下式计算：

$$\eta_N = \frac{P_N}{\sqrt{3}\,U_N I_N \cos\varphi_N} \times 100\%$$

5.8 单相异步电动机

单相异步电动机由单相电源供电。它由定子和转子两部分组成。图 5-25 为一个最简单的单相异步电动机。

1. 结构

单相异步电动机的定子绕组是单相的，转子多为鼠笼式。通常其定子上有两个绕组：一个是工作绕组（又称主绕组），另一个是启动绕组（又称辅助

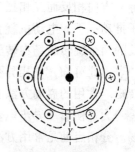

图 5-25 简单的单相电动机

绕组），它们在空间相差90°。在启动绕组的线路上串接了离心开关。单相异步电动机启动时，离心开关是闭合的；启动完毕，电动机转速很高时，离心开关借助离心力的作用自动断开，切断启动绕组的电源，所以电动机正常运行时只有工作绕组。

2．工作原理

当定子绕组通入正弦交流电流时，就会产生一个交变的脉动磁通，与这个磁通的方向总是垂直向上或垂直向下的，其轴线始终是固定在 YY' 位置，亦即这个磁通在空间不是旋转的，而是一个位置固定、大小和方向随时间按正弦规律变化的脉动磁场，并可分解为两个大小相等、方向相反的旋转磁场，如图 5-26 所示。两个旋转磁场磁感应强度的最大值均等于脉动磁场感应强度最大值的一半。

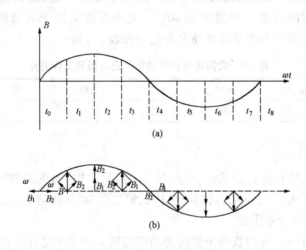

图 5-26　脉动磁场波形和分解为两个
旋转方向的旋转磁场

如果电动机转子是静止的，则转向相反的两个旋转磁场分别在转子中感应出大小相等、方向相反的电动势和电流，因此，产生的电磁转矩也是大小相等、方向相反而互相抵消，即启动转矩为零，电动机不能自动启动。如果将转子推动一下，电动机就会继续转动下去。因为，外加推力的作用打破了转向相反的两个旋转磁场在转子上产生的两个电磁转矩之间的平衡。

由此可知，单相异步电动机需有附加的启动设备，才能使电动机获得启动转矩。常用的启动方法有分相启动和罩极启动。

为了使单相异步电动机能自动启动，必须设法使电动机内部产生旋转磁场。分相启动是常用方法之一。图 5-27 为电容分相式单相异步电动机的接线图。图中启动绕组 Q_1Q_2 与电容器串联后再与工作绕组 AX 并联，空间位置相差90°，接入单相电源。启动绕组与电容器串联，其作用是将启动绕组支路变为容性电路，使电流超前于电源电压。而工作绕组支路为感性电路，电流滞后于电源电压。即在单相电源的作用下，两个绕组中形成两相电流。在空间位置相差90°的两只线圈中通入具有90°相位差的两相交流电流，结果产生了旋转磁场，如图5-27所示。启动完毕，离心开关断开，切断启动绕组。

如果把启动绕组设计成能长期接在电源上工作，启动后仍保留部分或全部电容器在启动绕组支路上继续通电工作，这种电动机则称为电容式电动机。它是一种两相电动机，与单相电动机相比可以提高功率因数、效率和过载能力。

除电容分相之外，还可以在启动绕组上串接适当电阻，实现电阻分相。但采用电阻分相法启动时，启动转矩较小，只用于比较容易启动的场合。

容量较小的单相异步电动机常利用罩极法来产生启动转矩。其结构和原理如图5-28、图5-29所示。

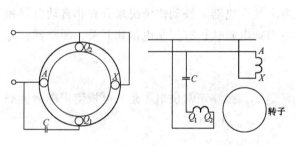

图 5-27　电容分相式单相异步电动机的接线图

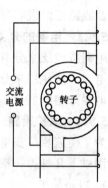

图 5-28　罩极式电动机结构原理图

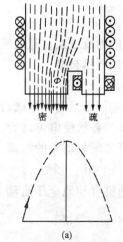
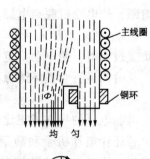
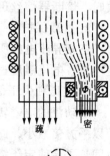
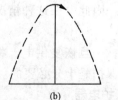
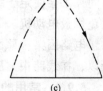

图 5-29　罩极式电动机的磁场移动原理

105

单相异步电动机的特点是可用于单相电源，结构简单，成本低廉，噪声较小，使用方便，但功率因数和效率都较低，过载能力低。因此，一般只做成小型电动机，用于家用电器、电动工具和医疗器械上，例如，电扇、电钻、搅拌机等。

5.9 常用低压控制电器

为了提高劳动生产率，改善劳动条件，有利于实现生产过程的自动化，建筑工地的生产机械一般都采用电动机拖动。因此，需要各种电器与电动机组成电力拖动控制系统，以便对建筑机械进行方便而准确地控制。

为了使电动机运转符合生产机械的要求，实现电力拖动启动、正反转、调速与制动等，就必须具有正确、可靠、合理的控制线路。控制线路还要对电机过载及线路短路进行自动保护。

5.9.1 电器的分类

电器按电压来分有低压电器和高压电器。按动作情况来分有非自动电器和自动电器。按作用来分有执行电器如电磁铁；有控制电器如开关、断路器；有保护电器如熔断器、热继电器等。

5.9.2 保护措施

为了使三相异步电动机正常运转，线路正常供电，延长电机使用寿命，必须采用以下几种保护措施。

1. 短路保护

若电动机定子绕组的绝缘损坏就会造成短路，对电动机和线路造成很大危害。因此，必须采取短路保护措施。方法是在线路上设置熔断器，出现短路事故时，熔断器熔丝迅速熔断，使电动机脱离电源。

2. 过载保护

三相异步电机所带负载过大时，使电动机定子绕组中的电流过大，超过额定电流，电机温度过高，长时间运行会损坏绝缘材料，导致电机被烧。

3. 欠压和失压保护

电动机的电磁转矩与电源电压的平方成正比，电动机电压不足时，电磁转矩以平方倍减小，此时，若还让电动机带动额定负载工作，必然使电流增大，时间长了会使定子绕组发热。因此，在这种情况下，必须切断电动机的电源，以免烧毁电动机。

电路因某种原因断电时，一旦恢复供电，将会使电动机自动地全压启动，所以，在线路中欠压和失压保护是十分必要的。

5.9.3 常用的控制和保护电器

1. 刀开关

刀开关是结构最简单、最常用的一种手动控制电器。它主要由操作手柄、刀刃、刀夹和绝缘底座等组成，内装有熔丝，如图 5-30 所示为瓷底胶盖闸刀开关，一般用在 500V 以下的交、直流电路中。它具有结构简单、价格便宜、使用及维护方便等优点。主要用在照明线路、电热回路中作控制开关；也可用作分支电路的配电开关；三极的闸刀开关还可用作小容量异步电动机的非频繁启动控制开关。

图 5-31 为铁壳闸刀开关，它没有灭弧装置，且触点断开的速度较慢，当切断大电流时，常会有很大的电弧向外喷出，引起相间短路，甚至灼伤人员。常用在照明、电热器等线路中，用于非频繁接通和切断电路。

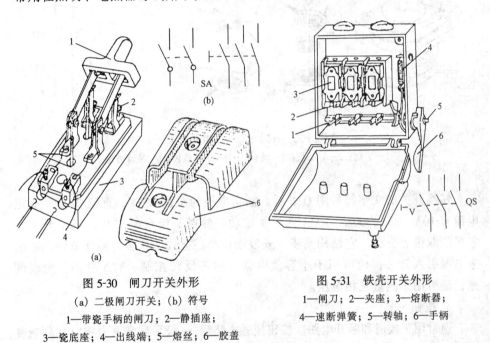

图 5-30　闸刀开关外形

（a）二极闸刀开关；（b）符号

1—带瓷手柄的闸刀；2—静插座；

3—瓷底座；4—出线端；5—熔丝；6—胶盖

图 5-31　铁壳开关外形

1—闸刀；2—夹座；3—熔断器；

4—速断弹簧；5—转轴；6—手柄

闸刀开关的文字符号用 QS 表示。刀开关按刀刃个数可分为单极、两极和三极。两极的额定电压为 250V，三极的额定电压为 500V，常用瓷底胶盖闸刀开关的额定电流为 10～60A。

刀开关常用来作电源隔离开关，以便对电动机等电气设备进行检查或维修。安装时，要考虑操作和检修的安全与方便。电源进线应接在上端接线柱上，用电设备应接在熔丝下端的接线柱上。当刀开关断开时，刀片和熔丝上不带电，以保证换装熔丝的安全。使用时必须注意刀开关的额定电流应大于或等于所通过的最大工作电流。

2. 转换开关

转换开关又叫组合开关，由三个动触头、三个静触头、绝缘垫板、绝缘方轴、手柄等组成，如图5-32所示。静触头的一端固定在胶木盒的绝缘板中，另一端伸出盒外并附有接线螺钉，以便和负载接连。动触头装在绝缘方轴上，操作手柄可使绝缘方轴向左或向右每次转动90°，从而使动触头与静触头接通或分断，转换开关实质上是一种刀开关，只不过是用动触头的左右旋转代替了闸刀的上下推拉。

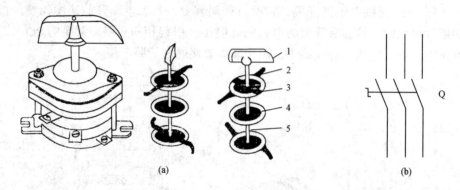

图 5-32　HZ$_{10}$—25/3 型组合开关

1—手柄；2—静触头；3—动触头；4—绝缘垫板；5—绝缘方轴

转换开关的文字符号用 Q 表示。额定电压为交流 380V、直流 220V，额定电流有 10A、25A、60A、100A 四级。按动、静触头组合的对数，转动开关有单极、双极、三极。它结构紧凑、安装面积小、接线方式多、操作方便，常用来电源引入开关；也可用于小容量电动机的正反转控制、Y/△ 启动、变极调速；还可用于测量三相电压。

3. 按钮

通常用于接通和断开电路。按钮接通电路后，一松手靠弹簧力将它立刻恢复到原来的状态，电流不再通过它的触点，所以它只起发出"接通"、"断开"信号的作用。它与接触器、继电器等的吸引线圈相结合，可实现电动机的远距离控制或电气联锁。任何一个按钮都有常闭触头(动断触头)和常开触头(动合触头)，合在一起称为复合按钮。动触头在控制电路中，启动用动合触头，停止用动断触头。按下按钮帽时，常闭触头先断开，常开触头后闭合；松手后，常开触头先断开，常闭触头后闭合。图 5-33 为按钮的结构示意图，文字符号为 SB。

4. 熔断器

熔断器俗称保险丝，是最简便有效、价格最低廉的短路保护电器，种类有瓷插式、管式、螺旋式等。主要组成是熔体和安装固定熔体的绝缘管或底座。文字符号为 FU。如图 5-34 所示为几种常用的熔断器。

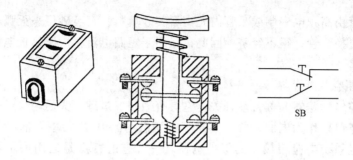

图 5-33　控制按钮的外形、结构示意和图形符号

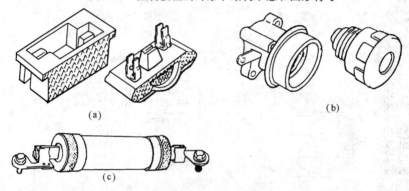

图 5-34　熔断器外形

熔断器串接在电路中，当电路出现短路或严重过载时，通过熔断器的电流增大，大大超过其额定电流，使熔体迅速熔断，切断电源，达到保护线路和电气设备的目的。

瓷插式熔断器由瓷盖、瓷座、触头和熔丝组成，熔体随额定电流的大小选用不同材料，小电流采用软铅丝。它的价格低廉，使用方便，但分断能力较低，一般用于短路电流较小的场所。

螺旋式熔断器由瓷帽、熔管、瓷套及瓷座等组成。熔管是一个内装熔体并充满石英砂的瓷管，熔体两端焊在熔管的导电金属端盖上，其端盖中央有一个熔断指示器。将熔管放入底座中，旋紧瓷帽，电路被接通。瓷帽顶部有玻璃圆孔，熔体熔断时指示器弹出，这可以从该孔看出。由于熔体熔断时电弧在石英砂中受到冷却而熄灭，所以其分断能力比瓷插式高。但熔体熔断后必须更换熔管，不经济。一般用于配电线路中作短路和过载保护。

管式熔断器分为熔密式和熔填式两种，都由熔管、熔体和插座组成，均为封闭管型，灭弧性能好，分断能力高。熔密式的熔管由绝缘纤维制成，无填料，熔体熔断管内形成高气压熄灭电弧，更换熔体方便。这种熔断器广泛用于电力线路或配电设备中，作电缆、电线及电气设备的短路保护与过载保护。熔填式的熔管由高频电瓷制成，管内充满石英砂填料，石英砂用来灭弧。熔体熔断后必须更换熔管，很不经济，因此，只用于短路电流很大、靠近电源的配电装置中。

5. 低压空气断路器

自动空气断路器又称自动开关，它具有短路、过载、失压与欠压等多种保护功能，还可以作为电源开关，用来不频繁启动的电动机或接通、断开电路，是低压配电系统中应用最多的保护电器之一。它的特点是运用后不需更换元件，工作安全可靠，操作方便、断流能力大。自动开关的文字符号为 QF，见图 5-35。

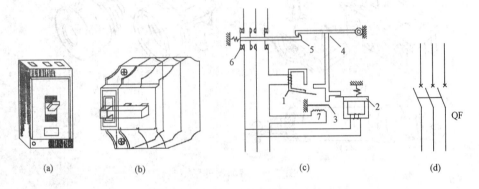

图 5-35　自动开关

(a)电力线路；(b)照明线路；(c)电力自动开关示意图；(d)图形符号及文字符号

1、2—衔铁；3—双金属片；4—杠杆；5—搭扣；6—主触头；7—发热元件

自动开关主要由触头、各种脱扣器和操作机构三部分组成。感应元件包括过流、欠压脱扣器与线圈等，通过短路电流或较大电流时，磁力增加，电磁铁 1 吸合，撞击杠杆，搭钩松开，触头分断；电压过低或消失时，磁力减小，衔铁 2 被弹簧拉开，释放，撞击杠杆，搭钩松开，触头分断；当电路过载时，时间稍长，热元件发热，使线膨胀系数不同的双金属片弯曲，撞击杠杆，搭钩松开，触头分断。

自动开关按结构形式可分为框架式和塑料外壳式两大类。框架式（又叫万能式）自动开关因其容量可达数千安，故为敞开式结构；操作方式有手动和自动两种，主要用作配电网络的保护开关。塑壳式（又叫安置式）具有安全保护用的塑料外壳，其额定电流由数安至 600A。一般均为手动操作、自动切断，常用作配电网络、照明线路或不频繁启动的电动机控制开关。有些自动开关还有漏电脱扣，可用作漏电与触电保护。自动开关有单极和三极两种。

6. 交流接触器

交流接触器用来频繁地远距离接通和切断主电路或大容量控制电路,是电力拖动中最主要的自动控制电器。但它本身不能切断短路电流和过载电流。

交流接触器主要由触点系统、电磁操作机构和灭弧装置等三部分组成。触点用来接通、切断电路,它由动触点、静触点和弹簧组成。电磁操作机构实际上就是一个电磁铁,它包括吸引线圈、山字形的静铁芯和动铁芯,动铁芯与反作用弹簧相连,当线圈通电,动铁芯被吸下,使动合触点闭合。主触点断开瞬间会产生电弧,一来灼伤触点,二来延长切断时间,故触点位置有灭弧装置,见图5-36。

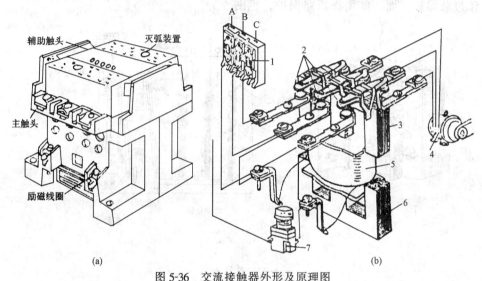

图 5-36　交流接触器外形及原理图

1—熔断器;2—主触头;3—动铁芯;4—电动机;5—线圈;6—静铁芯;7—按钮

交流接触器触点分为主触点和辅助触点,主触点接触面积大,允许通过较大的电流,用于接通和断开电流较大的主电路,有三对动合触点。辅助触点接触面积小,只能通过较小的电流(小于5A),用来接通和断开控制电路,它一般有两对动合触点和两对动断触点。

交流接触器的工作原理是:当铁芯线圈通电时,产生电磁吸引力,将铁芯的可动部分(即衔铁)吸合,同时带动它的主触点动作,使主电路接通,而接在控制电路中的辅助触点部分接通,部分断开。当线圈断电时,磁力消失,在反作用弹簧的作用下,动铁芯复位,各触点又回到原来的位置。

选用时要注意主触点电压大于或等于所控制的电压,主触点电流大于或等于负载额定电流。

7.热继电器

热继电器在电路中起过载保护作用,由发热元件、双金属片、传动机构和触头等组成。发热元件是一段阻值不大的电阻丝，绕在双金属片上，串联在电动机的主电路中，双金属片用两种线膨胀系数不同的金属制成。电动机过载时，主电路电流过大，双金属片受热弯曲，推动传动机构动作，使接在控制电路中的常闭触头断开，切断控制电路，接触器断电，切断主电路，达到了保护电动机的目的。

要重新启动电动机，需在双金属片冷却恢复原状之后，按下复位按钮。

由于主电路电流增大时，发热元件和双金属片的温度都是逐渐上升的，要经过一段时间后热继电器才会动作，所以热继电器的动作具有延时性，只适于作过载保护，而不能用作短路保护，见图 5-37。

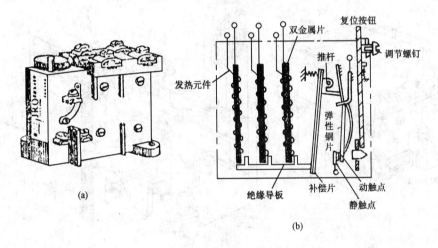

图 5-37　热继电器
(a) 外形图；(b) 热继电器结构原理图

5.10　异步电动机控制电路

在生产中要使用电动机带动某一工作机械完成一定的工作程序和任务，如启动、停止、上升、下降、左转、右转、前进、后退、加速、减速等，就要对电动机的运行方式进行控制。

为了将控制电路清楚、简练地表达出来，不需要具体画出各种控制元件的相对位置和结构，而是用一定的符号表示组成电路的各个元件及其原理，这种电路图称为控制电路图。

绘制电动机的控制电路图时应遵循以下几点：

(1) 图中所有元件和部件都必须用国家标准规定的图形符号和文字符号来表示。

（2）元件不按实际位置而是以视图方便为主，依动作次序画出。一般主电路画在辅助电路的左侧或上面，各分支电路按动作次序从上到下或从左到右依次排列。

（3）同类元件用同一文字符号加不同数字符号来区分，例如 KM_1、KM_2。一个元件的不同部件必须使用相同的文字符号与数字序号，然后在数字序号后用圆点（·）或横杠（–）隔开的数字来区分，例如 $KM_{1.1}$、$KM_{1.2}$。

电动机的控制电路图中常用的图形符号如表 5-4 所示。

表 5-4　常用图形符号

开关、控制和保护装置			
名　称	图形符号	名　称	图形符号
开　关动合触点		热继电器动断触点	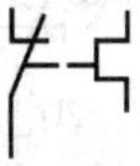
动断触点		三极开关（单线表示）	
延时闭合的动合触点	 或 	三极开关（多线表示）	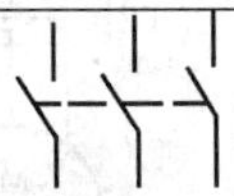
延时断开的动合触点	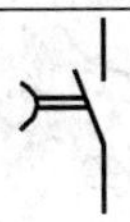 或 	接触器动合触点	
延时闭合的动断触点	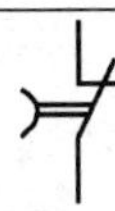 或 	接触器动断触点	
延时断开的动断触点	 或 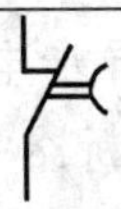	操作器件一般符号	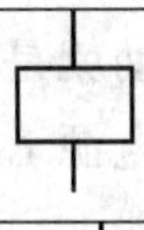
按钮开关（动合按钮）	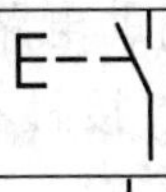	交流继电器线圈	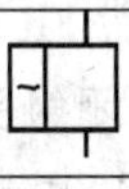
按钮开关（动断按钮）	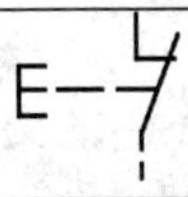	热继电器的驱动器件	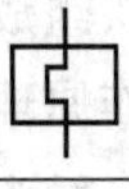
位置和限制开关（行程开关）的动合触点		熔断器一般符号	
位置和限制开关（行程开关）的动断触点	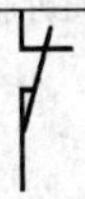	灯的一般符号	⊗

113

1. 点动控制电路

点动就是按钮按下时电动运转，按钮松开，电动机停转。点动控制器电路常用于电动葫芦的起重电机控制和机床的刀架调整、试车等。

点动控制电动机运转时，合上电源开关 QS，按下按钮 SB，交流接触器的吸引线圈有电流通过，产生磁通，静铁芯吸合动铁芯，带动接在主电路中的三个常开主触点闭合，电源接通，电动机开始运转，见图 5-38。

松开按钮 SB，交流接触器吸引线圈断电，在弹簧反作用力的作用下，主触点断开，主电路断电，电动机停转。

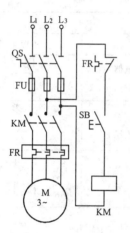

图 5-38　电动机点动
　　　　控制原理图

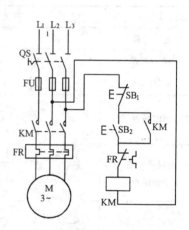

图 5-39　长动控制电路图

2. 长动控制电路

长动就是连续运行。图 5-39 为三相异步电动机长动控制电路图。主电路由三相电源 L1、L2、L3、刀开关 QS、熔断器 FU、接触器 KM 的常开主触头、热继电器 FR 的发热元件和电动机 M 组成。辅助电路即控制电路由热继电器 FR 的常闭触头、停止按钮 SB₁、启动按钮 SB₂、接触器 KM 的吸引线圈及常开辅助触头组成。

工作原理如下：启动时，合上 QS，按下 SB₂，交流接触器的吸引线圈通电，常开触头都闭合，电动机启动。松手后，SB₂ 断开，但由于与 SB₂ 并联的常开辅助触头已闭合，所以，吸引线圈仍可通过自身常开辅助触头继续通电，从而使电动机断续运行。用自身已闭合的常开辅助触头使吸引线圈保持通电称为自锁，起自锁作用的辅助触头称为自锁触头。使电动机停转时，按下 SB₁，吸引线圈断电，常开触头都断开，电动机停转。松手后，SB₁ 闭合，但由于自锁触头已断开，吸引线圈不会通电，控制电路处于断路状态，所以，主电路不会通电，电动机仍保持停止状态。

在这个电路中，熔断器起到短路保护作用；热继电器起到过载保护作用；交流接触器起到欠压和失压保护作用。

为了使用方便，常把按钮、接触器、热继电器等组装在一起，组成磁力启动器。

3．两地或多地控制同一台电动机电路

有时为了操作方便，需要在两地或多地对同一台电动机进行控制，在每个控制地点分别设启动按钮和停止按钮各一个，启动按钮并联，停止按钮串联，接入同一控制电路。图 5-40 为两地或多地控制同一台电动机的电路图，SB_1 和 SB_2 设在甲地，SB_3 和 SB_4 设在乙地，按下 SB_2 或 SB_4 都可以实现启动控制，按下 SB_1 或 SB_3 都可以实现停止控制。

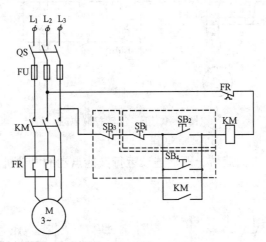

图 5-40　两地控制电路

4．正、反转控制电路

生产中常要求电动机能同时进行正、反两个方向的运转，如起重机的上升和下降等。只要任意对调电动机上的两根相线，就可以改变电动机的转动方向。

图 5-41 为用接触器常闭触头进行互锁的控制电路。图中 KM_1、KM_2 分别表示正、反转接触器的线圈和对应触头。若接触器 KM_1 工作，则其三对常开主触头把三相电源和电动机按相序 L_1、L_2、L_3 连接，电动机正转。而接触器 KM_2 工作，其三对常开主触头把三相电源和电动机按相序 L_3、L_2、L_1 连接，对调了 L_1 和 L_3 两相电源，从而使电动机反转。若两个接触器同时工作，将会

造成 L_1 和 L_3 两相电源短路的事故。为了避免出现这种状况，电路图中将两个接触器的常闭辅助触头 KM_1 和 KM_2 分别串联在对方吸引线圈电路中。通电后，其常闭辅助触头 KM_1 断开，切断了 KM_2 吸引线圈的励磁通路，即使误按反转启动按钮 SB_2，KM_2 也不会动作。这种互相制约的关系为互锁或联锁，这两个常闭辅助触头称为互锁触头。

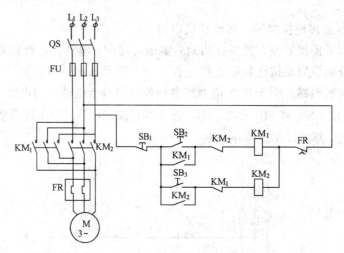

图 5-41 正、反转控制电路

图 5-42 为单方向旋转，既能连续运行又能点动的电动机控制电路。

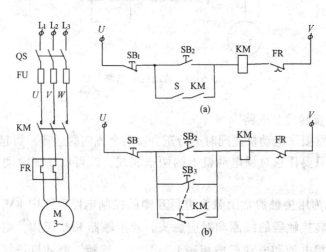

图 5-42 电动机单方向旋转，既能连续运行
又能点动的控制电路

116

习　题

1. 电动机有哪些种类？
2. 笼式三相异步电动机的结构如何？
3. 绕线式三相异步电动机在结构、性能、使用等方面和笼式相比，有何优点？
4. 三相异步电动机的旋转磁场是怎样产生的？它的转向、转速与哪些因素有关？
5. 简要说明三相异步电动机的工作原理。
6. 什么是三相异步电动机的转差率？它有什么实际意义？
7. 什么是三相异步电动机的最大转矩、额定转矩、启动转矩、启动能力、过载能力？
8. 电动机的调速和启动方式有哪些？为什么笼式异步电动机要采用降压启动？
9. 电动机型号的含义是什么？何为电动机的功率、温升、效率？
10. 简述单相异步电动机的原理。为什么它不能自行启动而必须设一个启动电路？启动方式有哪些？
11. 熔断器的种类有哪些？主要组成是什么？在电路中的作用是什么？
12. 空气自动开关的作用、结构和工作原理是什么？
13. 试述热继电器的结构和工作原理。为什么它不能做短路保护？
14. 试述交流接触器的结构和工作原理。
15. 试举出几种你在生活中接触到的单相异步电动机应用的实例。
16. 试举出几种你在生活中接触到的三相异步电动机应用的实例。
17. 在异步电动机的控制电路中，熔断器、热继电器、交流接触器各起什么保护作用？
18. 异步电动机接通电源后，若转子被阻，长时间不能转动，对电动机有何影响？应先采取什么措施？
19. 绕线式异步电动机若转子开路，能否启动，为什么？
20. 你知道的异步电动机的控制电路有哪些？其作用原理是什么？
21. 异步电动机的功率损耗有哪些？为什么不宜在轻载或空载的情况下运行？
22. 在某供电线路中，如本应在正常运行时接成星形的三相异步电动机现误接成了三角形，会有什么后果？
23. 有 Y112M—2 型和 Y160M1—8 型异步电动机各一台，额定功率都是 4kW，前者的转速为 2890r/min，后者的转速为 720r/min。
    (1) 说明其型号意义。
    (2) 比较两者的额定转矩。
    (3) 说明电动机的极数、转速、转矩之间的大小关系。
24. Y180L—6 型电动机的额定功率为 15kW，额定转速为 900r/min，电源频率为

50Hz，最大转矩为 295.36N·m，求电动机的过载能力。

25．下列图中哪些能实现点动控制，哪些不能，为什么？

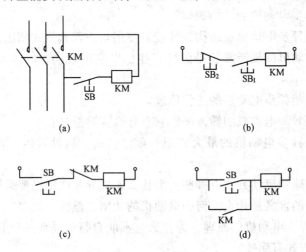

图 5-43　习题 25

26．下列各图所示电路是否具有自锁作用？为什么？

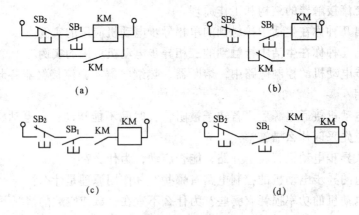

图 5-44　习题 26

118

第6章 低压供配电系统

6.1 城市电网概述

　　电力工业是国民经济的基础，是先行工业。没有电力工业的大发展，要实现国家的现代化是不可能的。因此，一个国家的人均用电量是反映现代化程度的主要指标之一。由于电能具有经济、方便、清洁的特点，因而国民经济中所需能源越来越多地以电能的形式供给。电力用户消耗的电能是由电力系统中的发电厂供给的，发电厂一般多建在燃料和水资源丰富的地区。而电能用户往往远离发电厂而且是分散的，这样，就必须采取输电线路和变电所等中间环节将发电厂发出的电能输送到用户。由于电能在目前情况下尚不能大量储存，因此，电能的生产、输送、分配和消耗过的全过程都是在同一时间完成的。所以必须将发电厂、电网和电力系统等有机地结合成一个整体，也就是所谓的"电力系统"。

6.1.1 电力系统的组成

　　电力系统是由发电厂、电网和用户所组成，如图6-1所示。

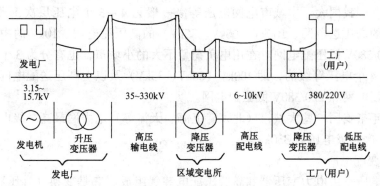

图6-1　从发电厂到用户的送电过程示意图

　1. 发电厂

　　发电厂的种类很多，按其利用的能源不同，可分为火力发电厂、水力发电厂、核能发电厂、地热发电厂、太阳能发电厂和风力发电厂等。目前，世界各国都以火力发电厂和水力发电厂为主，核能发电厂的比例在逐步增加。

119

2. 电网

电网是输送、交换和分配电能的装备，是由变电所和各种不同电压等级的电力线路所组成，电网是联系发电厂和用户的中间环节。它的任务是输送、变换和分配发电厂的电能到用户。

电网按其功能可分为输电网和配电网两大类。输电网通常是 35kV 及以上的输电线路和与其相连接的变电所组成。它的作用是将电能输送到各个地区或输送给大型用户；配电网通常由 10kV 及以下的配电线路和与其相连接的配电变电所组成，它的作用是将电能分配至各类不同的用户。

从发电厂发出的电能，除了供给附近的用户直接用电之外，一般都经过升压变电所将发电机发出的电升为高压电，采用高电压进行电力传输。输电线路的电压越高，则输送距离越远，输送的功率越大。因为当输送功率一定时，提高输电电压就可相应减小输电线路的电流，从而减少输电线上的电压和电能损失，可减小导线的截面而节约有色金属。

城市电网电压应符合国家电压标准：即 500kV、330kV、220kV、110kV、66kV、35kV、10kV 和 380/220V。

城市电网结构主要包括：点（发电厂、变电所、开关站、配电站）、线（电力线路）布置和接线方式，它在很大程度上取决于地区的负荷水平和负荷密度。城网结构是一个整体，城网中发、输、变、配、用电之间应有计划按比例协调发展，为了适应用电负荷持续增长、减少建设投资和节能等需要，城网必须简化电压等级，减少变压层次，优化网络结构。

目前，我国大、中城市电网电压等级一般为 4～5 个电压层次，即 220kV 及以上的高压送电网、100kV（66kV、35kV）的高压配电网、10kV 的中压送电网、220/380V 低压配电网。在用电负荷量不大的小城市，也有分为 3 个电压层次、3～4 个电压等级的，即 100kV（66kV、35kV）及以上高压送配电网、10kV 的中压配电网和 220/380V 低压配电网。

近年来我国一些大城市（北京、上海、天津等）电力网最高一级电压已为 500kV，次一级电压为 330kV。

3. 变配电所

变电所是由电力变压器和高低压配电装置组成。它是变换（升压和降压）和交换电能的场所。

按照变压器的性质和作用，又可分为升压变电所和降压变电所两种。我国电力网中的变配电所主要有以下类型：

（1）枢纽变电站，是起电网联系作用的 220/110kV 变电站。

（2）地区枢纽变电站，是起电网联系作用并供给地区 35kV 或 10kV 用电负荷的 220/110/35kV 或 110/35/10kV 变电站。

（3）负荷变电站，是供给 10kV 负荷的 110/10kV 或 35/10kV 变电站。

（4）低压变电所，对低压用户供电的 35/0.4kV 或 10/0.4kV 变电所。

（5）配电所，仅有低压配电装置的配电所。

4. 用户

用户通常是指用电设备或用电量的总称。

6.1.2 额定电压分类

我国的额定电压分三类（国家电压标准）：

1. 第一类：额定电压是 100V 以下的电压，主要用于安全照明、蓄电池及设备的直流操作电源。

2. 第二类：额定电压是大于 100V、小于 1000V 的电压，主要用于电力及照明设备。

3. 第三类：额定电压是 1000V 及以上的电压，主要用于发电机、输电线路、变压器及用电器。

6.2 电力负荷的分类和计算

6.2.1 负荷等级

在电力系统中，根据用电设备在生产和生活中的重要性的不同以及供电中断后造成的影响的不同将用户分成三个等级，不同等级的负荷，对供电的要求不同。

1. 一级负荷：指中断供电将造成人身伤亡、重大政治影响、重大经济损失的电能用户。如主要交通枢纽、重要通讯设施、重要宾馆、监狱、重要医院、重要科研场所及实验室、电视电信中心等。对于一级负荷，要采用两个独立的电源，一备一用，保证一级负荷供电的连续性。

2. 二级负荷：指中断供电将造成较大政治影响、较大经济损失、公共场所秩序混乱的电能用户。如大型体育馆、大型影剧院等。对于二级负荷，要求采用双回路供电，即有两条线路，一备一用。在条件不允许采用双回路时，则允许采用 6kV 以上专用架空线路供电。

3. 三级负荷：不属于一级和二级的电力负荷。对供电无特殊要求，一般为单回路供电。一般民用建筑均属于三级负荷，但也应尽可能提高供电的可靠性。

6.2.2 负荷曲线

用电设备所取用的电功率称为电力负荷。

电力负荷（功率或电流）随时间变化的曲线称为负荷曲线。它反映用户的用电特点和规律。负荷曲线绘制在直角坐标系中，用纵坐标表示负荷值，横坐标表示对应的时间。

负荷曲线按功率的性质分，有有功负荷曲线和无功负荷曲线。按横坐标延续的时间又可分为日负荷曲线、年负荷曲线。日负荷曲线表示一天内负荷的变动情况，年负荷曲线表示一年内负荷变动的情况。

图 6-2 是日有功负荷曲线。为便于计算，负荷曲线多绘制成梯形，横坐标一般按半小时分格。

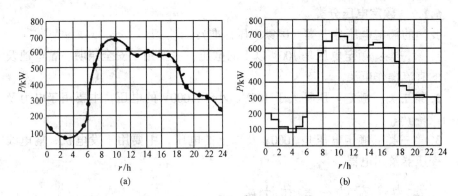

图 6-2　日有功负荷曲线

(a) 逐点描绘的日有功负荷曲线；(b) 阶梯形的日有功负荷曲线

因为一般中小截面的导线，其发热时间常数一般在 10min 以上，实际达到稳定温升的时间约为 30min，只有持续时间在 30min 以上的负荷值才有可能构成导体的最高温升。所以把根据 30min 平均负荷所绘制的负荷曲线上的“最大负荷”称为计算负荷，并作为按发热条件选择电气设备的依据。所以计算负荷就是按发热条件选择供电系统中的电气设备的一个假定负荷。计算负荷产生的热效应和实际变动负荷连续运动的最大热效应相等，即计算负荷和实际变动负荷的最高温升相等。

6.2.3　用需要系数法确定计算负荷

供电系统所需的电能，通常是经过变电所从电力系统中获得的。因此，合理选用变电所中的变压器、主要电气设备、配电导线等是保证安全可靠供电的前提。供电系统电力负荷计算即是为此提供合理、可靠的科学依据，也是供配电线路设计的基础。

常用的计算方法有需要系数法、二项式法、利用系数法、单位产品耗电量法等。其中需要系数法方法简便，计算结果可靠，因而一般民用建筑和工业建筑主要采用需要系数法作为计算手段。

1. 需要系数

用电设备不会总是同时运行，也不会都是满载运行，也就是说实际总用电量小于设备总容量。在计算负荷时，一定要考虑到这一点，否则会因设计的系统容量过大而造成浪费。

需要系数是一个小于 1 的系数。建筑施工用电设备的需要系数和功率因数见表 6-1。照明用电设备需要系数见表 6-2。

表 6-1　建筑施工用电设备的需要系数和功率因数

用 电 设 备 名 称	需要系数 K_x	功率因数 $\cos\varphi$
混凝土搅拌机	0.4~0.6	0.5~0.6
砂浆搅拌机	0.4~0.6	0.5~0.6
塔式起重机及提升机	0.2	0.6
连续式运输机械	0.5~0.65	0.6~0.75
电焊机组：		
1.弧焊变压器（交流弧焊机）	0.35	0.4
2.单头电焊机用电动发电机	0.35	0.6
3.多头电焊机用变压器	0.7~0.9	0.65
4.多头电焊机用电动发电机及铆钉加热器	0.7~0.9	0.75
5.点焊机及缝焊机	0.35	0.6
6.对缝电焊机	0.35	0.7
泵、通风机、电动发电机（电焊机用者除外）	0.7	0.8
传动轴	0.6	0.7
金属冷加工车间	0.2	0.65
金属热加工车间	0.27	0.65
排锯	0.65	0.75
移动式机械	0.1	0.45
电气照明	0.9	1.0

表 6-2　照明用电设备需要系数 K_c

建 筑 类 别	K_c	备　　注
住宅楼	0.4~0.6	单元式住宅,每户两室,6~8 个插座,户装电表
单身宿舍	0.6~0.7	标准单间，1~2 个灯，2~3 个插座
办公室	0.7~0.8	标准单间，2 个灯，2~3 个插座
科研楼	0.8~0.9	标准单间，2 个灯，2~3 个插座
教学楼	0.8~0.9	标准教室，6~8 个灯，1~2 个插座

建筑类别	K_c	备注
商店	0.85 ~ 0.95	有举办展销会可能时
餐厅	0.8 ~ 0.9	
体育馆	0.65 ~ 0.75	
展览馆	0.7 ~ 0.8	
设计室	0.9 ~ 0.95	
食堂、礼堂	0.9 ~ 0.95	
托儿所	0.55 ~ 0.65	
浴室	0.8 ~ 0.9	
图书馆、阅览室	0.8	
书库	0.3	
试验所	0.5, 0.75	2000m² 及以下取 0.7, 2000m² 以上取 0.5
屋外照明（无投光灯者）	1	
屋外照明（有投光灯者）	0.85	
事故照明	1	
局部照明	0.7	
一般照明	0.2, 0.4	5000m² 及以下取 0.4, 5000m² 以上取 0.2
仓库	0.5 ~ 0.7	
社会旅馆	0.7 ~ 0.8	标准客房，1个灯，2~3个插座
社会旅馆附对外餐厅	0.8 ~ 0.9	标准客房，1个灯，2~3个插座
旅游旅馆	0.35 ~ 0.45	标准客房，4~5个灯，4~6个插座
病房楼	0.5 ~ 0.6	
影院	0.7 ~ 0.8	
剧院	0.6 ~ 0.7	
汽车库、消防车库	0.8 ~ 0.9	
实验室、医务室、变电所	0.7 ~ 0.8	
屋内配电装置，主控制楼	0.85	
锅炉房	0.9	
生产厂房（有天然采光）	0.8 ~ 0.9	
生产厂房（无天然采光）	0.9 ~ 1	
地下室照明	0.9 ~ 0.95	
井下照明	1	

建 筑 类 别	K_c	备　注
小型生产建筑物、小型仓库	1	
由大跨度组成的生产厂房	0.95	
工厂办公楼	0.9	
由多个小房间组成的生产厂房	0.85	
工厂的车间生活室、实验大楼、学校、医院、托儿所	0.8	
大型仓库、配电所等	0.6	
门诊楼	0.6~0.7	

2. 暂载率

设备并不总是连续运行的。在一个工作周期内,工作时间与工作周期(工作时间与间歇时间之和)的比值称为设备的暂载率。由于各种设备的运行情况不同,在负荷计算之前,要把所计算设备的额定功率(P_N)换算成计算功率(P_j)。若设备是连续运行的,则它的暂载率为100%,设备的计算功率即为其额定功率。若设备是不连续运行的,如起重机、电焊机,则其暂载率用下面的公式计算:

起重机 $$P_j = 2P_N \sqrt{JC} \tag{6-1}$$

电焊机 $$P_j = S_N \sqrt{JC} \cos\varphi \tag{6-2}$$

式中　JC——设备的连续负载率,%,一般标在设备的铭牌上。

3. 计算公式

(1) 同种用电设备的计算负荷

有功功率　连续运行 $$P_j = K_x P_N \tag{6-3}$$

起重机 $$P_j = 2K_x P_N \sqrt{JC} \tag{6-4}$$

电焊机 $$P_j = K_x S_N \sqrt{JC} \cos\varphi \tag{6-5}$$

无功功率 $$Q = P_j \tan\varphi \tag{6-6}$$

视在功率 $$S_j = \sqrt{P_j^2 + Q_j^2} \tag{6-7}$$

式中　P_N——同种设备的总功率。

(2) 照明设备的计算负荷

白炽灯 $$P_j = K_c P_N$$

荧光灯 $$P_j = 1.2 K_c P_N$$

高压汞灯 $$P_j = 1.1 K_c P_N$$

(3) 配电干线或变配电所的计算负荷

有功功率 $\qquad P_j = K_{\Sigma P} \sum (K_x P_N)$

无功功率 $\qquad Q_j = K_{\Sigma Q} \sum (K_x P_N \tan\varphi)$

视在功率 $\qquad S_j = \sqrt{P_j^2 + Q_j^2}$

4. 计算举例

【例6-1】 某建筑工地有如下用电设备，试计算用电总容量及线电流。

(1) 混凝土搅拌机4台，每台额定功率10kW；

(2) 砂浆搅拌机1台，每台额定功率4.5kW；

(3) 电焊机3台，额定视在功率32kV·A（$JC = 65\%$）；

(4) 起重机1台，额定功率48kW（$JC = 40\%$）；

(5) 照明器、白炽灯、碘钨灯4kW、高压汞灯4kW，单相220V。

解：(1) 混凝土搅拌机

查表6-1，取 $K_x = 0.6$，则 $\tan\varphi = 1.33$

$$P_j = 4K_x P_N$$
$$= 4 \times 0.6 \times 10$$
$$= 24 \ (kW)$$
$$Q_j = P_j \tan\varphi$$
$$= 24 \times 1.33$$
$$= 32 \ (kV \cdot A)$$

(2) 砂浆搅拌机

取 $K_x = 0.6$，$\cos\varphi = 0.6$，则 $\tan\varphi = 1.33$

$$P_j = K_x P_N$$
$$= 0.6 \times 4.5$$
$$= 2.7 \ (kW)$$
$$Q_j = P_j \tan\varphi$$
$$= 2.7 \times 1.33$$
$$= 3.59 \ (kvar)$$

(3) 电焊机

取 $K_x = 0.35$，$\cos\varphi = 0.4$，则 $\tan\varphi = 2.29$

$$P_j = 3K_x S_N \sqrt{JC} \cos\varphi$$
$$= 3 \times 0.35 \times 32 \times \sqrt{0.65} \times 0.4$$
$$= 10.84 \ (kW)$$
$$Q_j = P_j \tan\varphi$$
$$= 10.84 \times 2.29$$
$$= 24.82 \ (kvar)$$

（4）起重机

取 $K_x = 0.2$，$\cos\varphi = 0.6$，则 $\tan\varphi = 1.33$

$$P_j = 2K_x P_N \sqrt{JC}$$
$$= 2 \times 0.2 \times 48 \times \sqrt{0.4}$$
$$= 12.14 \ (\text{kW})$$
$$Q_j = P_j \tan\varphi$$
$$= 12.14 \times 1.33$$
$$= 16.15 \ (\text{kvar})$$

（5）照明器

取 $K_x = 0.9$，$\cos\varphi = 1$，则 $\tan\varphi = 0$

白炽灯
$$P_j = K_x P_N$$
$$= 0.9 \times 4$$
$$= 3.6 \ (\text{kW})$$

高压汞灯
$$P_j = 1.1 K_x P_N$$
$$= 1.1 \times 0.9 \times 4$$
$$= 3.96 \ (\text{kW})$$
$$Q_j = P_j \tan\varphi$$
$$= 0$$

总有功计算负荷
$$P_j = K_{\Sigma P} \sum (K_x P_N)$$
$$= 0.9 \times (24 + 2.7 + 10.84 + 12.14 + 3.6 + 3.96)$$
$$= 51.52 \ (\text{kW})$$

总无功计算负荷
$$Q_j = K_{\Sigma Q} \sum (K_x P_j \tan\varphi)$$
$$= 0.9 \times (32 + 3.59 + 24.82 + 16.15)$$
$$= 68.90 \ (\text{kvar})$$

总视在计算负荷
$$S_j = \sqrt{P_j^2 + Q_j^2}$$
$$= \sqrt{51.52^2 + 68.90^2}$$
$$= 86.03 \ (\text{kV·A})$$

总计算线电流
$$I_j = \frac{S_j \times 10^3}{\sqrt{3} U}$$
$$= \frac{86030}{\sqrt{3} \times 380}$$
$$= 130.71 \ (\text{A})$$

6.3 低压配电系统的供电方案

低压配电系统一般是指变电所低压侧至用电设备的电气线路，应满足下列要求：

(1) 变电所的位置应尽可能接近负荷中心。

(2) 做到技术先进、经济合理、操作安全和维护方便。

(3) 满足用电负荷对供电可靠性的要求。

(4) 满足用电设备对电能质量的要求。

(5) 照明和动力负荷可选择用一台变压器供电。

(6) 应将单相用电设备合理分配至三相电源上，力求三相负荷平衡。

(7) 应采用并联电容器作为无功补偿。

低压配电系统中的供电系统方案，应根据负荷等级以及低压配电系统一般要求等原则进行选择。

1. 单电源供电方案（图 6-3a）

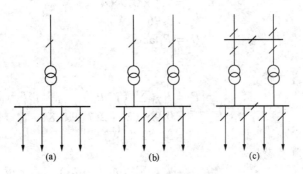

图 6-3 供电系统方案示意图

（a）单电源供电方案；（b）、（c）双电源供电方案

该方案的特点是单电源、单变压器，低压母线不分段，优点是造价低，接线简单。缺点是系统中电源、变压器、开关及母线中的任一环节发生故障或检修时，均不能保证供电，因此供电可靠性低，可用于三级供电。

2. 双电源供电方案（图 6-3b、c）

(1) 双电源、双变压器、低压母线分段系统

优点是电源、高压器和母线均有备用，供电可靠性较单电源方案有很大提高。缺点是没有高压母线，高压电源不能在两个变压器之间灵活调用，而且造价高。该方案适用于一、二级负荷。

(2) 双电源、双变压器、高、低压母线均分段系统

优点是增加了高压母线，供电可靠性有更大的提高，缺点是投资高，适用于一级负荷。

6.4　低压配电系统的接线方式

1. 放射式接线

从配电箱引出很多线路，每条线路都接一个用电设备或分配电箱。接线故障时互不影响，供电可靠性高，便于管理。但系统灵活性差，线路有色金属消耗多，投资大，一般用于设备容量大、负荷性质重要或对供电可靠性要求高的用电设备，如图 6-4 所示。

2. 树干式接线

一条供电干线带多个用电设备或分配电箱，这种接线结构简单，配电设备及有色金属消耗少，灵活性好，但干线发生故障时影响范围大，因而可靠性较差。一般用于容量较小或对供电可靠性要求不高的用电设备，如图 6-5 所示。

3. 链式接线

一条干线上带多个用电设备或分配电箱，与树干式不同的是在用电设备或分配电箱内有分支点。链式接线适用于距供电点较远而用电设备彼此相距很近，容量很小的不重要的场所，每一回路的环链设备一般不宜超过 5 台或总容量不超过 10kW，但链式接线供电给容量较小用电设备的插座时，每一条环链回路可适当增加用电设备的数量。

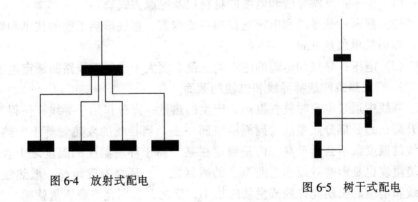

图 6-4　放射式配电

图 6-5　树干式配电

一般多层民用住宅往往也采用链式接线方式，由 1 层（电缆进线）或 2 层（架空进线）引入电源，然后按链式接线方式向各层分配电箱配电。这种配电方式简单、施工方便，但可靠性差。在实际应用中，一般配电系统不是采用单一的形式，而是多种形式的综合，如图 6-6a 所示。

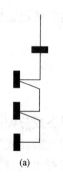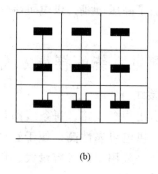

图 6-6 链式接线

（a）链式配电；（b）一般住宅的配电

6.5 导线和电缆截面的选择

在建筑工程中，导线和电缆用量最大、分布最广。导线和电缆是传递电能的通路，因此，它们的选择将对整个建筑工程的安全和经济运行产生很大的影响。

1. 导线和电缆选择的一般原则

（1）要保证一定的机械强度，在正常条件下不能断线。

（2）发热必须在允许值范围内，不因过热而引起导线绝缘的损坏或加速老化。

（3）电压损失应在允许值范围内，以保证供电质量。

2. 选择的内容

（1）型号：反映导线和电缆的材料以及绝缘方式。

（2）截面：是导线和电缆选择的主要内容，直接影响工程的技术和经济指标，截面的单位是 mm^2。

（3）电压：导线和电缆的绝缘电压值必须大于或等于线路的额定电压值。

3. 按发热条件选择导线和电缆的截面

导线中通过电流时就要发热，产生的热量一部分作用于导线，使得导线温度升高；另一部分热量散发到周围空间中去。当导线的发热量等于散热量时，导线的温度就不会再升高，而是稳定在某一高于环境温度的温度之上。可见，环境温度也是影响导线和电缆温升的因素之一。环境温度越高，散热性越差，导线和电缆的长期允许载流量就应越小，反之，长期允许载流量就越大。

导线长期允许载流量即导线允许通过的最大电流，通常是将实验取得的数据列成表格，在设计时直接查表来选择导线截面。

4. 按机械强度选择导线和电缆截面

配电导线和电缆在正常运行时，会受到自身重量以及风、雨、冰、雪等外部作用力的影响，在安装过程中也要受到拉伸的作用。为保证在安装和运行时不使导线折断而导致供电中断和其他事故，有关部门规定了在各种不同的敷设条件下，导线和电缆按机械强度要求的最小截面，见表6-3。

表6-3 按机械强度允许的导线最小截面积

序 号	导线敷设条件、方式及用途			导线最小截面积/mm²		
				铜 线	软铜线	铝 线
1	架 空 线			10		16
2	接户线	自电杆上引下	档距 < 10m	2.5		4.0
			档距 10~25m	4.0		6.0
		沿墙敷设档距≤6m		2.5		4.0
3	敷设在绝缘支持件上的导线	支持点间距 1~2m	室 内	1.0		2.5
			室 外	1.5		2.5
		支持点间距	2~6m	2.5		4.0
			6~12m	2.5		6.0
			12~25m	4.0		10
4	穿管敷设和槽板敷设的绝缘线或塑料护套线的明敷设			1.0		2.5
5	照明灯头线	民用建筑室内		0.5	0.4	1.5
		工业建筑室内		0.75	0.5	2.5
		室 外		1.0	1.0	2.5
6	移动式用电设备导线				1.0	

注：此表适用于低压线路。

5. 按允许电压损失选择导线和电缆截面

由于线路存在着阻抗，所以电流通过线路时要产生电压损失，线路上允许的电压损失一般为小于5%。在实际运用中，一般是先按发热条件选择导线的截面，然后按允许电压损失进行校核，并且应满足机械强度的要求。

在给定允许电压损失后，可按下式计算相应的导线截面：

$$S = \frac{Pl}{100 C\varepsilon}$$

式中 P——线路输送的电功率，kW；

l——线路长度，m；

ε——允许电压损失，%；

S——导线截面，mm²；

C——系数，见表6-4。

表 6-4　按允许电压损失计算导线截面公式中的系数 C 值

线路额定电压	线路系统及电流种类	系　数　C　值	
		铜　　　线	铝　　　线
380/220	三相四线	77	46.3
220	单相或直流	12.8	7.75
110		3.2	1.9
36		0.34	0.21
24		0.153	0.092
12		0.038	0.023

　　线路上的电压损失会导致用电设备所承受的实际电压与其额定电压的偏移，偏移超过规定值，将会严重影响用电设备的正常工作。如白炽灯的电压降低 10%，其光通量将减少 30%，灯光变暗，照度降低，严重影响人的视力，降低工作效率。为了保证用电设备的正常工作，有关规程规定了用电电压偏移的允许范围。

　　6. 导线

　　常用的电线和电缆分为裸导线、绝缘电线电缆和通信电缆等。

　　绝缘电线电缆包括各种电力电缆、控制信号电缆、照明用线和各种安装连接用线。一般由导电的线芯、绝缘层和保护层组成。线芯按使用要求分为硬型、软型、特软型和移动式电线、电缆四种。按线芯数又可分为单芯、双芯、三芯、四芯等。

　　绝缘层的作用是防止漏电和放电。它是包在导电的线芯外的一层橡皮、塑料、油纸等绝缘物。

　　保护层的作用是保护绝缘层，有金属保护层和非金属保护层两种。固定敷设的电缆多用金属护层，移动电缆多用非金属护层。金属护层有铅套、铝套、钢套和金属纺织套等，在它的外面还有外被层，以保护金属护层免受机械损伤和化学物质的腐蚀。非金属护层多用橡皮、塑料。

　　绝缘导线按线芯材料分，有铜芯和铝芯两种；按线芯的构造分有单芯和多芯导线；按绝缘材料分有橡皮绝缘和塑料绝缘两种。

　　（1）裸导线

　　裸导线是没有绝缘层和保护层的导线，包括铜、铝平线，架空绞线，各种型材型线，母线、铜排、铝排等。主要用于户外架空线路，也可用来作为电气设备的软接线。常用的是铝绞线和钢芯铝绞线，钢芯铝绞线是用镀锌钢丝作为芯线，提高了绞线的抗拉强度，用于输电线路中时可增大线路档距，减少杆塔的数量和高度，也可减小导线的弧垂。裸绞线的结构如图 6-7 所示。

132

电线、电缆型号表示方法如下：

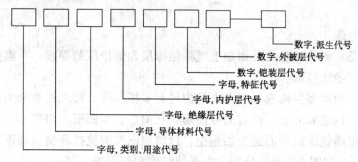

例如：

V——表示聚氯乙烯绝缘；   J——表示绞线；

X——表示橡胶绝缘；   R——表示软线；

L——表示铝芯；   M——表示母线。

T——表示铜芯；

（2）橡胶绝缘电线

常用的有棉纱编织橡胶绝缘线、玻璃丝编织橡胶绝缘线、氯丁橡胶绝缘线。其基本结构是在芯线外面包一层橡胶，再包敷一层棉纱或玻璃丝编织物，然后在编织物上涂蜡。

（3）塑料绝缘电线

塑料绝缘电线性能良好，价格

图6-7　裸绞线的结构

较低，而且可节约大量橡胶和棉纱，可适用于室内明敷或穿管敷设。但塑料绝缘在低温时要变硬变脆，高温时易软化，因此不宜用于室外线路。

常用的有聚氯乙烯绝缘电线，这种电线用聚氯乙烯作为绝缘层，有铜芯和铝芯两种，型号分别为 BV、BLV。它的表面光滑、色泽鲜艳，外径小，不易燃烧，生产工艺简单，能节省大量橡胶和棉纱，因此被广泛使用。

聚氯乙烯绝缘软线主要用于交流额定电压 250V 以下的室内日用电器及照明灯具的连接导线（灯头线）。线芯为多股铜芯。主要型号有 RVB（双芯平型软线）、RVS（双芯绞型软线）。

聚氯乙烯绝缘的护套电线是在聚氯乙烯绝缘外层上再加上一层聚氯乙烯护套，分单芯、双芯、三芯几种。其型号为 BVV 和 BLVV。这种导线可在建筑物表面敷设，具有防潮性能和一定的机械强度，广泛用于交流 500V 以下的电气设备和照明线路。

丁腈聚氯乙烯复合物绝缘软线，型号有 RFS（双绞型复合物软线）、RFB（平型复合物软线），它具有良好的绝缘性能，耐热、耐寒、耐腐蚀、耐油、耐热老化、耐燃，低温下也能保持柔软，使用寿命长，比其他型的电线性能更优良。

（4）电缆

电缆是在绝缘导线的外面加上增强绝缘层和保护层的导线，在敷设时不需要另外采用绝缘措施。

电缆一般由多层构成，一条电缆内可有多根芯线，按芯线数分为单芯、二芯、三芯、四芯和五芯。线芯的截面形状有圆形、半圆形、扇形等。

有的电缆绝缘层外面还要加钢铠，以增加电缆的抗拉和抗压强度。

如图 6-8 和图 6-9 所示分别为电缆的结构和剖面图。

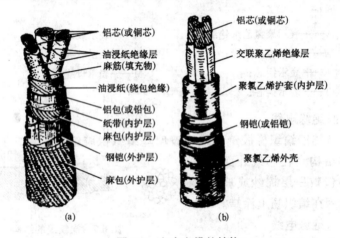

图 6-8　电力电缆的结构

（a）油浸纸绝缘电力电缆；（b）交联聚乙烯塑料绝缘电力电缆

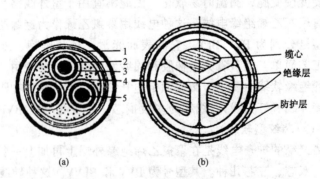

图 6-9　电缆剖面图

1—铝皮；2—缠带绝缘；3—芯线绝缘；4—填充物；5—导体

（a）圆形线芯；（b）扇形线芯

6.6 高压配电设备

高压配电设备存在电弧问题，先介绍一下电弧。

6.6.1 电弧

1. 电弧的产生

电弧是一种强烈的电游离现象。电气设备的触头在分断电流时，触头本身及周围介质中含有大量可被游离的电子，在触头分断瞬间因接触面积减小而产生极大的场强，使电子强烈游离而形成电弧。

2. 电弧的危害

电弧的特点是光很强，温度很高。它的产生对电气设备的安全运行有很大的威胁。首先，电弧延长了电路分断的时间。其次，电弧的高温会烧损开关触头，烧毁电气设备及导线、电缆，还可能引起电路短路，甚至引起火灾的爆炸。强烈的弧光还会损伤人的视力，严重的会致盲。因此，电气设备在结构设计上要力求避免产生电弧，或在产生电弧后能迅速熄灭。

3. 电弧的熄灭

要熄灭电弧，必须使触头间游离电子消失的速度大于游离电子产生的速度。常用的灭弧方法有速拉灭弧法、冷却灭弧法、吹弧灭弧法、粗弧分细灭弧法、狭沟灭弧法、真空灭弧法、绝缘介质灭弧等。

6.6.2 高压电气设备

1. 高压熔断器

电网中广泛采用高压熔断器作为短路保护装置。当线路出现短路大电流时（线路电流达到额定电流的 6～10 倍以上），熔体会在很短的时间内熔断，从而切断电源。熔体材料可采用低熔点的铅锡合金。在 6～10kV 系统中，广泛采用 RN1、RN2、RW4 型管式熔断器，其中，R 表示熔断器，N 表示户内型，W 表示户外型。

如图 6-10 所示为 RN1、RN2 型高压管式熔断器，其熔体装在瓷质或玻璃钢质充有石英砂填充料的密闭熔管内。当大电流使熔体熔断时，熔管内产生电弧，石英砂对电弧起到冷却、去游离作用而使电弧熄灭。管内的熔丝采用多根并联的方式，以便熔断时产生多根并联电弧，使石英砂能够有效地灭弧，因此这种熔断器的灭弧能力很强，能在短路电流未达到最大值之前将电弧熄灭。它在开断电路时，无游离气体排出，故在户内高压装置中广泛采用。

如图 6-11 所示为 RW4—10 户外跌落式熔断器，主要由上、下触头和熔管等组成。熔管内层为消弧管，由产气材料组成；外层为保护管，用玻璃布制成。熔断器上方有一个锁紧机构，下部有转轴，架在承座架上。上动触头用熔丝拉紧。当流过大电流时，熔丝熔断，产生电弧，消弧管产生大量气体将电弧吹灭。此时锁紧机构不再卡住动触头,熔管跌落,挂在承座架上,故称跌落式。

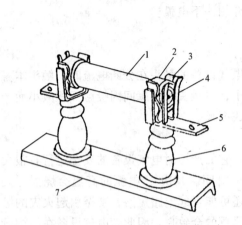

图 6-10　RN$_2^1$ 型高压管式熔断器
1—瓷熔管；2—金属管帽；
3—弹性触座；4—熔断指示器；
5—接线端子；6—瓷绝缘子；7—底座

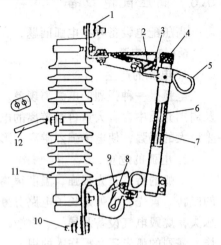

图 6-11　RW4—10 型户外跌落式熔断器
1—上接线端；2—上静触头；3—上动触头；
4—管帽；5—操作环；6—熔管
(外层为酚醛纸管或环氧玻璃布管，内套消弧管)；
7—熔丝；8—下动触头；9—下静触头；
10—下接线端；11—绝缘瓷瓶；12—固定安装板

2. 高压隔离开关

高压隔离开关有户内式和户外式两大类。

如图 6-12 所示为 GN8—10/600 型高压隔离开关。其中，G 表示隔离开关；N 表示户内式；8 为设计序号；10 表示额定电压（kV）；600 表示额定电流（A）。

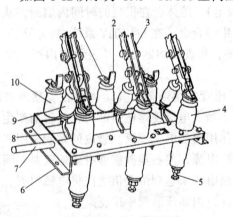

图 6-12　GN8—10/600 型高压隔离开关
1—上接线端；2—静触头；3—刀闸；4—套管绝缘子；
5—下接线端；6—框架；7—转轴；8—拐臂；
9—升降绝缘子；10—支柱绝缘子

高压隔离开关主要由固定在绝缘子上的静触头和可分合的闸刀两部分组成。只有简单的灭弧罩而没有专门的灭弧装置，灭弧能力很差，不能带负荷操作，只能用来隔离高压电源。一般用作供电线路的第一级开关，以方便后面的电气设备的维修。但可以用来通断一定的空载电流，如空载电流不超过 2A 的空载变压器等。

3. 高压负荷开关

高压负荷开关有户内式和户外式两大类。

如图 6-13 所示为 FN3—10RT 型户内压气式高压负荷开关。其中，F 表示负荷；N 表示户内式；3 表示设计序号；10 表示额定电压（kV）；R 表示带熔断器；T 表示带热脱扣器。

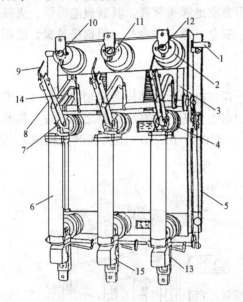

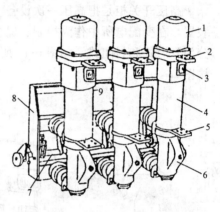

图 6-13 FN3—10RT 型户内压气式高压负荷开关

1—主轴；2—上绝缘子兼气缸；3—连杆；
4—下绝缘子；5—框架；6—高压熔断器；7—下触座；
8—闸刀；9—弧动触头；10—灭弧喷嘴（内有弧静触头）；
11—主静触头；12—上触座；13—断路弹簧；
14—绝缘拉杆；15—热脱扣器

图 6-14 SN10—10 型高压少油断路器

1—上帽；2—上出线座；3—油标；
4—绝缘筒；5—下出线座；6—基座；
7—主轴；8—框架；9—断路弹簧

高压负荷开关具有简单的灭弧装置，有一定的灭弧能力，可以切断线路中的工作电流，也可以通断一定的负荷电流和过负荷电流，但不能断开短路电流，因此必须与高压熔断器串联使用，借助熔断器来切除短路故障。

4. 高压断路器

高压断路器按采用的灭弧介质分为油断路器、气体断路器、真空断路器等。油断路器按其油量的多少又分为多油断路器和少油断路器。如图 6-14 所示为 SN10—10 型高压少油断路器，其中，S 表示少油断路器；N 表示户内式；10 表示设计序号。

多油断路器的油量多，因此油既做灭弧介质，又做相对的（外壳）、相与相之间的绝缘介质。而少油断路器的油量少，其油只作为灭弧介质。

气体断路器采用 SF_6（六氟化硫）气体作为灭弧和绝缘介质。SF_6 绝缘性能良好，灭弧能力很强，热稳定性好，无毒、无味、不燃。因此这种断路器的断流能力强，灭弧速度快，允许开断的次数多，且具有防火、防爆、防潮性能。但制造工艺要求高，价格昂贵。主要用于需要频繁操作及有易燃易爆危险的场所。

真空断路器具有真空灭弧室，用真空绝缘来灭弧。其断流能力强，灭弧速度快，体积小、重量轻、结构简单、安全可靠、寿命长。但价格昂贵，适用于频繁操作的场所。

5. 高压开关柜

高压开关柜是把高压一次设备、保护电器、操作设备成套组装的高压配电装置。在变配电所中作为控制、保护电力变压器和高压线路之用。按结构特点分为开启式和封闭式。如图 6-15 所示是 GG—10—07S 型高压开关柜的外形结构图。

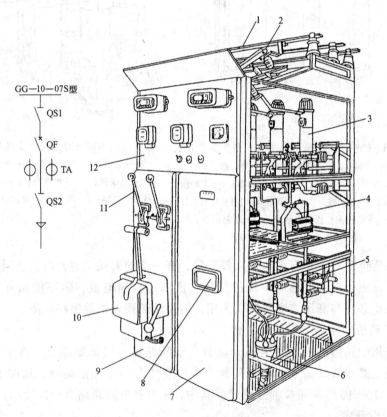

图 6-15　GG—10—07S 型高压开关柜（已抽出右面的防护板）

1—母线（汇流排）；2—高压隔离开关；3—高压断路器；4—电流互感器；

5—高压隔离开关；6—电缆头；7—检修门；8—观察用玻璃；9—操作板；

10—高压断路器操作机构；11—高压隔离开关操作机构；12—仪表、继电器板（兼检修门）

138

6.7 室外配电线路

6.7.1 架空线路

1. 架空线路的使用条件和基本要求

架空线路是民用建筑中的室外配电线路经常采用的一种配电线路,特点是投资少、取材方便,安装维护方便等,所以使用广泛。不足之处是占地面积大,影响环境的整齐和美观,容易遭雷击、易被机械碰伤,另外由于暴露在空气中,受气候条件、环境条件的影响较大,线路的安全性、可靠性差。

（1）低压架空线路的使用条件

配电线路的路径有足够的宽度;周围环境无严重污染和强腐蚀性气体;电气设备对防雷无特殊要求;地下管道网不复杂,不影响埋设电杆。

（2）低压架空线路的基本要求

为了安全,低压架空线路在越过道路、田野、树木、河流、建筑物时必须保证一定的安全距离,低压架空线路对跨越物的最小允许距离,见表6-5或参考《建筑电气设计手册》。

表 6-5　低压架空线路对跨越物的最小允许距离

跨 越 物 名 称	导线弧垂最低点至下列各处	最 小 距 离/m	
		1kV 以下	1～10kV
市区、厂区和乡镇	地　　面	6.0	6.5
乡、村、集镇		5.0	5.5
居民密度小、田野和交通不便区域		4.0	4.5
公　　　路	路　　面	6.0	7.0
铁　　　路	轨　顶	7.5	7.5
建　筑　物	建筑物顶	2.5	3.0
架 空 管 道	位于管道之下	1.5	不允许
	位于管道之上	3.0	3.0
能通航和浮运的河、湖	冬季至水面	5.0	5.0
不能通航和浮运的河、湖	至最高水位	1.0	3.0

低压架空线路的路径选择还应考虑对弱电的干扰、施工、交通等条件。与爆炸物和可燃液（气）体的仓库、储罐等物的距离应大于电杆高度的1.5倍。

一般低压架空线路可以在同一根电线杆上架设高压线路、低压线路、广播线路、电话线路等多种线路,这些线路的排列和它们之间的距离也要符合要求。高低压同杆架设时,高压在上,低压在下;同一电压等级线路,截面较小的因其弧垂较大安装在下层，路灯线路在最下层。

2. 低压架空线路的组成

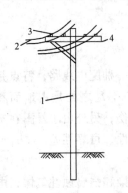

图 6-16 架空线路的结构
1—杆塔；2—导线；
3—绝缘子；4—横担

（1）工矿企业内部常用的架空线路形式

①6～10kV 高压三相三线线路；

②380/220V 低压三相四线线路；

③220V 低压单相两线线路；

④高低压同杆架空线路；

⑤低压灯线同杆架空线路。

（2）低压架空线路的组成

低压架空线路主要由电杆、导线、横担、绝缘子和线路金具等组成，如图 6-16 所示。

①电杆

电杆是支撑导线的支柱，要求有足够的高度和机械强度，并且要经久耐用、价格低廉、便于搬运和架设等。电杆按材质分为木杆、金属杆、水泥杆。木杆现已不常使用，金属杆主要用于 35kV 以上架空线路，水泥杆常用于低压架空线路。水泥杆都采用环形截面，有上下等径的等径杆和圆锥式的拔梢杆。常用的是拔梢杆。常用的电杆杆型有：直线杆、直线耐张杆、转角杆、转角耐张杆、分支杆、跨越杆和终端杆等几种。电杆的档距与架空线路的电压等级和敷设地区有关，高压大，低压小。埋设深度与地质条件有关。

②导线

导线是架空线路的主体，起着输送电能的作用，普遍采用裸铝线和钢芯铝绞线，接近民用建筑的接户线选用绝缘导线。导线不仅要有良好的导电性，而且还要有一定的机械强度，还要求重量轻，价格低。配电线路不能用单股导线。

③横担和绝缘子

a. 横担是电杆上部用来安装绝缘子以固定导线的部件。从材料来分有木横担、铁横担和瓷横担。低压架空线路常用镀锌角钢横担。横担固定在电杆的顶部，距顶部一般为 300mm，其规格视导线的重量而定，一般用 50mm×5mm 以上的角钢，长度为 1.5m 左右。

b. 绝缘子又称瓷瓶，固定在横担上，使导线之间、导线与横担之间保持绝缘，并承受导线的垂直荷重和水平拉力。要求有足够的电气强度和机械强度，有足够的耐化学腐蚀能力，不受温度急剧变化的影响，能防止水分渗入。低压架空线路的绝缘子主要有针式和蝶式两种，耐压试验电压均为 2kV。

④拉线

线路的起点、终点、分支、转角处的电杆、耐张杆、跨越杆由于受导线拉力不平衡，都要加装拉线，以保证稳定。拉线通常用镀锌铁线(最小截面 3mm×4mm)或镀锌钢绞线（最小截面 25mm²）绑制而成，其所需根数取决于受力情况，即与电杆的梢径和高度、架空导线的截面积和根数，以及拉线的安装角度等因素有关。不同的位置拉线形式也不同，主要有普通拉线、垂直和水平拉线、弓形拉线等几种。

⑤金具

凡用于架空线路中除导线外的其他所有金属构件，统称为金具。有挂环、线夹、抱箍、螺栓等。架空线路对金具的技术要求较高。所用金具必须经过防锈处理，有条件的应镀锌；应进行机械加工的金具，必须在防锈处理前加工完成；加工后必须经过检查，应符合质量要求。此外，所有金具的规格必须符合线路要求，不可勉强代用。

3. 架空线路的施工

架空线路的施工的内容主要包括：定杆位、挖杆坑、立杆、组横担、装拉线、放线、架线、紧线、绑线等。

架空线路施工的第一步是定位，根据施工图，通过测量，确定线路的杆位，并在确定的杆位上打定位桩。两杆之间的间距：低压杆 40～60m，高压杆 50～100m，在一个直线段内，各杆间距应尽量相等。

按照定位桩位置，先挖坑，根据土质情况和杆侧向受力情况，坑的大小应恰当，内表面平整。立杆前应将坑内积水排除。

为加强底基对电杆下沉的承受力，对于直线耐张杆和跨越杆，以及土质松软的耐张杆和转角耐张杆的坑，坑底应做防沉底盘和卡盘，可以就地取材，底盘填堆石块，卡盘用短圆木绑在电杆上。不设底盘和卡盘的电杆，坑可以挖成圆形，并且最好用起重机立杆。

立杆阶段就是要求一正二稳三安全。正即杆立好后用铅垂线测量垂直度；稳就是电杆立好后要稳定，回填土要实，积水区电杆周围用石块固牢。立杆的方法有三脚架法、叉杆法和起重机法三种。

安装横担包括将横担装在电杆上和将绝缘子安在横担上两项内容。按照施工图要求的横担的形式、数量、位置，在电杆上定位、上抱箍、安装横担及其支撑等。用起重机立杆时，一般都在地面上把横担组好，绝缘子安好后立杆；人工立杆时，一般都在立杆后在杆上组横担。多横担电杆组装时，从电杆最上端开始。

架设导线包括放线、接线、架线、紧线和绑线等几个工序。放线就是用放线盘和人力，将一个耐张段所需的导线全部置于该线段的电杆下的地面上；导线放完后，所有的断头都要连接起来，每档内只允许有一个断头；架线就是把放好的导线架到横担上；紧线导线是根据规定的导线弧垂，在导线上杆后，先用人工初步拉紧，拉紧时要几条线同时拉。然后利用紧线器，进一步拉紧，准备固定；导线的弧垂不宜过小，否则会造成断线，也不宜过大，过大，刮风时摆动过大会造成相间短路。并行的几条线的弧垂要一致。在紧线、测定弧垂后，便可在每根电杆上进行导线的固定，即将导线绑扎于绝缘子上。

拉线通常在安装现场制作，因其在紧架空导线时要起作用，所以应与导线同时安装。拉线的施工一般按如下步骤进行：拉线安装盘，拉桩安装，安装上把，安装下把。

6.7.2 电缆线路

电缆线路有电力电缆和控制电缆两种线路。10kV 及以下的电缆线路比较常见，在城市中应用较多。它通常埋在地下，不易遭到外界的破坏和受环境影响，故障少，安全可靠，通过居民区无高压危险，还可以节约用地、美化市容，且便于管理，日常维护工作量小。但线路工程比较复杂，造价高，检修麻烦，施工工期长，敷设后不易更改，不易加分支线，不易发现故障。因此，仅对大型民用建筑，重要的用电负荷、繁华的建筑群以及风景区的室外供电，采用电缆线路。建筑工地由于用地紧张，大型机械设备多，使用架空线路会有诸多不便，所以大多采用电缆线路。

1. 电缆的敷设方式

电缆线路的敷设方式有：直接埋地敷设、电缆沟内敷设和穿管敷设。

（1）直接埋地敷设

电缆直埋敷设是应用最多的一种敷设方式，具有施工简单、投资少、电缆散热条件好、施工速度快等优点。因此，在对电缆无腐蚀作用的地区，且同一路径的电缆根数不超过 6 根时，多采用电缆直接埋地敷设。直接埋地的电缆要求放成一排，电缆的埋入深度一般不小于 0.7m。

电缆埋地敷设是在地上挖一条深度 0.8m 左右的沟，沟宽 0.6m，电缆根数较多时则沟宽增大，电缆间距不小于 100mm。沟底平整后，铺上 100mm 厚筛过的软土或细砂土作为垫层。电缆应松弛地敷设在沟底以便伸缩。在电缆上再铺上一层 100mm 厚的软土或细砂土，上面盖保护板，保护板要超出电缆直径两侧 50mm，最后在沟内填土。在电缆线路的两端、转弯处、中间接头处竖立一根露出地面的混凝土标示桩，以便检修。

电缆上面的保护板，是用来减小电缆所受的来自地坪的压力，一般为砖、水泥板或其他类似的板块，砖或板块不可直接放在电缆上面，需要放在厚度不小于 0.1m 的软土层上。

直埋电缆之间，以及电缆与其他设施之间，必须保持一定的最小距离，其平行和交叉的允许最小距离见表 6-6。图 6-17 为电缆埋地进线做法示意图。

表 6-6　电缆与电缆或管道、道路、构筑物等相互间容许最小距离　　　m

电缆直埋敷设配置情况		平行	交叉
控制电缆之间		–	0.5
电力电缆之间或 与控制电缆之间	10kV 及以下电力电缆	0.1	0.5
	10kV 以上电力电缆	0.25	0.5
不同部门使用的电缆		0.5	0.5
电缆与地下管沟	热力管沟	2	0.5
	油管或易燃气管道	1	0.5
	其他管道	0.5	0.5
电缆与铁路	非直流电气化铁路路轨	3	1.0
	直流电气化铁路路轨	10	1.0
电缆与建筑物基础		0.6	–
电缆与公路边		1.0	
电缆与排水沟		1.0	
电缆与树木的主干		0.7	
电缆与 1kV 以下架空线电杆		1.0	
电缆与 1kV 以上架空线杆基础		4.0	

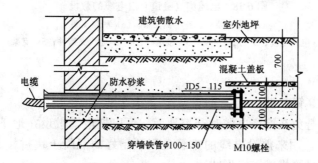

图 6-17　电缆埋地进线

（2）电缆在沟内敷设

电缆在沟内敷设方式，适用于距离较短而电缆数较多的情况，如变电所内及厂区内。由于电缆在沟内为明敷，敷设、检修、更换都比较方便，所以，也得到广泛应用。

电缆沟通常用混凝土灌成，沟内表面要抹平滑。位于潮湿土壤中或地下水位以下的电缆沟应有可靠的防水层，集水井应有不小于 0.5% 的排水坡度。电

143

缆沟的盖板一般采用钢筋混凝土盖板，每块盖板的重量一般不超过50kg，以便两人容易抬起。电缆沟盖板可以裸露在地面上或稍高于地面，也可以加300mm厚细土或沙子的覆盖层。

在沟内，电缆敷设在电缆支架上，电缆用角钢焊接而成。支架可以在单侧或双侧，每层支架可以放若干根电缆，上下层间隔150mm，电缆无需卡牢，见图6-18。

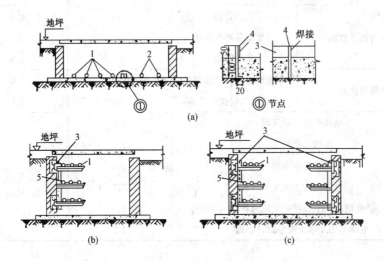

图 6-18　电缆沟（隧道）内电缆的敷设
(a) 无支架；(b) 单侧支架；(c) 双侧支架
1—电力电缆；2—控制电缆；3—接地线；4—接地线支持件；5—支架

（3）电缆穿管敷设

有时为了避免在检修电缆时开挖地面，可以把电缆敷设在地下的排管中，如图6-19所示。用来敷设电缆的排管是用预制好的混凝土块拼接起来的，也可以用灰硬塑料管排成一定形式。

电缆穿管敷设时，保护管的内径不应小于电缆外径的1.5倍；埋设深度室外不得小于0.7m，室内不作规定；保护管的直角弯不应多于两个；保护管的弯曲半径不能小于所穿入电缆的允许弯曲半径。

（4）电缆明敷

电缆有时直接敷设在建筑物的构架上，可以像电缆沟中一样，使用支架，也可使用钢索悬挂或挂钩悬挂。现在有专门电缆桥架，用于电缆明敷。电缆桥架有梯级式、盘式和槽式，如图6-20所示，其安装方式如图6-21所示。电缆桥架的空间布置如图6-22所示。

144

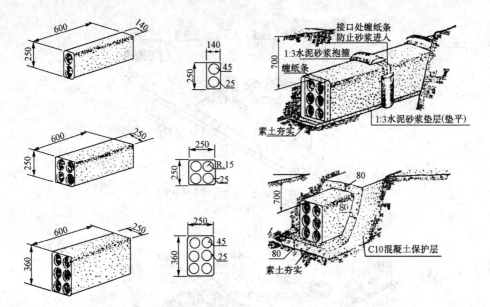

图 6-19　电缆排管敷设

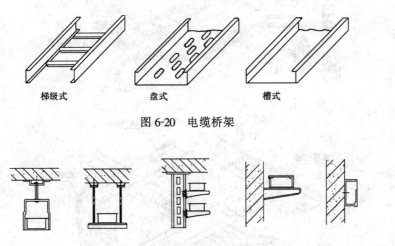

图 6-20　电缆桥架

图 6-21　电缆桥架安装方式示意图

2. 电缆线路的施工

电缆线路的施工程序基本上有以下几步。

（1）挖电缆沟

挖电缆沟是电缆线路施工的第一步。即按施工图所提出的走向路线和电缆的埋深要求挖掘沟道。对于户外直埋电缆应将沟底铲平，铺好底层的软土或细砂；室内外的电缆沟侧壁用砖块和水泥砂浆砌成沟槽，沟槽按设计施工。

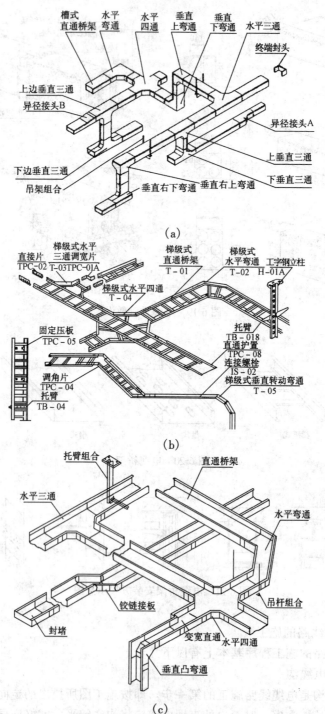

图 6-22　电缆桥架的空间布置示意图

(a)槽式桥架空间布置示意图；(b)梯级式桥架空间布置示意图；(c)托盘式桥架空间布置示意图

146

（2）埋装保护管和安装电缆支架

在直埋电缆穿越承重地面、公路、铁路、建筑物、地下其他各种管路和地面沟道等处，以及电缆引出地面以上 2m 部分，敷设保护管。在电缆沟内，按设计要求装好电缆支架。

（3）电缆敷设

在距离较短或规格不大时，一般采用人工敷设；当线路较长或规格较大时，采用机械牵引敷设法。电缆在沟内不宜敷设得很直，应略成波浪形，使电缆能适应因气温下降而产生的收缩，一般留有 0.5% ~ 1% 的余量。多根电缆同沟时，敷设的次序是从粗到细，先动力电缆后控制电缆，依次下沟敷设于电缆支架上。

（4）电缆连接

电路线路较长时，常需进行电缆连接，称这种连接点为电缆的中间接头。电缆中间接头时，必须采用专用的电缆接头盒。常用的电缆接头盒有铁的、铝的、塑料的和环氧树脂的等多种。环氧树脂电缆接头盒具有工艺简单，机械强度高，电气和密封性好，以及价格低廉等优点，所以被广泛采用。

（5）电缆封端

所谓的电缆封端，是指把电缆的首端和末端密封起来，以保证电缆的绝缘水平，使电缆安全可靠地运行。电缆的首端和末端统称为电缆终端。电缆封端用的装置，称为电缆终端头，简称电缆头。与电缆本体相比较，电缆头是薄弱环节，大部分故障发生在电缆头上，因此，电缆头的制作质量直接影响到电缆线路的安全运行。

对电缆头的要求是：导体连接良好，绝缘可靠，密封良好，有足够的机械强度，能经受电气设备交接验收试验标准规定的直流耐压实验。

制作好的电缆头要尽可能做到结构简单、体积小、省材料、安装维修方便、形状美观。

习　题

1. 我国城市电网的电压等级有哪些？额定电压有哪几类？
2. 电力系统由哪几部分组成？采用高压输电的优点是什么？
3. 对于一级负荷应采用什么样的供电方案？
4. 什么是电力负荷和负荷曲线？常用的电力负荷计算的方法是什么？
5. 低压配电系统的供电方案有哪些，各有什么特点？
6. 低压配电系统的接线方式有哪些，各有什么特点？
7. 电缆和导线选择的原则、内容、方法有哪些？
8. 常用的导线种类、型号有哪些？各有何特点？
9. 电力电缆的结构如何？

10. 什么是电弧？它有什么危害？

11. 各种高压电气设备的作用、型号、意义及结构原理是什么？

12. 气体断路器和真空断路器各有何优点？

13. 低压架空线路由什么组成？

14. 说明电缆线路的敷设方式。

第7章 建筑电气

电气照明是生产和生活中必不可少的重要部分，随着科学技术的不断发展，社会不断进步，人们生活水平不断提高，工作和生活环境日趋改善，对电气照明的要求也越来越高，不仅局限于能够提供充分的、良好的光照条件，还要求能够装饰和美化环境，也就是说，不仅要求舒适，还要求美观。因此，了解电气照明的基本知识是十分必要的。

7.1 光学基本知识

1. 光的性质

光是能量的一种形式，它以辐射的形式从一个物体传播到另一个物体，所以，光实际上是一种电磁波，它只是电磁波中的一小部分，波长范围约在 380 ~ 780nm，是可见光、紫外线、红外线的统称，人眼所能感受到的只是其中很小的一部分。

不同波长的光，在人眼中又产生不同的颜色感觉，因此，可见光谱由红、橙、黄、绿、青、蓝、紫等几种颜色的光混合而成。

2. 光通量

光源在单位时间内向周围空间辐射出去的，使人眼产生光感觉的能量，称为光通量。用符号 Φ 来表示，单位是流明（lm）。

光通量是说明光源发光能力的基本量，如一只 40W 的白炽灯发射的光通量为 350lm，而一只 40W 的荧光灯所发射的光通量为 2100lm。通常用消耗 1W 功率所发出的流明数来表征电光源的特征，称为发光效率，用符号 η 来表示。发光效率越高越好。如 40W 的白炽灯的发光效率 $\eta = 8.75$lm/W，而 40W 的荧光灯的发光效率 $\eta = 26.25$lm/W，明显好于白炽灯。

3. 发光强度

在桌上吊一盏灯，有灯罩时要比没有灯罩时亮，也就是说，有灯罩时桌面所接受的光通量比没有灯罩时多。光通量没有变化，但由于灯罩的反射，向下的光通量增加了，灯罩改变了光通量在空间的分布状况。在电气照明技术中，只知道光源所发生的总光通量是不够的，还必须知道光通量在空间各个方向上的分布情况。光源和灯具发出的光通量有空间各个方向上或选定方向上的分布密度，用发光强度来表示。

光源在某一特定方向上单位立体角内的光通量称为光源在该方向上的发光强度。用符号 I 表示，单位为坎德拉（cd）。

用极坐标来表示光源各个方向上发光强度的曲线，称为该光源的配光曲线，如图 7-1 所示。由图可知，光源在各个方向上的光强是不同的。

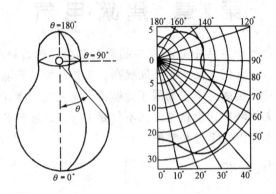

图 7-1　发光强度在空间分布的情况和配光曲线

4. 照度

投射到单位表面积上的光通量，称为照度，用符号 E 来表示，单位为勒克斯（lx）。1lx 表示 1lm 的光通量均匀分布在 1m^2 的被照表面上。

照度是表示被照表面上光的强弱的物理量，它与光通量、面积、光强和距离有关。

1lx 的照度量比较小，在这样的照度下，人只能勉强看清周围的物体，要区分细小的物体是困难的。对照度的概念举例如下：

（1）在 40W 的白炽灯下，1m 远处的照度约为 30lx，加搪瓷伞形白色罩后增加为 73lx。

（2）满月晴空的月光下约 0.2lx。

（3）多云白天的室外为 1000～10000lx，阳光直射的室外为 10000lx。

5. 亮度

亮度表示光源或物体的明亮程度，是直接对人眼引起感觉的光量之一，与被视物体的发光或反光面积以及反光强度有关。

在同一照度下，并排放着黑、白两个物体，白色物体看起来要比黑色物体亮得多，说明人眼对明暗的感觉不能完全直接地取决于物体表面上的照度，而是取决于物体在人眼的视网膜上形成的像的照度，而视网膜上的照度是由被视物体在沿视线方向上的发光强度造成的。通常把被视表面在某一视线方向或给定方向的单位投影面上所发出或反射的发光强度称为该物体表面在该方向的亮度。用符号 L 来表示，单位是 cd/m^2。

6. 材料的光学性质

光线传播到物体表面时，一部分被物体吸收，一部分被物体表面反射，还有一部分透过物体。各种材料的反光和透光能力对照明设计是十分重要的。

定向反射材料的表面是光滑且不透明的，如玻璃镜面和磨光的金属表面。它按入射角等于反射角的规律改变光线的方向，其立体角保持不变。因此，在反射方向上可以清楚地看到入射光源，而偏离这个方向就看不到了。

扩散反射材料的表面是不透明且粗糙的，入射光线会发生扩散，如白粉墙、饰面板等。扩散的程度与材料性质有关。实际上大部分粗糙的建筑材料都可近似看作扩散反射材料，如乳白色玻璃对入射光线有较好的均匀扩散能力，在外观上亮度很均匀；磨砂玻璃的特点是具有定向扩散的能力，其外观上的最大亮度方向随入射光线的方向而变化。

扩散反射和透射材料表面，会使入射光线均匀地向周围空间反射和透射，因此，这样的物体表面从各个方向看，其亮度都是相同的，看不见光源，不会产生强光刺眼的现象，即形成亮度分布均匀的大片发光表面。用这种材料制作的发光顶棚，光线均匀地扩散，使人感到柔和、舒适。

7. 明视照明的基本条件

电气照明在我们日常生活、学习和工作中占有相当位置，起着重要的作用。良好的照明，可以减轻视力疲乏，保障人们的身体健康，提高工作效率、学习效率。

照明质量是否优良，视其能否提供人们必要的明晰的视觉，并给人们以舒适感。因此，明视照明必须具备以下四个基本条件。

（1）工作面的亮度和照度

人眼需要在一定亮度的背景下，方能识别物体。而处于某一背景下的目的物，它的可见度主要取决于三个因素：目的物的视角；背景物的亮度；目的物与背景之间的亮度对比。提高背景亮度，可以提高可见度。提高目的物的照度，也就提高了被视物与背景间的亮度差，使与背景物混淆不清的目的物变得清晰可辨。

可见，只有正确选择照度，才能使工作面具有足够的亮度，且使亮度分布均匀，从而保证明晰的视觉。

（2）视觉范围内其他表面的亮度

在视觉范围内的其他表面的亮度，对照明效果具有一定的影响。亮度的不当分布会造成不舒适感。例如，四周墙壁和天棚的亮度太低，除工作面外，周围都昏昏暗暗，这在心理上会造成压抑、沉闷和不愉快的感觉，极易形成视觉疲劳。在视觉范围内有合理的亮度分布，也是视觉照明的基本条件。

（3）眩光

所谓眩光是泛指由于亮度分布不适当或亮度变化的幅度过大，或由于空间和时间上存在极端的亮度对比而引起的观看事物的不舒适感和视力衰退的视觉条件。在视觉范围内，同时出现大的亮度差异，或相继出现大的亮度变化，或有高亮度物体，都会引起眩光。例如，白天有太阳，感到睁不开眼睛，这就是由于太阳亮度太大而形成的眩光。晚上看路灯，会感到刺眼，这是由于漆黑的夜空与明亮的路灯之间亮度对比过大而形成的眩光。影响眩光的因素有：光源的亮度，光源外观的大小和数量，光源的位置，周围环境的亮度等。

眩光有两种：一种是在观察方向上或附近存在明亮的发光体所引起的眩光，叫做直射眩光；一种是在观察方向上或附近由明亮发光体的镜面反射所引起的眩光，称为反射眩光。

眩光对视觉危害极大，所以，现代人工照明对眩光非常重视，并选择合适的安装位置和高度，或者限制照明灯具的表面亮度。

（4）照明的稳定性

照明的稳定性是照明质量的又一特征。如果照度不断地发生变化，特别是波动频繁且幅度相当大时，势必引起眼睛的不适应，视觉疲劳，视力下降，不断变化的照明在心理上吸引和影响人的注意力，对正常生产是有害的，所以会导致工作效率下降，甚至会造成事故。因此保证照明质量的一个明显特征就是照明的稳定性。

引起照明不稳定的因素主要有三个：

①电源的波动，它与供电质量有关，因此，电气照明规定电源的电压波动值不超过4%。

②光源的摆动，会引起照度的变化，这不仅会造成工作面亮度的变化，而且会产生影子的运动，影响视觉。

③放电光源的闪烁，在放电光源中，通常存在着光通量随交流而变化的闪烁，即所谓的频闪效应。它对依靠直观感觉的工作是十分有害的。

8. 照度定律

（1）照度第一定律

光源越强，被照表面显得越亮，即被照表面的照度越大。对于同一光源，被照表面距离光源越近，被照表面的照度越大。根据照度定义，可以推导出亮度与光源的光强度以及距离的关系。

在点光源垂直照明的情况下，被照表面上的照度与光源的光强度成正比，与被照表面距光源距离的平方成反比。

这个结论叫做照度第一定律，也常被叫做照度的平方反比率。

照度第一定律只适用于点光源。实际上，照明所用光源都不是点光源，但当距离大于光源线度10倍时，便可将光源视为点光源。

（2）照度第二定律

照度与被照表面的倾斜角的余弦成正比，这个结论叫做照度第二定律，又称为照度的余弦定律。也可以表述为：在光线斜照的情况下，被照表面的照度与入射角的余弦成正比。

7.2 照明方式、种类、标准、质量

7.2.1 照明方式

根据工作性质和对照度不同的要求，可将照明的装设方式分成：一般照明、局部照明和混合照明三种。

1. 一般照明

一般照明是在设计中为照亮整个场地而均匀设置，使整个场地照度基本均匀一致的照明方式。这是最通常的照明方式，它不考虑特殊局部的需要。如仓库、办公室、教室、工厂的车间、体育馆、商场等。

2. 局部照明

当对整个工作场所的局部地区的照明有特殊的要求时，宜采用局部照明。它只限于照亮一个有限的区域，通常采用从最适宜的方向装设台灯或反射灯的方法，优点是灵活、方便、节电、能有效地突出对象。如家庭卧室的床头灯、书房的台灯等。一般有局部照明，但仍还有一般照明，否则会因亮度分布不均匀而影响视觉功能。

3. 混合照明

由局部照明和一般照明共同组成，称为混合照明。对于照度要求高、对照射方向有特殊要求、工作位置密度不大而单独设置一般照明不合理的场所宜采用混合照明。

7.2.2 照明的种类

1. 工作照明

在正常情况下，要求能顺利地完成工作、保证安全和能看清周围的物体而设置的照明，称为正常照明。正常照明的方式有三种：一般照明、局部照明和混合照明。所有居住的房间和供工作、运输、人行走道，以及室外庭院和场地，皆应设置正常照明。

2. 事故照明

在正常照明因故障而熄灭后，供继续工作或人员疏散使用的照明，称为事故照明，又称安全照明。下列场所应设置事故照明：

（1）影剧院、博物馆和百货大楼、体育馆、酒店、写字楼等公共场所，供人员疏散的走廊、楼梯和太平门等处。

（2）高层民用建筑的疏散楼梯（包括防火楼梯间前室）、消防电梯及其前室、配电室、消防控制室、消防水泵房和自备发电机房，以及建筑高度超过 24m 的公共建筑内的疏散走道、观众厅、餐厅和商场营业厅等人员密集的场所。

（3）医院的手术室和急救室的事故照明应采用能瞬时可靠点燃的照明光源，一般采用白炽灯和卤钨灯。若事故照明作为正常照明的一部分经常点燃，而在发生事故时又不需要切换电源的情况下，也可用其他光源。当采用蓄电池作为疏散用事故照明的电源时，要求其连续供电的时间不应少于 20min。事故照明的照度，不应低于工作照明总照度的 10%。仅供人员疏散用的事故照明的照度，应不小于 0.5lx。

（4）正常照明因故障熄灭后，不能视看和操作会造成较大政治、经济损失的场所。如重要的通信枢纽、发电、变配电系统及控制中心、重要的动力供应站、重要供水设施、指挥中心、铁路航空等交通枢纽、国家和国际会议中心、宾馆、贵宾厅、宴会厅、体育场馆等。

3. 警卫值班照明

在重要的场所，如值班室、警卫室、门卫等地方所设置的照明叫警卫值班照明。一般宜利用正常照明中能单独控制的一部分，或利用事故照明中的一部分，作为值班照明。非营业时间的商场、银行等处宜设置值班照明。

4. 障碍照明

在建筑物上装设的作为障碍标志用的照明，称为障碍照明。如装设在高层建筑物顶端作为飞机飞行障碍标志用的照明，装在水上航道两侧建筑物上作为障碍标志用的照明等。这些照明应按交通和民航部门有关规定装设。障碍照明应用能透雾的红灯灯具，有条件时宜采用闪光照明灯。

5. 彩灯和装饰照明

由于建筑规划和市容美化的要求，以及节日装饰或室内装饰的需要而设置的照明，叫彩灯照明和装饰照明。一般用功率为 15W 左右的彩色白炽灯做此类照明光源。

7.2.3 照明质量

照明质量的指标有：

1. 合适的照度

照度的设计要考虑到人的视力、心理感受、年龄、工作场所等，要使人感到舒适，这样就会有利于提高工作效率，降低事故率，同时，还要尽可能降低电能消耗，节约经费开支。

2. 照明的均匀度

一个工作区的照度差别不要太大，若工作区内有彼此照度差异较大的表面，会使工作者感觉不适，易引起视觉疲劳。

3. 恰当的亮度对比

作业区内各表面的亮度分布是决定物体可见度的重要因素，亮度分布合适，视觉才舒适。若亮度分布变化过大，易引起视觉疲劳和不舒适；亮度过分均匀，又会降低物体的清晰度，使室内气氛过于呆板。

4. 尽可能限制眩光

正确地安排人与光源的位置，使照明来自适宜的方向。

眩光并非完全是一种有害的自然现象，我们也可以对它进行巧妙的利用。高亮度的光会给人带来刺激与兴奋，因此可在某种场合用来制造必要的气氛，如给商场营造富丽堂皇的环境、舞台照明等。

5. 光源的显色性

光源的颜色特性表现在色温和显色能力两方面。光源按色温的不同分为冷感觉、暖感觉。室内照明一般多采用中间色调。为了调节冷、暖感，可根据不同地区或环境的气候情况，采用与感觉相反的色表特征来增加舒适感。

光源的光色将影响室内的气氛、人的情感、物体的颜色。正确的色视觉只有在照明光源的光谱接近自然光时才能达到，否则被照物颜色失真。应根据视觉作业对颜色辨别的要求选用不同显色性的光源。

6. 照明的稳定度

光源光通量的变化会引起照度的变化，从而分散人的注意力，导致视觉疲劳。光通量的变化主要是由照明电源电压的变化引起的。

7. 频闪效应

降低光通量的波动深度，在转动的物体旁加装白炽灯进行局部照明。

7.2.4 照度标准

照度标准是根据视觉工作的等级而规定的必要的最低照度，同时对照明方式、照明种类、照明质量、照明供电、光源和灯具的选用原则、照明节能等均作了详细的规定。

选择或制定照度标准的方法有很多种，主要有：

1. 主观法

根据主观的判断来选择照度。

2. 间接法

根据视觉功能的变化来选择照度。

3. 直接法

根据劳动生产率及单位产品成本来选择照度。

制定照度标准还必须考虑到国家当前电力生产和设备生产的状况以及电力消费政策等因素。

我国的照度标准基本上是采用间接法制定的，即从保证一定的视觉功能来选择最低照度。表 7-1 为常见民用建筑的照度推荐表。

表 7-1　民用建筑照明的照明标准（推荐值）

房 间 名 称		平均照度 /lx
居住建筑	厕所、浴洗室	5 ~ 10
	卧室、婴儿哺乳室	10 ~ 15
	餐室、厨房、起居室、单身宿舍	15 ~ 20
	活动室、医务室	30 ~ 50
科教办公建筑	厕所、浴洗室、楼梯间	5 ~ 10
	通道、小门厅	10 ~ 20
	中频机室、空调室、调压室	30
	食堂、厨房、大门厅、图书馆书库	30 ~ 50
	办公室、教研室、会议室、录像编辑、外台接收	50 ~ 75
	教室、实验室、阅览室、礼堂、报告厅、色谱室、电镜室	75 ~ 100
	设计室、制图室、打字室	100 ~ 150
	磁带磁盘间、穿孔间	100 ~ 200
	电子计算机房、室内体育馆（非体育专业院校）	150 ~ 300
医疗建筑	厕所、浴洗室、楼梯间	5 ~ 10
	眼科病房、观察室夜间守护照明	5
	污物处理间、更衣室、通道	10 ~ 15
	病房、健身房	20 ~ 30
	太平间	20
	动物房、血库、保健室、恢复室门、诊室、治疗室、化疗室、理疗室、X 线室	30 ~ 50
	候诊室、门诊挂号室、办公室、麻醉室、药房、同位素扫描室	50 ~ 75
	解剖室、化验室、教室、手术室、制剂室、加速器治疗室、电子计算机室、X 线扫描室	75 ~ 100
影剧院礼堂建筑	卫生间、通道、楼梯间	10 ~ 15
	倒片室	15 ~ 30
	放映室、衣帽厅、电梯厅	20 ~ 50
	转播室、化妆室、录音室、影剧院观众厅	50 ~ 75
	展览厅、排练厅、休息厅、会议厅	75 ~ 150
	报告厅、接待厅、小宴会厅、大门厅	100 ~ 200
	大宴会厅	200 ~ 300
	大会堂、国际会议厅	300 ~ 500
汽车库	加油亭、停车库	5 ~ 10
	充电间、气泵间	20
	检修间、休息室	30 ~ 50
	调度室	75 ~ 100
室外设施	庭园照明、停车场	2 ~ 10
	住宅小区路灯	2 ~ 5
	广场照明	10 ~ 15
	建筑物立面照明	15 ~ 20

房 间 名 称		平均照度 /lx
体育建筑	厕所、库房	10～15
	衣帽间、浴室、主楼梯间	20～30
	办公室、运动员休息室、更衣室、观众大厅、灯光控制室、播音室	50～75
	运动员餐厅、观众休息厅	50～100
	健身房、大会议室、大门厅、田径室内游泳池	100～200
	室内羽毛球、篮球、排球、手球、乒乓球、体操、剑术、冰球等比赛场地	300～500
	拳击、摔跤	500～1000
	综合性正式比赛大厅	750～1000
	室外游泳池、室外篮排球场	150～200
	室外足球、棒球、网球、冰球场地	150～3000
商业建筑	厕所、更衣室、热水间	50～10
	楼梯间、冷库、库房	10～20
	浴池、售票室、社会旅店的客房、照相大门厅、副食店、厨房制作间、小吃店	15～30
	理发店、大餐厅、修理店、菜市场	30～75
	银行、邮电营业厅、出纳厅	50～100
	字画商店	100～200
	百货商店、书店、服装商店等大售货厅	75～200
宾馆（饭店）建筑	厕所、贮藏室、楼梯间	10～15
	客房通道、库房、冷库	15～20
	衣帽间、车库	20～30
	客房、电梯厅、台球房	30～50
	厨房制作间、客房卫生室、邮电、办公室、电影厅	50～75
	酒吧间、咖啡厅、游艺室、外币兑换室、会议厅	75～100
	餐厅、小卖部、休息厅、网球房	100～200
	大门厅、大宴会厅	150～300
	多功能大厅、总服务台	300～500
机电用房	变压器间、泵房、电池室	15～20
	高低压配电间、电力室、锅炉房、冷冻机房、通风机房	30～75
	控制室、话务室、电话机房、广播室、配线架室	50～75
火车站	站台	2～5
	地道跨线	10～20
	一般候车室、售票厅	30～75
	行李托运、行李提出、检查大厅	30～100
	国际候车厅	100～200

157

7.3 电光源

7.3.1 常用电光源

光源分为自然光源和人工光源,人工光源就是利用电能转换成光能的光源。电光源按其发光机理的不同一般分为两大类:一类是热辐射光源,它是利用物体加热时辐射发光的原理所制成的光源,包括白炽灯和卤钨灯,它们都是以钨丝作为辐射体,通电之后使之达到白热温度而产生热辐射的。另一类是气体放电光源,它是利用击穿的气体持续放电,使电子、原子等碰撞而发光的原理。

1. 白炽灯

白炽灯的结构如图 7-2 所示。它由灯丝、支架、引线、灯头和外壳等部分所组成。一般白炽灯的灯丝用钨丝制成,通电后使钨丝加热到白炽状态从而引起热辐射发光。

白炽灯的优点是构造简单,价格低,安装方便,便于控制和启动迅速,所以直到现在仍被广泛应用。但其吸收的电能只有 20% 以下被转换成了光能,其余均被转换为辐射能和热能浪费了,所以它的发光效率低。其技术数据见表 7-2。

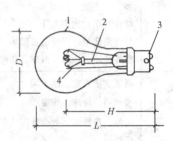

图 7-2 白炽灯的构造
1—玻壳;2—玻璃支柱;
3—灯头;4—灯丝

表 7-2 白炽灯的技术数据

灯泡型号	额　定　值			
	电压 /V	功率 /W	光通量 /lm	发光效率 /lm·W^{-1}
PZ 5		10	65	6.5
PZ 6		15	101	6.7
PZ 7		25	198	7.9
PZ 8		40	340	8.5
PZQ 8		60	540	9.0
PQ 9	220V	100	1050	10.5
PQ 10		150	1845	12.8
PQ 11		200	2660	13.3
PQ 12		300	4350	14.5
PQ 13		500	7700	15.4
PQ 14		1000	17000	17.0

在安装时应注意:电压波动会造成其寿命降低或光能量降低;因其在使用

时表面温度较高，且严禁在易燃物中安装。

2. 卤钨灯

卤钨灯是一种较新的热辐射光源，它是由具有钨丝的石英灯管内充入微量的卤化物和电极组成，如图 7-3 所示。

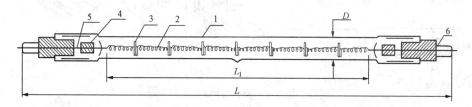

图 7-3　管状卤钨灯的结构简图
1—石英玻璃管；2—螺旋状钨丝；3—钨质支架；4—钼箔；5—导线；6—电极(本图为夹式电极)

卤钨灯的玻壳多采用石英玻璃，制成管状。灯丝通常做成线形。在灯泡内充入少量卤素，使用钼箔与石英玻璃封接。它的特点是体积小、光效高、寿命长；与普通白炽灯一样具有光色好、光输出稳定等优点；与气体放电灯相比不需要任何附件，使用方便。由于卤素在一定温度下在灯管内建立起卤钨再生循环，能防止钨粒沉积在玻壳表面上，使灯泡不黑化，能保持良好的透明度。但灯表面温度高，灯丝长，怕震动。

卤钨灯的发光原理与白炽灯相同，钨丝通电后产生热效应至白炽状态而发光，但它利用卤钨循环的作用，相对白炽灯而言，提高了发光效率、延长了使用寿命，且它的光通量比白炽灯更稳定、光色更好。

卤钨灯的安装必须保持水平，倾斜角不得大于 ±4°。它的耐震性差，不宜在有震动的场所使用，也不宜作移动式照明电器使用，需配用专用的照明灯具。

3. 荧光灯

又称日光灯，是第二代电光源的代表作。它主要由荧光灯管、镇流器和启辉器组成，如图7-4 所示。

荧光灯的结构组成是：内涂荧光粉的玻璃管、涂电子发射物质的灯丝、微量汞和少量惰性气体、芯柱、灯头。其中玻璃管由

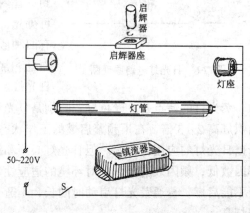

图 7-4　实物接线图

159

碱玻璃制成，两端各封接一只灯芯。芯柱用铅玻璃制造，在灯的两端各装一只灯头。荧光灯的形状有直管形、环形、U形等，见图7-5。

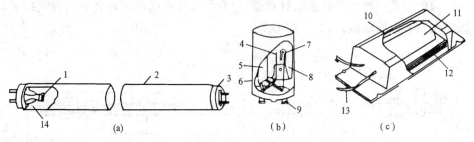

图 7-5　荧光灯的结构

(a) 灯管；(b) 启辉器；(c) 镇流器

1—阴极；2—玻璃管；3—灯头；4—静触头；5—电容器；6—外壳；
7—双金属片；8—玻璃壳内充惰性气体；9—电极；10—外壳；
11—线圈；12—铁芯；13—引线；14—水银

荧光灯的工作原理是：电源接通，电源电压加在启辉器的动触片和静触片之间，因启辉器触头间隙很小，电压使得启辉器泡内氖气产生辉光放电，其热量使得双金属片触头伸张接通，电路经灯管灯丝、启辉器和镇流器形成通路，灯管灯丝因通过电流被加热而发射出大量电子；同时，因电路接通，启辉器辉光放电消失，触头冷却复位，电路突然断开，在线圈中瞬间产生一个自感电动势，与电源电压叠加，形成一个高电压加在灯管两端，因灯管内存有大量电子，在高压作用下，气体被击穿，灯管电极间放电，使荧光灯电路经灯管和镇流器形成通路，随后在较低状态下维持放电工作；灯管电极间放电时，管内汞原子在电子的碰撞下，激发产生紫外线，照射到灯管内壁荧光粉上，发出近似于白色的可见光，所以称它为荧光灯。一般荧光灯有四种颜色：白色、日光色、冷白色和暖白色。常用的是 YZ 系列日光色荧光灯，即日光灯。日光灯原理见图7-6。

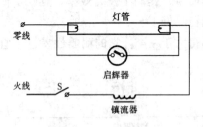

图 7-6　日光灯电路原理图

荧光灯的特点是：光色好，特别是日光灯接近天然光，发光效率高，约比白炽灯高 2～3 倍，在不频繁启燃的工作状态下，其寿命长，可达 3000h 以上，所以日光灯的应用很普遍。但日光灯必须和镇流器配合使用，是感性负载，功率因数低，频闪效应显著，对环境的适应性较差。如电压不正常时启动困难甚至不能启燃。普通荧光灯启动时间长，不适合用于启动频繁的场所。价格比白炽灯高。

160

荧光灯的技术数据见表7-3。

表 7-3　荧光灯的技术数据

型号代号	标称值					
	功率 /W	灯管电压 /V	工作电流 /A	光通量 /lm	发光效率 /lm·W^{-1}	额定寿命 /h
RG—15	15	58	0.30	490	32.6	
LB—15				560	37.3	
B—15				500	33.3	
NB—15						
RG—20	20	60	0.35	700	35.0	
LB—20				800	40.0	
B—20				700	35.0	
NB—20						
RG—30	30	108	0.32	1160	38.6	50000
LB—30				1400	46.6	
B—30				1250	41.6	
NB—30						
RG—40	40	108	0.41	1700	42.5	
LB—40				1920	48.0	
B—40				1780	44.5	
NB—40						

注：型号中的字母代表发光颜色（RG—日光色；LB—冷白色；B—白色；NB—暖白色），数字代表
额定功率。

4.高压汞灯

又称高压水银灯，是一种较新型的电光源，如图7-7所示。它主要由涂有荧光粉的玻璃泡和装有主、辅电极的放电管组成，内外玻壳间充氮。玻璃泡内装有与放电管内辅助电极串联的附加电阻及电极引线，并将玻璃泡与放电管间抽成真空。

高压汞灯的主要特点有发光效率高，寿命长，省电，耐震，对安装无要求，所以被广泛应用于施工现场、广场、车站、街道等大面积场所的照明。但其显色性差，且频繁启动对它的寿命影响较大。

5.高压钠灯

高压钠灯的结构如图7-8所示。

以上几种常用电光源的主要特性参数见表7-4。

7.3.2　灯具

7.3.2.1　照明器的组成与特性

1.灯具的作用

灯具是将光通量按需要进行再分配的控照器。它是电光源、附件和灯罩的

总称。其主要作用是：

（1）使光源发出的光通量按需要方向照射，提高光源光通量利用率；

（2）保护视觉，减少眩光；

（3）保护光源，免受机械损伤；

（4）产生一定的照明装饰效果。

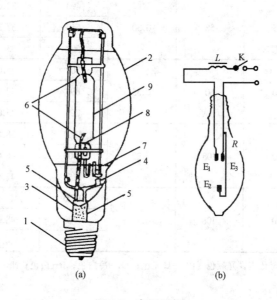

图 7-7　高压汞灯

(a)高压汞灯的构造；(b)高压汞灯的工作电路图

1—灯头；2—玻璃壳；3—抽气管；4—支架；5—导线；

6—主电级 E_1、E_2；7—启动电阻；8—辅助电极 E_3；9—石英放电管

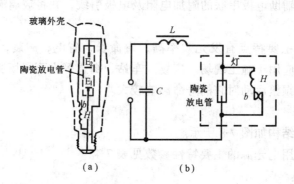

图 7-8　高压钠灯

(a) 高压钠灯的构造；(b) 高压钠灯的工作电路图

表 7-4　常用电光源的主要特性参数

光源特性	热辐射光源			气体放电光源		
	白炽灯	卤钨灯	荧光灯	荧光高压汞灯	高压钠灯	金属卤化物灯
光效/lm·$^{-1}$	6.5 ~ 19	20 ~ 21	40 ~ 80	40 ~ 50	90 ~ 120	70 ~ 100
色温/K	2400 ~ 2900	2900 ~ 3200	3500 ~ 6500	6000	2100	6000
显色指数	95 ~ 99	95 ~ 99	70 ~ 95	35 ~ 40	20 ~ 25	85 ~ 95
平均寿命/h[1]	1000	1500 ~ 5000	3000 ~ 8000	2500 ~ 5000	> 3000	2000
频闪现象	无	无	明显[2]	明显	明显	明显
表面亮度	大	大	小	较大	较大	大
启动与再启动时间	瞬间	瞬间	较短[3]	长	长	长
受电压波动的影响	大	大	较大	较大	较大	较大
受环境温度的影响	小	小	大	较小	较小	较小
耐震性	较差	差	较好	好	较好	好
所需附件	无	无	镇流器	镇流器	镇流器	镇流器

①平均寿命指抽样试验品的发光效率下降到初始值的 70% ~ 80% 时所需的平均时间。

②当采用电子镇流器时，频闪不明显。

③光采用电子镇流器时，可实现瞬间启动。

2. 灯具的配光曲线

灯具的配光曲线表示灯具的发光强度在空间的分布情况，又称为发光强度分布曲线。对于轴对称形状的灯具，其配光曲线也对称；对于非轴对称形状的灯具，则应采用不同方向上的配光曲线来表示其发光强度在空间的分布。图 7-9 所示为常见的配光曲线。

3. 灯具的保护角与效率

灯具的保护角是指灯具的下边缘到电光源下端的连线与水平方向的夹角，如图 7-10 所示。保护角的大小决定了电光源能直射到达的空间范围，为减小光源直射产生的眩光作用，一般要求灯具的保护角大于或等于 27°，保护角过小，不利于抑制眩光和保护视力。

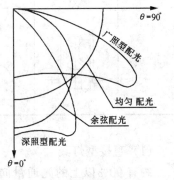

图 7-9　常见的配光曲线

灯具的效率就是灯具发出的光通量与电光源发出的光通量的比值，它是衡量灯具经济性的一个指标。由于电光源发出的光通量中总是有一部分被灯罩吸收，所以灯具的效率总是小于 1。

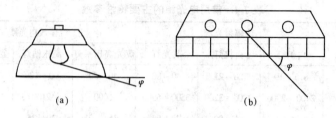

图 7-10　灯具的保护角
(a) 广照型灯具；(b) 格栅灯

7.3.2.2　照明灯具的分类和选择

灯具的形式很多，其分类方法也不同，具体如下：

1. 按配光曲线分类（表 7-5）

表 7-5　灯具按配光曲线的分类

类　　　型		直接型	半直接型	漫射型	半间接型	间接型
光通 分布	上半球	0%～10%	10%～40%	40%～60%	60%～90%	90%～100%
	下半球	100%～90%	90%～60%	60%～40%	40%～10%	10%～0%
配光曲线						
示　　　例						

（1）直接型灯具

约有 90%以上的光通量向下投射，使大部分的光线集中到工作面上。这类灯具的特点是光线集中、效率较高、照明投资及运行费用较低，最为经济。但视觉范围内亮度差异大，局部物体有明显的阴影。适用于工业厂房。

（2）间接型灯具

90%以上的光通量投射到天棚、墙壁或各种反射面上，经反射后的光线再照射到工作面或被照物上。这类灯具光线均匀柔和，没有明显的阴影，但效率较低，不经济，特别适用于无眩光、光线要求柔的场所。目前在装饰照明工程中被广泛应用。

（3）漫射型灯具

灯具是用漫射透光材料制作，光线均匀四射，光强在空间的分布基本均匀，眩光低，光线柔和，如乳白玻璃球形灯。适用于公园、庭院、绿化带等场所。

另外还有半直接型灯具和半间接型灯具。

2. 灯具按安装方式分类

（1）吊式

吊灯是室内装饰照明常用的灯具，是最普及的灯具之一。它的外形多姿多彩，能在室内形成一个或多个温暖明亮的视觉中心，可以对室内环境起到强烈的烘托效果。它利用线吊、链吊、管吊等将灯具悬吊起来，以达到不同的照明要求。如白炽灯的软线吊式、日光灯的链吊式、工厂车间内配照型灯具的管吊式等。这种悬吊式安装方式可用在各种场合。

（2）吸顶式

是将灯具吸装在顶棚上，如半圆球吸顶安装的走廊灯，它适用于室内各种需安装照明器的场所，如宾馆的客房、住宅、卫生间等处。其外形可做成方形、圆形、扁圆形等。

（3）壁式

将灯具安装在墙上或柱上等，适用于局部或装饰照明。

其他还有：落地式、台式、嵌入式等。不论是何种照明灯具都应根据使用环境需求、照明要求及装饰要求等合理选择。

3. 按结构形式分类

（1）开启式灯具

这种灯具的灯泡与外部环境直接相通。

（2）保护式灯具

这种灯具的灯泡装于内部，但灯具内部能与外部环境自由换气。

（3）防尘式灯具

这种灯具需密封，内部与外部环境也能换气，灯具外壳与玻璃罩以螺丝连接。

（4）密闭式灯具

这种灯具的内部与外部环境不能换气。

（5）防爆式灯具

灯具的结构多种多样，当灯罩密闭性被破坏，反压力性能降低；或在高机械强度作用下，其连接部分不发生爆炸；或者爆炸只发生在灯具内部，而不致影响到外部。

（6）防潮式灯具

7.3.2.3 照明器的选用

照明器的选用是照明装置设计的基本内容之一，也是建设单位比较敏感的问题，照明器选用不当，不仅达不到照明的预期效果，而且基建费用和使用电费也会增加甚至会引起事故，影响安全。

照明器的合理选用，要考虑四个方面：卫生、经济、技术、美观。

7.4 照度计算

照度计算的目的是：①根据照度要求和其他已知条件，确定照明器的数量及光源功率；②根据已确定的照明器的形式、容量及其配置，验算被照面上的照度值。

7.4.1 利用系数法

光通利用系数法适用于均匀布置的一般照明，或进行平均照度的计算和确定照明灯具的数量以及光源的功率等。

1. 利用系数的确定

（1）确定室空间系数 K_{RC}

一般一个房间按受照的不同情况分为三个空间，如图 7-11 所示。最上面的空间为顶棚空间，中间为室空间，最下面的空间为地面空间。三个空间分别用三个室空间系数来表示，即顶棚空间系数 K_{CC}、室空间系数 K_{RC}、地面空间系数 K_{FC}。对于装设吸顶式或嵌入式灯具的房间，则无顶棚空间；如工作面为地面时，则无地面空间。三个空间系数中最常用的是室空间系数 K_{RC}。

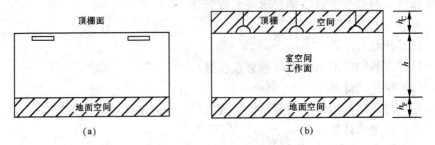

图 7-11　室内三个空间的划分

（a）灯具吸顶安装；（b）灯具悬调安装

$$K_{RC} = \frac{5h(a + b)}{ab} \qquad (7-1)$$

（2）确定顶棚空间系数 K_{CC}

$$K_{CC} = \frac{5h_c(a + b)}{ab} \qquad (7-2)$$

166

（3）确定地面空间系数 K_{FC}

$$K_{FC} = \frac{5h_F(a + b)}{ab} \qquad (7\text{-}3)$$

式中　a——房间的长度，m；

　　　b——房间的宽度，m；

　　　h——室空间的高度，m；

　　　h_C——顶棚间的高度，m；

　　　h_F——地面空间的高度，m。

2．确定房间的反射系数

房间的反射系数是指墙面反射系数 P_q、顶棚反射系数 P_t、地面反射系数 P_d，这些反射系数与所使用的建筑材料性质和颜色有关。其参考值见表7-6。

3．光通利用系数的确定

可利用房间的室空间系数和反射系数，从照明设计手册中的灯具利用系数表中查得。见表7-6。

表 7-6　部分灯具的利用系数 K_u

顶棚有效反射系数 P_t(%)	70				50				30				0
墙反射系数 P_q（%）	70	50	30	10	70	50	30	10	70	50	30	10	0
K_{RC} ＼ K_u	简式荧光灯 YG2—1，$\eta=88\%$，$1\times40W$，2400lm												
1	0.93	0.89	0.86	0.83	0.89	0.85	0.83	0.80	0.85	0.82	0.80	0.78	0.73
2	0.85	0.79	0.73	0.69	0.81	0.75	0.71	0.67	0.77	0.73	0.69	0.65	0.62
3	0.78	0.70	0.63	0.58	0.74	0.67	0.61	0.57	0.70	0.65	0.60	0.56	0.53
4	0.71	0.61	0.54	0.49	0.67	0.59	0.53	0.48	0.64	0.57	0.52	0.47	0.45
5	0.65	0.55	0.47	0.42	0.62	0.53	0.46	0.41	0.59	0.51	0.45	0.41	0.39
6	0.60	0.49	0.42	0.36	0.57	0.48	0.41	0.36	0.54	0.46	0.40	0.36	0.34
7	0.55	0.44	0.37	0.32	0.52	0.43	0.36	0.31	0.50	0.41	0.36	0.31	0.29
8	0.51	0.40	0.33	0.27	0.48	0.39	0.32	0.27	0.46	0.37	0.32	0.27	0.25
9	0.47	0.36	0.29	0.24	0.45	0.35	0.29	0.24	0.43	0.34	0.28	0.24	0.22
10	0.43	0.32	0.25	0.20	0.41	0.31	0.24	0.20	0.39	0.30	0.24	0.20	0.18
K_{RC} ＼ K_u	吸顶式荧光灯 YG6—2，$\eta=86\%$，$2\times40W$，2×2400lm												
1	0.82	0.78	0.74	0.70	0.73	0.70	0.67	0.64	0.65	0.68	0.60	0.58	0.49
2	0.74	0.67	0.62	0.57	0.66	0.61	0.56	0.52	0.59	0.54	0.51	0.48	0.40
3	0.68	0.59	0.53	0.47	0.60	0.53	0.48	0.44	0.53	0.48	0.44	0.40	0.34

顶棚有效反射系数 P_t（%）	70				50				30				0
墙反射系数 P_q（%）	70	50	30	10	70	50	30	10	70	50	30	10	0
4	0.62	0.52	0.45	0.40	0.55	0.47	0.41	0.37	0.49	0.43	0.38	0.34	0.28
5	0.56	0.46	0.39	0.34	0.50	0.42	0.36	0.31	0.45	0.38	0.33	0.29	0.24
6	0.52	0.42	0.35	0.29	0.46	0.38	0.32	0.27	0.41	0.34	0.29	0.25	0.21
7	0.48	0.37	0.30	0.25	0.43	0.34	0.28	0.24	0.38	0.31	0.26	0.22	0.18
8	0.44	0.34	0.27	0.22	0.40	0.31	0.25	0.21	0.35	0.28	0.23	0.19	0.16
9	0.41	0.31	0.24	0.19	0.37	0.28	0.22	0.18	0.33	0.26	0.21	0.17	0.14
10	0.38	0.27	0.21	0.16	0.34	0.25	0.19	0.15	0.30	0.22	0.18	0.14	0.11

顶棚有效反射系数 P_t（%）	80				70				50				30				0
墙反射系数 P_a（%）	70	50	30	10	70	50	30	10	70	50	30	10	70	50	30	10	0
K_{RC} ＼ K_u	嵌入式格栅荧光灯，3×40W																
1	0.51	0.49	0.48	0.46	0.50	0.48	0.47	0.45	0.48	0.46	0.45	0.44	0.46	0.44	0.43	0.42	0.40
2	0.47	0.44	0.42	0.40	0.46	0.43	0.41	0.39	0.44	0.42	0.40	0.38	0.42	0.40	0.39	0.37	0.36
3	0.44	0.40	0.37	0.34	0.43	0.39	0.36	0.34	0.41	0.38	0.35	0.33	0.39	0.37	0.34	0.33	0.31
4	0.41	0.36	0.33	0.30	0.40	0.36	0.32	0.30	0.38	0.34	0.32	0.29	0.36	0.33	0.31	0.29	0.28
5	0.38	0.33	0.29	0.26	0.37	0.32	0.29	0.26	0.35	0.31	0.28	0.26	0.34	0.30	0.28	0.26	0.25
6	0.35	0.30	0.26	0.23	0.34	0.29	0.26	0.23	0.33	0.28	0.25	0.23	0.31	0.28	0.25	0.23	0.22
7	0.32	0.27	0.23	0.21	0.32	0.26	0.23	0.20	0.30	0.26	0.23	0.20	0.29	0.25	0.22	0.20	0.19
8	0.30	0.25	0.21	0.18	0.30	0.24	0.21	0.18	0.28	0.24	0.20	0.18	0.27	0.23	0.20	0.18	0.17
9	0.28	0.22	0.19	0.16	0.28	0.22	0.19	0.16	0.26	0.22	0.18	0.16	0.25	0.21	0.18	0.16	0.15
10	0.26	0.20	0.17	0.15	0.26	0.20	0.17	0.15	0.25	0.20	0.17	0.15	0.24	0.19	0.17	0.15	0.14

4. 计算平均照度

选取合适的灯具及数量，计算平均照度值。计算公式：

$$E_{av} = \frac{N\Phi K_u}{Sk} \qquad (7\text{-}4)$$

式中　S——房间的面积或被照水平工作面的面积，m^2；

　　　　k——照度补偿系数，查表7-7；

　　　　K_u——光通利用系数；

　　　　Φ——光通量，lm；

　　　　N——灯具支数。

表 7-7　照度补偿系数 k

环境污染特征	房间和场地示例	照度补偿系数 k	
		白炽灯、荧光灯 高强气体放电灯	卤钨灯
清　洁	卧室、客房、办公室 阅览室、餐厅、实验室 绘图室、病房	1.3	1.2
一　般	营业厅、展厅、影剧院 观众厅、候车厅	1.4	1.3
污染严重	锅炉房	1.5	1.4
室外	室外庭园灯、体育场	1.4	1.3

【**例 7-1**】　某教室，长 $a = 7\text{m}$，宽 $b = 6\text{m}$，白色顶棚、墙壁，挂深色窗帘，课桌高 0.8m，顶棚 0.5m，教室高 3.6m，求课桌上的平均照度。

解： $K_{RC} = \dfrac{5h(a+b)}{ab} = \dfrac{5 \times (3.6 - 0.8 - 0.5) \times (7 + 6)}{7 \times 6} = 3.56$

查表得：　　　　　　　$P_t = 70\%$，$P_q = 50\%$

查表得：　　　　　　$K_u = 0.65$

灯具选用 YG2—1 荧光灯 6 支，则：

$$E_{av} = \frac{6 \times 2400 \times 0.65}{6 \times 7 \times 1.3} = 172 \text{（lx）}$$

7.4.2　单位容量法

单位容量法从利用系数法演变而来，是在各种光通利用系数和光的损失等因素相对固定的条件下，得出的平均照度的简化计算方法。已知房间的面积，可根据推荐的单位面积安装功率，来计算房间所需的总的电光源功率。这种方法适用于初步设计的近似计算和一般的照明计算。

1. 计算公式

单位容量法也称单位安装容量法，所谓单位容量就是每平方米照明面积的安装功率，其计算公式是：

$$\Sigma P = \omega S \tag{7-5}$$

$$N = \frac{\Sigma P}{P} \tag{7-6}$$

式中　ΣP——总安装容量（功率），不包括镇流器的功率损耗，W；

　　　P——一套灯具的安装容量（功率），不包括镇流器的功率损耗，W；

N——在规定照度下所需灯具数，套；

S——房间面积，一般指建筑面积，m^2；

ω——在某最低照度值时的单位安装容量（功率），W/m^2。

2. 计算步骤

（1）根据民用建筑不同房间和场所对照明设计的要求，首先选择照明光源和灯具；

（2）根据所要达到的要求，查相应灯具的单位面积安装容量表；

（3）将查到的数值按上面的式子计算灯具的数量，并布置一般的照明灯具数量，确定布灯方案。

7.4.3 单位面积估算法

计算公式：
$$\Sigma P = P \times S \tag{7-7}$$

式中 P——单位面积的安装功率，W；

S——建筑面积，m^2。

单位面积安装功率的经验值：住宅（有电热水器）$20W/m^2$；科研楼 $10 \sim 40W/m^2$；商业、服务楼 $20 \sim 40W/m^2$。

7.5 照明器的布置

照明器的布置和安装要考虑以下因素：

（1）应满足工作场所的照度均匀性。

照度的均匀性是指工作面或工作场所的照度均匀分布的特性，它是利用工作面上的最低照度与平均照度之比来表示的。

（2）要有合理的亮度分布。

亮度的合理分布是使照明环境舒适的重要标志和技术手段。

（3）限制眩光。

（4）灯具的使用和维护方便。

（5）节约能源。

（6）提高灯具的利用系数。

（7）布置美观，和周围环境相协调。

7.5.1 照明器的高度布置及要求

1. 灯具的距高比

灯具的竖向布置与平面布置是密切相关的。为使在一个房间里照度比较均匀，就要求灯具布置有合理的距高比（L/h），表 7-8 所列为灯具布置的较佳距高比值。

上表所列值是从电能消耗最省的观点来考虑的，若要得到更均匀的照度，则距高比值应比表中的值略小。

表 7-8 灯具布置的较佳距高比值

灯 具 形 式	L/h 值 （较佳值）	
	多 行 布 置	单 行 布 置
深照型灯	1.6～1.8	1.5～1.8
配照型灯	1.8～2.5	1.8～2.0
广照型灯、散照型灯、圆球型灯等	2.3～3.2	1.9～2.5
荧光灯	1.4～1.5	1.2～1.4

2. 灯具的最低悬挂高度

为了限制直射产生的眩光，对灯具的最低悬挂高度也应有一个限制。另外考虑到灯具的维修、照明的效率，也不希望灯挂得太高。一般层高的房间，通常在 2.2～3.0m 之间。房间内一般照明灯具的最低悬挂高度见表 7-9。

表 7-9　房间内一般照明用灯具在地板面上的最低悬挂高度

光源种类	灯具形式	灯具保护角度	灯泡功率/W	最低悬挂高度/m
白炽灯	搪瓷反射罩或镜面反射罩	10°～30°	100 及以下	2.5
			150～200	3.0
			300～500	3.0
高压水银荧光灯	搪瓷或镜面深罩型	10°～30°	250 及以下	5.0
			400 及以上	6.0
碘钨灯	搪瓷反射罩或铝抛光反射罩	30°及以上	500	6.0
			1000～2000	7.0
白炽灯	乳白玻璃漫射罩		100 及以下	2.0
			150～200	2.5
			300～500	3.0
荧光灯			40 以下	2.0

7.5.2　照明器的平面布置及要求

1. 点光源

点光源的灯具布置方法有很多，当点光源多行布置时，最常采用的有矩形布置和菱形布置，适用于餐厅、宴会厅、多功能厅的一般照明，如图7-12、7-13所示。

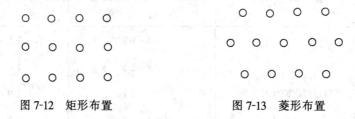

图 7-12　矩形布置　　　　　　图 7-13　菱形布置

矩形布置对门开在前后、左右正中墙上的场合更合适，灯具距墙边的距离应根据墙边的设备布置情况而定。

菱形对门开在前后两侧角的场合更合适。

2. 线光源

线光源（荧光灯）的布置如图7-14所示。

线光源横向布置，适合于教室、办公室等，有整齐划一之感，宜用于窗在左右两侧的场合。

线光源沿房间长度方向布置，有房间增长之感，适用于绘图设计室、图书馆、阅览室等。

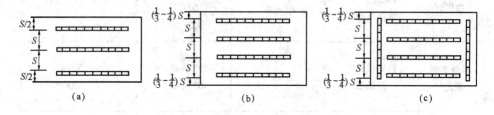

(a)　　　　　　　　　(b)　　　　　　　　　(c)

图 7-14　线光源的布置

3. 灯具布置的气氛效果

对民用建筑的许多场所，如宾馆大堂、商店、酒吧等，不能要求照度均匀，而应以不等照度的办法处理。如：用多种光源和灯具作不对称或不均匀布置；用单一光源和灯具通过特殊布灯处理来制造不同的气氛。

（1）发光顶棚

建筑物的吊顶的某一部分用透光物，如磨砂玻璃、有机玻璃等。该部分吊顶与建筑物楼板之间设置照明器，通过顶棚的漫射光来照亮环境，被照面光线柔和、阴影线。

（2）发光墙壁

172

在建筑物结构墙体外设一层透光漫射板，在其与墙体间布灯。

（3）檐板照明

墙上、顶棚上设置一道或多道不透光的檐板，利用其遮挡光线，控制光照的方向，达到不同的照明效果。这种方法适用于餐厅、大客厅等。

（4）暗槽照明

在墙上做挑出的壁檐，如水平凹槽，灯具置于槽内，光被槽壁遮挡，可反射到顶棚面上和墙壁面上，形成间接照明，多用于酒吧、音乐茶座等，有温馨柔美的气氛。

7.6 照明供配电系统

照明供配电系统是由电源、导线、控制和保护设备及用电设备组成，如图7-15所示，它分为供电系统和配电系统两部分，供电系统包括电源和主接线；配电系统则是由配电装置（配电盘）、配电线路（干线及分线）组成。对供配电系统的要求是：必须使工作可靠、操作简单、运行灵活、检修方便、符合供电质量要求，能适应发展需要。

1. 照明供电方式

照明电源一般由动力变压器提供。为避免动力负荷造成的电压波动和偏移的影响，动力线路和照明线路应分开独立供电。在照明负荷较大，技术经济比较合理时，可采用照明专用变压器供电。

我国照明一般采用三相四线（或三相五线制）中性点直接接地

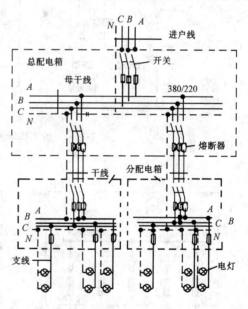

图 7-15　电气照明的电气系统示意图

交流网络供电，供电方式与照明工作场所的重要程度、负荷等级有关，如图7-16为一般工作的供电方式，照明负荷由一个单变压器的变电所供电。

图7-17为较重要工作场所的供电方式，照明负荷一般采用在一台变压器高压侧设两个回路供电。当工作场所的照明由一个以上单变压器变电所供电时，工作照明和事故照明应由不同的变电所供电。

173

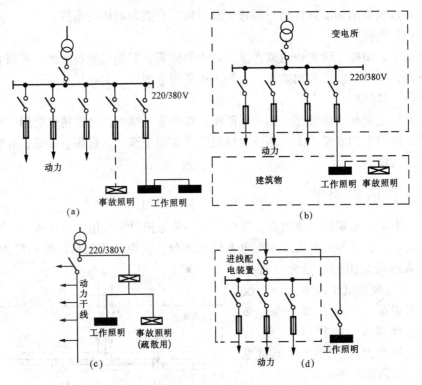

图 7-16　一般工作场所的供电网络

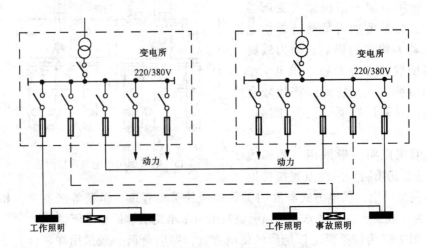

图 7-17　较重要工作场所供电网络

图 7-18 为重要工作场所的供电方式，照明负荷的电源引自一个以上单变压器变电所，且各变压器是互相独立的。

174

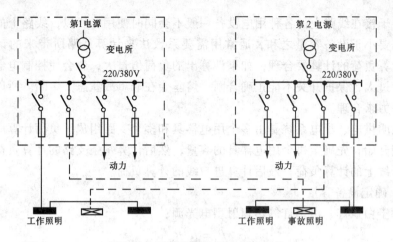

图 7-18　重要照明负荷的供电网络

2. 照明配电系统

照明配电系统是进行电能的分配和控制的，一般由进户线（馈电线）、干线、分支线组成。进户线是将电能从变电所送到总照明配电箱的线路；干线是将电能从总配电箱送到各个分配电箱的线路；分支线是将电能从各个分配电箱送到各个照明用电设备的线路。

照明配电系统根据不同的情况，可有多种形式，最常用的有放射式、树干式、链式、混合式等。

照明线路根据建筑物结构的不同而不同，一般总配电箱内设总开关，总开关后面还可设若干个分总开关，保护控制干线。分配电箱引出的电气线路最好为 3、6、9、12 个支路，即是 3 的倍数，以便使三相电力负荷平衡，如图 7-19 所示。每个支路都要有开关控制和保护。每一支路的供电范围不应超过 25m，电流不应超过 15A，所带灯和插座数量不应超过 20 个，但花灯、大面积照明等回路除外。

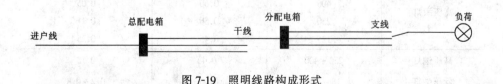

图 7-19　照明线路构成形式

7.7　照明负荷计算

在照明供电、配电系统中，导线截面和开关的选择都要依据计算负荷来确

175

定。由于接在线路上的各种用电设备一般不会同时使用，所以，线路上的最大负荷总要小于设备容量之和，通常用需要系数法来计算线路所带来的计算负荷。计算负荷的计算要合理，如果计算出的负荷值过大，就会使控制电器和导线选择过大，保护开关不能正确合闸，熔丝会在非事故状态下熔断。所以负荷计算要力求合理。

照明供电、配电系统是由多个用电器具和多个支路组成，负荷计算应从系统末端开始，先确定每个用电器具的容量，然后计算每条支路的计算负荷，再计算干线上的计算负荷，最后计算进户线的计算负荷。

1. 确定设备容量

对于白炽灯、卤钨灯等热辐射型电光源：

$$P_j = K_c P_e \tag{7-8}$$

对于有镇流器的气体放电型电光源：

$$P_j = K_c P_e (1 + \alpha) \tag{7-9}$$

式中　P_j——照明计算负荷，kW；

P_e——线路的装灯容量，kW；

α——镇流器的功率损耗系数，各种气体放电电光源的功率因数的损耗系数，按表 7-10 选取；

K_c——照明设备需要系数，表示不同性质的建筑对照明负荷的需要程度，民用建筑照明负荷需要系数见表 7-11，部分建筑工程用电设备的需要系数 K_x 及功率因数 $\cos\varphi$ 见表 7-12。

表 7-10　气体放电电光源的功率因数和电感镇流器损耗系数

光源种类	额定功率/W	功率因数 $\cos\varphi$	电感镇流器损耗系数
荧光灯	40	0.53	0.2
	30	0.42	0.26
高压汞灯	1000	0.65	0.05
	400	0.60	0.05
	250	0.56	0.11
	125	0.45	0.25
高压钠灯	250～400	0.4	0.18
低压钠灯	18～180	0.06	0.2～0.8
金属卤化物灯	1000	0.45	0.14

表 7-11　民用建筑照明负荷需要系数 K_c

建 筑 物 名 称		需要系数 K_c	备　注
一般住宅楼	20 户以下	0.6	单元式住宅，每户两室为多数，两室户内插座为 6~8 个，每户安装电度表
	20~50 户	0.5~0.6	
	50~100 户	0.4~0.5	
	100 户以上	0.4	
高级住宅楼		0.6~0.7	
单身宿舍楼		0.6~0.7	一开间内 1~2 盏灯，2~3 个插座
一般办公楼		0.7~0.8	一开间内 2 盏灯，2~3 个插座
高级办公楼		0.6~0.7	
科 研 楼		0.8~0.9	一开间内 2 盏灯，2~3 个插座
发展与交流中心		0.6~0.7	
教 学 楼		0.8~0.9	三开间内 6~11 盏灯，1~2 个插座
图 书 馆		0.6~0.7	
托儿所、幼儿园		0.8~0.9	
小型商业、服务业用房		0.85~0.9	
综合商业、服务楼		0.75~0.85	
食堂、餐厅		0.8~0.9	
高级餐厅		0.7~0.8	
一般旅馆、招待所		0.7~0.8	一开间 1 盏灯，2~3 个插座，集中卫生间
高级旅馆、招待所		0.6~0.7	带卫生间
旅游宾馆		0.35~0.45	单间客房 4~5 盏灯，4~6 个插座
电影院、文化馆		0.7~0.8	
剧 场		0.6~0.7	
礼 堂		0.5~0.7	
体育练习馆		0.7~0.8	
体 育 馆		0.65~0.75	
展 览 厅		0.5~0.7	
门 诊 楼		0.6~0.7	
一般病房楼		0.65~0.75	
高级病房楼		0.5~0.6	
锅 炉 房		0.9~1	

表 7-12　部分建筑工程用电设备的需要系数 K_x 及功率因数 $\cos\varphi$

序　号	用 电 设 备 名 称	需要系数 K_x	功率因数 $\cos\varphi$
1	大批生产热加工电动机	0.3 ~ 0.35	0.65
2	大批生产冷加工电动机	0.18 ~ 0.25	0.5
3	小批生产热加工电动机	0.25 ~ 0.3	0.6
4	小批生产冷加工电动机	0.16 ~ 0.2	0.5
5	生产用通风机	0.7 ~ 0.75	0.8 ~ 0.85
6	卫生用通风机	0.65 ~ 0.7	0.8
7	单头焊接变压器	0.35	0.35
8	卷扬机	0.3	0.65
9	起重机、掘土机、升降机	0.25	0.6
10	吊车电葫芦	0.25	0.5
11	混凝土及砂浆搅拌机	0.65	0.65
12	锤式破碎机	0.7	0.75
13	振捣器	0.7	0.7
14	球磨机、筛砂机、碾砂机和洗砂机、电动打夯机	0.75	0.8
15	工业企业建筑室内照明	0.85 ~ 0.95	—
16	仓库	0.65 ~ 0.75	—
17	滤灰机	0.75	0.65
18	塔式起重机	0.7	0.65
19	室外照明	1	1

照明支线的计算负荷等于该支线上的所有设备的计算负荷之和。

照明干线的计算负荷等于该干线上所有支线的计算负荷之和。

当照明负荷分布不均匀时，照明干线的计算负荷为：

$$P_j = K_c P_{emax} \tag{7-10}$$

照明线路上的插座，若没有具体设备接入时，可按每个 100W 计算，实际上往往在房间内多设插座，以方便使用，但是这些插座不可能同时使用，在计算插座容量时应引进一个同时使用系数，见表 7-13。则：

$$P_j = K_c K_T P_e \tag{7-11}$$

式中　P_e——插座组的额定功率之和；

　　　K_T——同时使用系数，表 7-13。

2. 计算电流 I_j

178

表 7-13　计算插座容量的同时使用系数 K_T

插座数量/个	4	5	6	7	8	9	10
同时系数 K_T	1	0.9	0.8	0.7	0.65	0.6	0.6

照明线路电流是影响导线温度的重要因素，根据计算负荷求得。

对白炽灯和卤钨灯的线路：

$$单相电路： \quad I_j = \frac{P_j}{U_P} \tag{7-12}$$

$$三相电路： \quad I_j = \frac{P_j}{\sqrt{3}\,U_L} \tag{7-13}$$

对带电感镇流器气体放电灯：

$$单相电路： \quad I_j = \frac{P_j}{U_P \cos\varphi} \tag{7-14}$$

$$三相电路： \quad I_j = \frac{P_j}{\sqrt{3}\,U_L \cos\varphi} \tag{7-15}$$

式中　　P_j——照明线路的计算负荷；

　　　　U_P——照明线路的相电压；

　　　　U_L——照明线路的线电压；

　　　　$\cos\varphi$——照明线路的功率因数；

　　　　I_j——照明线路的计算电流。

7.8　建筑施工现场的供电

建筑工程开工的基本条件是"三通一平"，即场地平整、路通、水通、电通。施工现场供电就是为建筑施工工地现场供电，满足建筑工程用电的要求。这种供电和一般工业企业一样，主要是供给动力用电和照明用电，也就是施工设备用电和施工现场用照明电。

施工现场供电的特点，一是属于临时供电；二是施工现场环境恶劣，用电设备流动性大，负荷变化大。在开工前要对现场进行临时供电设计，内容有：

(1) 计算建筑工地的用电量，适当选择电力变压器；

(2) 绘出施工供电平面布置草图，其中包括确定变压器位置，确定供电干线的数量及平面布置，确定各主要用电配电箱的位置；

(3) 确定各供电干线的导线截面；

(4) 绘制施工现场供电平面图，标出各条干线的导线截面、变压器型号、配电箱的型号等。

在开工前还要按设计完成变压器的安放、导线的架设、配电箱的布置等工作，以保证施工的用电。

7.8.1 施工工地照明

1. 施工照明的要求

良好的施工照明是施工质量的保证，也是保证施工安全、提高劳动生产率的重要条件。

施工现场的照明设计应注意以下几点：

（1）设计要充分考虑周围环境，满足施工的需要；

（2）照明设备应易于维护检修；

（3）在工地特别危险的地方要安装警示标志；

（4）夜间在道路上施工时，要安装安全警示灯。

2. 施工照明照度值

工地的工人常在高空危险的地方，特别是夜间施工，工作面上必须有一定的照度，要求明亮，可见性好，这样可以减少精神疲劳，保证工程质量与人身安全。另外，亮度对比不要过大，以免产生眩光。施工工地照明的照度经验值见表 7-14。

表 7-14　施工照明的推荐照度

工程内容	照度/lx	工程内容	照度/lx
临时工程	50	内部装修工程	300
打桩工程	50	外部装修工程	300
土方工程	50	杂项工程	50
混凝土工程	150	装卸物堆放场	30
钢结构工程	300	材料堆放场	20
地面工程	150	通　道	30
墙体工程	150		

7.8.2 施工现场电力负荷计算

由于用电设备不一定都是同时工作，并且也不一定都是在满载状态下工作，所以要确定"计算负荷"。用"计算负荷"而不是用所有用电设备的额定容量之和作为选择变压器和导线的依据。

施工现场负荷计算常用的方法有需要系数法和估算法。需要系数法前面已经讲述，这里不再重复。估算法就是根据施工用电设备的组成及用电量的大小，用经验公式进行电力负荷的估算。表 7-15 为施工现场用电量估算参考表。

表 7-15 施工现场照明用电量估算参考表

序 号	用电名称	容 量 /W·m⁻²	序 号	用电名称	容 量 /W·m⁻²
1	混凝土及灰浆搅拌站	5	10	混凝土浇灌工程	1.0
2	钢筋加工	8~10	11	砖石工程	1.2
3	木材加工	5~7	12	打桩工程	0.6
4	木材模板加工	3	13	安装和铆焊工程	3.0
5	仓库及棚仓库	2	14	主要干道	2000W/km
6	工地宿舍	3	15	非主要干道	1000W/km
7	变配电所	10	16	夜间运输、夜间不运输	1.0、0.5
8	人工挖土工程	0.8	17	金属结构和机电修配等	12
9	机械挖土工程	1.0	18	警卫照明	1000W/km

7.8.3 施工现场供电平面图

施工现场的供电平面图主要标出变压器的位置、配电线路走向、配电箱位置、用电设备位置等。图中的各种图形符号和文字符号详见附录。

图 7-20 为某教学大楼供电平面图的实例。

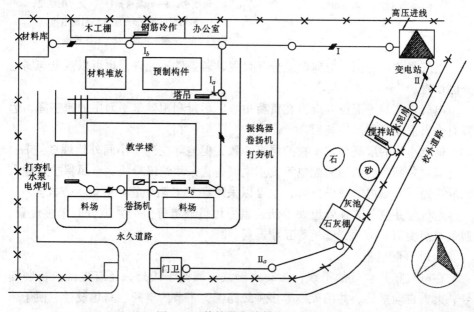

图 7-20 某教学大楼供电平面图

7.9 高层建筑供配电系统

1. 电气竖井

高层建筑的配电干线以垂直敷设为主，因其层数多，供电距离长，负荷大，为了减少线路电压损失及电能损耗，干线截面都比较大，因此，一般不能暗敷在墙壁内，而是敷设在专用的电缆井内，并利用电缆井作为各层的配电小间，如图7-21、图7-22所示。层间配电箱也设于此处。

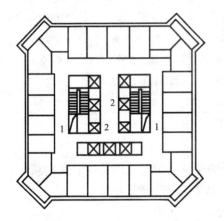

图 7-21　电气竖井示意图
1—配电小间；2—电梯间

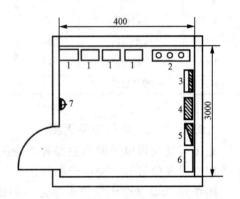

图 7-22　配电小间布置示意图
1—母线槽；2—电缆桥架；3—动力配电箱；
4—照明配电箱；5—应急照明配电箱；
6—空调配电箱；7—电源插座

电气竖井内的强电与弱电应分开设置，若条件不允许，也可以强电与弱电分侧设置。

电气竖井的平面位置应设在负荷中心，尽量利用建筑平面中的暗房间，远离有火灾危险和潮湿的场所。

配电小间的层高与建筑物的层高一致，但地坪应高于小间外地坪 3～5cm。从电缆竖井到各层的用户配电箱或用电设备，采用绝缘导线穿金属保护管埋入混凝土地坪或墙内的敷设方式，也可以采用穿 PVC 阻燃管暗敷设的方式。

电气竖井应与其他管道如排烟通道、垃圾通道等竖向井道分开单独设置，避免与高度间、吊顶、壁柜等互相连通。

2. 综合配电柜

在电气竖井敷设的干线，除动力干线、照明干线外，还有电话、控制信号、火灾自动报警、共用天线等多种线路。为了节约空间、简化设计、便于施工和维护管理，可将干线、电缆及各种电气管线一并装于综合配电柜内。

综合配电柜一般用钢板隔成强电与弱电两部分。在强电间隔中安装动力、照明干线和自动开关、接触器等；弱电间隔中安装电话、控制、报警、共用天线、电脑等用的电缆等。

3. 楼层间的配电方式

（1）照明与插座分开配电

将楼层各房间的照明与插座分别分成若干条支路，再接到配电箱内。其优点是照明和插座互不干扰，照明回路发生事故时，房间中还有插座回路可以利用。

（2）树干式配电方式

高层民用建筑，对各层照明、用电设备的供、配电，由于各层用电负荷平均，设计中采用树干式供电方案比较合理。这种配电方式的优点是发生故障时各房间之间互不影响。如图 7-23 所示。其中，图 c 表示的供电方案供电可靠性很高，在民用建筑中被广泛应用。

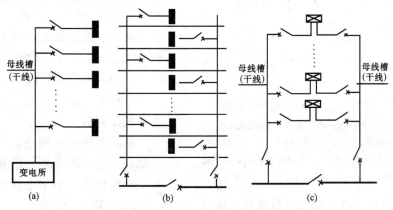

图 7-23　高层建筑树干式供配电方案

（a）树干式配电方案；（b）、（c）双干线配电方案

楼顶电梯回路不能同楼层用电回路共用，应由变电所低压配电屏单独回路供电。消防电梯、排烟、送风设备属于重要的用电设备，应由两个回路供电。

7.10　电能表

电能表是计量电气设备所消耗的电能的仪表，在日常用电管理中是必不可少的，凡是用电的地方都应装设电能表。目前应用最为广泛的是单相电能表，即 DD 型电能表，它的特点是结构简单、电流特性好、工作性能稳定等。

7.10.1　电能表的结构

单相电能表是由驱动元件、转动元件、计度器、制动元件、调整装置、接线端钮盒等组成，如图 7-24 所示。

1. 驱动元件

驱动元件由电压元件和电流元件组成，其铁芯结构形式有三种：电压铁芯与电流铁芯分开的分离式铁芯；电压铁芯和电流铁芯在一起的封闭铁芯，电压铁芯和电流铁芯合一，需另设回磁板的合一铁芯。如图 7-25 所示。

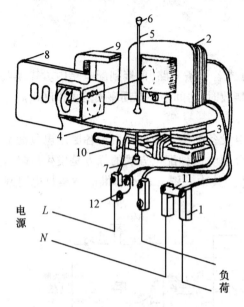

三种铁芯各有特点：分离式铁芯消耗材料较少，制造工艺简单，便于维修，但其特性重合性较差；封闭式铁芯特性重合性较好，但消耗材料多，装配铁芯和绕制线圈困难；合一铁芯紧凑，节省材料，装配铁芯和绕制线圈较困难。铁芯一般由 0.35 ~ 0.5mm 的硅钢片叠装而成。

电压元件和电流元件都由铁芯和线圈组成。

驱动元件的作用是，当电压线圈和电流线圈分别并联和串联在交流电路中，由于电压和电流

图 7-24 单相电能表构造简图

1—端钮；2—电压元件；3—电流元件；
4—圆盘；5—轴杆；6—上轴承；7—下轴承；
8—计度器；9—永久磁钢；10—相位调整器
（即回线卡子）；11—连接片；12—电压小钩

的作用而产生交变磁通穿过圆盘，从而产生转动力矩使圆盘用力转动。

1—电压线圈；2—电压铁心；
3—电流线圈；4—电流铁心；
5—圆盘
(a)

1—电压线圈；2—封闭铁心；
3—电流线圈；4—圆盘
(b)

1—电压线圈；2—合一铁心；
3—电流线圈；4—圆盘；
5—回磁板
(c)

图 7-25 铁芯结构形式
(a) 分离铁芯的驱动元件示意图；(b) 封闭铁芯的驱动元件示意图；
(c) 合一铁芯并另设回磁板的驱动元件示意图

2. 转动元件

由圆盘和转轴组成。转轴固定在圆盘中心上，，圆盘在驱动元件和制动元件（永久磁钢）的空隙中连续转动。圆盘带动转轴上的传动装置，将其转数传

给计度器。

3. 计度器

计度器是用来积算电能的。通常采用滚轮式（俗称"字车"）。滚轮式计度器一般有五位数字，末位带红框的为小数。这种计度器便于抄表读数，不易引起读数差错，但摩擦力不均匀。

一般在电能表标度盘上都注明每度电圆盘相对应的转数，这一数值称为电能表常数，用千瓦·小时（kW·h）表示，圆盘转数用 REV 表示；如某电能表常数为 3000，即 3000REV/（kW·h），它的意义是一度电圆盘要转 3000 转。

通过计度器可以实现对电能的电度计量。

4. 制动元件

制动元件由永久磁钢组成。其作用是在圆盘转动时产生阻尼力矩，使圆盘转速与相应负荷功率成正比。

5. 调整装置

主要由五种调整器组成，校验电能表就是调整统一这些调整器的过程，使电能表达到正常运行状态。调整校验电能表一般应由专业人员进行。

有些电能表中还有各种补偿器。

7.10.2 电能表的安装要求

电能表应垂直安装，其工作位置向任何方向的倾斜角度都不宜大于 1°，否则会增大计量误差。

电能表应安装在不受震动的场所，且要便于安装、试验和抄表工作。

电能表也可安装在定型产品的开关柜（箱）内或装置在电能表箱或配电盘上。

下列场所不宜安装电能表：

有易燃、易爆危险的场所；有腐蚀性气体的场所；有磁场影响及多灰尘的场所；潮湿场所。

电能表装置在露天、公共场所，人易接触的地方应加装表箱。

7.11 照明设计要点

7.11.1 住宅照明设计要点

1. 住宅室内白天比较明亮，灯具作为室内布置的工艺装饰，必须合理选择其造型，以满足人们的审美要求。晚间，人们依靠灯具照明来产生明亮的生活环境，灯具既要满足起居照明的需要，又不能破坏室内环境的工艺效果。

住宅照明应以光色最接近自然光的荧光灯为主，以结构简单、维护使用方便的白炽灯为辅。

2. 客厅是多功能活动场所，要造成高雅的气氛，常用花灯照明，也应能满足不同的需要。照明器的位置应避免在电视机屏幕上有反光。

3. 厨房的一般照明不应在工作面上产生阴影，应选用易于清洁的灯具，配防潮灯口。餐厅宜选用悬吊式照明器，以使人们的情绪集中到餐桌上来。

4. 卫生间应选用开启方便、防潮的灯具。照明开关应设于室外；壁灯应装在与窗垂直的墙上，以免洗浴时在墙上产生阴影；洗手盆镜子上方应设置荧光灯，使之达到较高照度。

5. 卧室的一般照明不宜设置在人卧床休息时头部的上方，应根据房间的布置，合理设置壁灯或落地台灯等，以方便做家务和阅读时用。还应设置一些插座，以便于增设台灯作为辅助光源。

6. 住宅插座回路应装设具有漏电保护和过电压、欠电压保护功能的电路保护装置。

7. 楼梯间、走廊照明应采用延时开关或红外探测开关等节能控制方式。

8. 应采用一户一表及电表箱计量配电方式。电表箱按单元设置，设在住宅楼底层的公共部位。

7.11.2 学校照明设计要点

1. 中小学教室的照明值一般为 100~200 lx，高校教室则为 150~300 lx，照明均匀度不低于 0.7。

2. 黑板前应采用专用照明灯，灯具与黑板平行，黑板上的垂直照度应高于水平照度。

3. 教室应采用蝙蝠翼式非对称配光灯具，一般每 2 盏灯设为一组进行控制。布灯时应使灯具与学生主视线相平行，安装在课桌间的通道上方，与课桌面的垂直距离不小于 1.7m。

4. 学校的视听室不宜采用气体放电光源。

5. 一般每 2~3 个教室为一个照明分支回路，走廊、楼梯等公共场所的灯具宜单独设一个公共照明箱。

7.11.3 办公楼照明设计要点

1. 办公室照度值为 100~200 lx，设计、绘图及打印室照度取 200~500 lx。

2. 最好采用高效节能荧光灯，且使灯具的纵轴与水平视线相平行，宜采用双向蝙蝠翼式配光灯具。

3. 每开间主设 2~3 组插座，照明与插座回路分开配电。

4. 宜将公共活动场所与办公区分开配电。

7.11.4 商场照明设计要点

1. 商场照明应选用显色性高，光束温度低，寿命长的灯具，如荧光灯、金属卤化灯等。

2. 商场照明由一般照明、局部重点照明和装饰照明组成，以形成良好的气氛和效果。

3.大中型商场应设备用的事故照明。有贵重物品的商场还应设置值班照明。

4.照明采用分区控制方式。

5.应设置应急照明和疏散指示标志。

7.11.5　建筑景观照明

1.建筑景观照明的灯光设置应能表现出建筑的特征，能显示出建筑工艺立体感，保护建筑物的完整性，充分体现建筑设计的风格和意图。

2.建筑景观照明一般采用泛光灯，并可使用不同颜色的光源，丰富景观效果，同时也要力求用色简单、淡雅。

3.一般采用在建筑物自身或相邻建筑布灯，或将灯具布置在地面绿化带中。应尽可能隐匿灯位，避免眩光，体现见光不见灯的投光效果。

4.使用效率高、寿命长的光源和灯具，灯具的防护等级不低于 IP55。

7.11.6　室外照明

1.路灯照明光源应采用高压钠灯、高压汞灯、白炽灯等。

2.路灯安装高度不低于 4.5m，伸出路牙 0.6～1.0m，在水平线上的仰视角为 5°。

3.路面亮度不低于 $1cd/m^2$，照明均匀度为 1:10～1:15 之间。

4.应在每灯杆处设置单独的短路保护。

5.采用三相配电时应保持三相负荷平衡。

7.12　应急照明

7.12.1　应急照明的种类

应急照明也就是事故照明，它包括三种类型：

1.正常照明失效时，为继续工作或暂时继续工作而设置的备用照明。

2.为了使人员能在火灾发生时从室内安全撤离而设置的疏散照明。

3.为确保处于潜在危险中的人员的安全而设置的安全照明。

7.12.2　应急照明设置部位

1.楼梯间、消防电梯间及前室。

2.配电室、消防控制室、消防水泵房、自备发电机房、防排烟机房、电话总机房、火灾发生时仍需坚持工作的房间。

3.商场、影剧院、体育馆、展览厅、餐厅、多功能厅等人员密集的场所。

4.通信机房、大中型计算机房、中央控制室等重要技术用房。

5.医院的病房、重要手术室、急救室等处。

应急照明中的备用灯应设在墙面或顶棚上。疏散指示标志应设在安全出口的顶部。

图 7-26 为应急照明设置示例。表 7-16 为应急照明的设计要求。

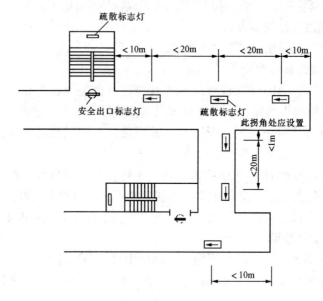

图 7-26　应急照明设置示例

注：用于人防工程的疏散标志灯的间距不应大于示例中间距的 1/2。

表 7-16　应急照明的设计要求

应急照明类别		标志颜色	设　计　要　求	设置场所示例
疏散照明	安全出口标志灯	绿底白字或白底绿字（用中文或中英文字标明"安全出口"并宜有图形）	正常时：在30m远处能识别标志，其亮度不应低于15cd/m²，不高于300cd/m² 应急时：在20m远处能识别标志 照度水平：≥0.5lx 持续工作时间：多层、高层建筑≥30min，超高层建筑≥60min	观众厅、多功能厅、候车（机）大厅、医院病房的楼梯口疏散出口 多层建筑中层面积＞150m²的展厅、营业厅，面积＞200m²的演播厅 高层建筑中展厅、营业厅、避难层和安全出口（二楼建筑住宅除外） 人员密集且面积＞300m²的地下建筑
	疏散指示标志灯	白底绿字或绿底白字（用箭头和图形指示疏散方向）	正常时：在20m远处能识别标志，其亮度不应低于15cd/m²，不高于300cd/m² 应急时：在15m远处能识别标志 照度水平：≥0.5lx 持续工作时间：多层、高层建筑≥30min，超高层建筑≥60min	医院病房的疏散走道、楼梯间 高层公共建筑中的疏散走道和长度＞20m的内走道 防烟楼梯间及其前室、消防电梯间及其前室

188

应急照明类别		标志颜色	设 计 要 求	设 置 场 所 示 例
疏散照明	疏散照明灯	宜选专用照明灯具	正常照明协调布置 布灯：距高比≤4 照度水平：>5lx 观众厅通道地面上的照度水平≥0.2lx 持续工作时间：多层、高层建筑≥30min，超高层建筑≥60min	高层公共建筑中的疏散走道和长度>20m的内走道 防烟楼梯间及其前室、消防电梯间及其前室
备用照明		宜选专用照明灯具	消防控制室、消防泵房、排烟机房、发电机房、变电室、电话总机房、中央监控室等应保持正常照明的照度水平，其他场所可不低于正常照明照度的1/10，但最低不宜少于5lx 持续工作时间：>120min	消防控制室、消防泵房、排烟机房、发电机房、变电室、电话总机房、中央监控室等 多层建筑中层面积>1500m²的展厅、营业厅，面积>200m²的演播厅 高层建筑中的观众厅、多功能厅、餐厅、会议厅、国际候车（机）厅、展厅、营业厅、出租办公用房、避难层和封闭楼梯间 人员密集且面积>300m²的地下建筑
安全照明		宜选专用照明灯具	应保持正常照明的照度水平	医院手术室（因瞬时停电会危及生命安全的手术）

注：1. 应急照明用灯具靠近可燃物时，应采取隔热、散热等防火措施。当采用白炽灯、卤钨灯、荧光高压汞灯（包括镇流器）等光源时，不应直接安装在可燃装修或可燃构件上。

2. 安全出口标志灯和疏散指示标志灯应装有玻璃或非燃材料的保护罩，其面板亮度均匀度宜为1:10（最低:最高）。

3. 楼梯间内的疏散照明灯应装有白色保护罩，并在保护罩两端标明踏步方向的上、下层的层号。

4. 疏散照明、备用照明、安全照明用灯具，宜装设在顶棚上，并可利用正常照明的一部分，但通常宜选用专用照明灯具。

5. 超高层建筑系指建筑物地面上高度在100m以上者。

习 题

1. 什么是光通量、发光强度、照度？何为配光曲线？

2. 明视照明有哪些基本条件？何为眩光，有哪几种？为什么要限制眩光？又该如何加以有效利用？

3. 照明方式、种类有哪些？

4. 举出生活中的实例说明何为工作照明、事故照明、障碍照明？

5. 衡量照明质量的指标有哪些?

6. 常用的电光源有哪几种?

7. 白炽灯、荧光灯、卤钨灯的结构、特点是什么?

8. 何为灯具的保护角? 灯具的效率?

9. 何为灯具的配光曲线?

10. 照明配电系统有哪几种形式?

11. 电能表的结构如何?

12. 电能表的安装要求有哪些?

第8章　建筑电气安装

8.1　线路敷设的基本方法

在建筑电气安装工程中，由进户线至室内用电设备之间的线路称为室内线路，室内线路敷设安装，称为内线工程，其中大多为低压线路。室内线路的组成为：进户线、总配电箱、分配电箱、户配电箱、户内用电设备。室内工程主要包括进户线装置、计量装置、控制和保护装置、照明装置、线路装置、防雷装置、接地装置的安装与敷设。

室内线路的安装与敷设方法有很多种，敷设的位置也不同。按在建筑结构内外分为明敷和暗敷；按在建筑结构上的位置分为沿墙、沿柱、沿梁、沿顶棚、沿地面敷设。

线路明敷：在建筑物全部完工后进行，一般适用于简易建筑或新增加的线路。

线路暗敷：与建筑施工同步进行，在施工过程中将各种预埋件置于建筑结构中，完工后再进一步完成线路敷设工作。暗敷是建筑物内线路敷设的主要方式，为了保证导线不被破坏，便于日后的维修、更新，一般把导线穿在管子里，所以也称为穿管暗敷设。

室内配线的一般技术要求如下：

（1）导线应有足够的负荷能力、耐压能力和机械强度。

（2）尽量避免导线有接头，如有接头，必须采用压接和焊接。对于穿在管内的导线，在任何情况下，都不允许有接头。在必要时，应将接头放在接线盒内或灯头盒内。

（3）明敷线路在室内要保持水平和垂直。水平敷设时，导线距地面高度应不小于 2.5m。垂直敷设时，导线最下端离地面高度不小于 2m。否则，应将导线穿在钢管内，以防损伤。

（4）导线穿过楼板时，应将导线穿在钢管内加以保护。导线穿墙要加装保护套管。

（5）电器线路和配电设备与其他设备之间的距离应不小于规定的最小距离。

（6）布线工程中所有外露可导电部分的接地要求应符合国家规范和标准的

要求。

线路敷设的方法也称为配线方法。主要区别是导线在建筑物上的固定方式不同，所使用的材料、器具、导线种类也随之不同。常用方法有以下几种：

1. 夹板配线

夹板配线使用瓷夹板或塑料夹板来支持和固定导线，适用于干燥场所。夹板由底座和盖板两部分组成，如图8-1所示。底座固定在墙上或顶棚上，将导线槽盖上盖板，拧上螺丝就固定好了。夹板有两线式和三线式。

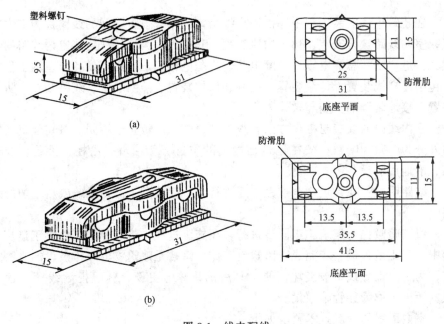

图 8-1　线夹配线
(a) 两线式；(b) 三线式

2. 瓷瓶（绝缘子）配线

瓷瓶配线使用瓷瓶来支持和固定导线，先将瓷瓶固定在墙上或角钢支架上，再将导线牢固绑扎在瓷瓶上。瓷瓶有鼓形、针式、蝶式三种。瓷瓶的尺寸比夹板大，适用于导线截面较大，而且比较潮湿的场所，如图8-2所示。

3. 槽板配线

槽板配线是使用塑料槽或木槽板支持和固定导线。在底板上沿长度方向刻槽，将底板用钢针或木螺丝固定在建筑物的构件上，然后将导线放置在槽内，再用盖把导线盖住。槽板有两槽和三槽，每槽只允许放一根导线，槽内不允许有接头，槽板不得在发热面上敷设，不允许直接安装电器，必须使用圆台安装电器。这种配线方法适用于干燥场所，如图8-3所示。

d1
R
r
h
H
d2
D
d

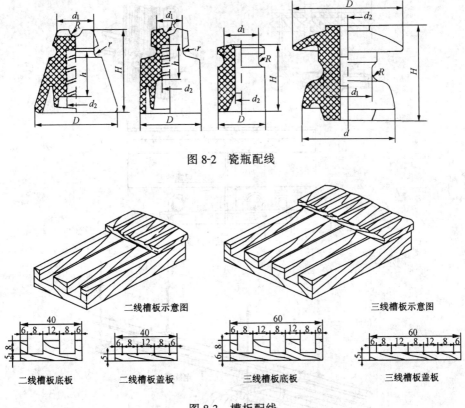

图 8-2　瓷瓶配线

二线槽板示意图
三线槽板示意图
40
6 8 12 8 6
5 8
二线槽板底板
40
6 8 12 8 6
5
二线槽板盖板
60
6 8 12 8 12 8 6
6 8
三线槽板底板
60
6 8 12 8 12 8 6
5
三线槽板盖板

图 8-3　槽板配线

4. 线管配线

线管配线就是将导线穿在线管中，暗敷就是用这种方法。使用不同的管材，可适用于各种场所。

(1) 钢管配线

把电线穿在钢管内称为钢管配线，可明敷也可暗敷。明敷时用卡子或支架把钢管固定住；暗敷时将钢管随土建施工敷设于墙壁、楼板内。钢管敷设时要焊接成整体，并统一接地。

钢管配线的优点是可保护导线不受机械损伤，不受潮湿尘埃的影响，接线方便美观，但造价高，施工困难。

钢管的明敷做法如图 8-4 所示。

三根及以上绝缘导线穿于同一根管内时，其总截面积（包括外护层）不应超过管内截面积的 40%。

穿钢管的交流线路，应将同一回路的所有相线和中性线（如果有中性线时）穿于同一根管内。

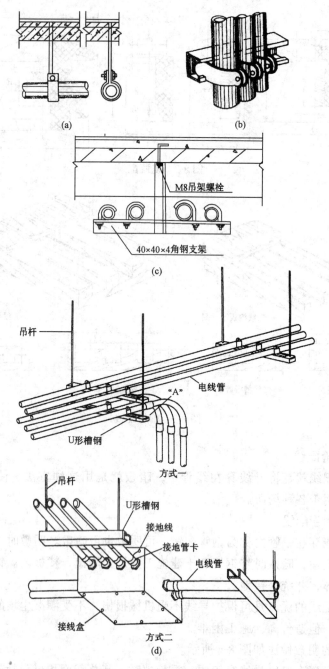

图 8-4　钢管的明敷

（a）单根金属管水平吊装示意图；（b）多根金属管垂直安装示意图；

（c）多根金属管水平吊装示意图；（d）U形槽钢吊装方法示意图

不同回路的线路不应穿于同一根钢管内，但下列情况可以除外：

①电压为 50V 及以下的回路。

②同一设备或同一联动系统设备的电力回路和无防干扰要求的控制回路；同一照明花灯的几个回路。

③同类照明的几个回路，但管内绝缘导线的根数不应多于 8 根。

电线管路与热水管、蒸汽管同侧敷设时，应敷设在热水管、蒸汽管的下面。当管路敷设在热水管下面时为 0.20m，上面时为 0.30m。当管路敷设在蒸汽管下面时为 0.50m，上面时为 1m。当不能符合上列要求，应采取隔热措施，对有保温措施的蒸汽管，上下净距均可减至 0.20m。电线管路与其他管道（不包括可燃气体及易燃、可燃液体的管道）的平行净距不小于 0.10m。当与水管同侧敷设时，宜敷设在水管的上面。当管路互相交叉时的距离不应小于上述情况的平行净距。

钢管布线的管路较长或有弯时，宜适当加装接线盒，其位置应便于接线，两个拉线点之间的距离应符合以下要求：

对无弯的管路不超过 30m；两个拉线点之间有一个弯曲时不超过 20m；两个拉线点之间有两个弯曲时不超过 12m；两个拉线点之间有三个弯曲时不超过 8m。

暗敷于地下的管路不宜穿过设备基础，在穿过建筑物基础时，应加保护管保护，穿过建筑物伸缩、沉降缝时应采取保护措施。

（2）塑料管配线

把电线穿在塑料管内称为塑料管配线，可明敷也可暗敷。施工方法与钢管类似，但不需焊接，造价低，在电气照明工程中广泛应用。

①硬质塑料管敷设

硬质塑料管布线一般适用于室内场所和有酸碱腐蚀介质的场所，在易受机械损伤的场所不宜采用明敷设。建筑物顶棚内，可采用阻燃型硬质塑料管布线。

硬质塑料管埋地敷设时，引出地（楼）面不低于 0.50m 的一段管路，应采取防止机械损伤的措施。

硬质塑料管明敷时，其固定点间距不应大于表 8-1 所列数值：

表 8-1

公称直径/mm	20 及以下	25～40	50 及以上
最大间距/m	1.00	1.50	2.00

②半硬塑料管及混凝土板孔敷设

半硬塑料管及混凝土板孔布线适用于环境正常的一般室内场所，潮湿场所不应采用。

半硬塑料管布线应采用难燃平滑塑料管及塑料波纹管。建筑物顶棚内，不宜采用塑料波纹管。

混凝土板孔布线应采用塑料护套导线或塑料绝缘导线穿半硬塑料管敷设。

塑料护套导线及塑料绝缘导线在混凝土板孔内不得有接头，接头应在接线盒内部进行，见图 8-5。

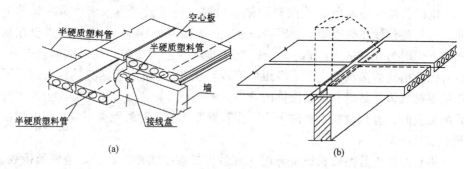

图 8-5

（a）半硬质塑料电线管在预制楼板中的敷设；

（b）半硬塑料管暗敷

半硬塑料管布线应减少弯曲，当线路直线段长度超过 12m 或直角弯超过 3 个时，均应装设接线盒。

在现浇钢筋混凝土中敷设半硬塑料管时，应采取预防机械损伤措施。

5. 封闭式母线槽配线（图 8-6、图 8-7）

适用于高层建筑、工业厂房等大电流配电场所。

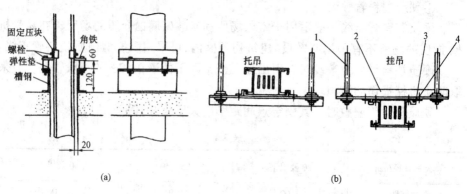

图 8-6 母线槽

（a）母线槽垂直安装图；（b）母线槽水平吊装图

1—吊杆；2—角钢；3—托钩；4—螺栓

（1）金属线槽敷设

196

金属线槽布线一般适用于环境正常的室内场所明敷，但对金属线槽有严重腐蚀的场所不应采用。具有槽盖的封闭式金属线槽，可在建筑顶棚内敷设。

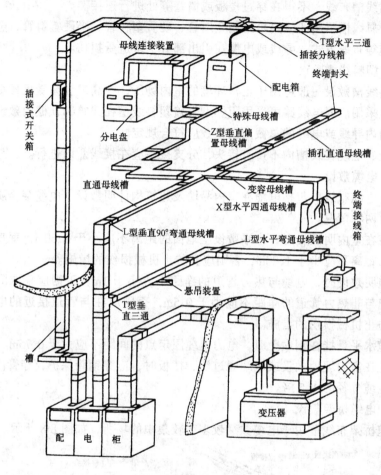

图 8-7　母线槽应用示意图

同一回路的所有相线和中线应敷设在同一金属线槽内。

线槽内导线或电缆的总截面（包括保护层）不应超过线槽截面的 20%，载流导线不宜超过 30 根。

导线或电缆金属线槽内不宜有接头。但在易于检查的场所，或允许在线槽内有分支接头，导线、电缆和分支接头的总截面（包括保护层）不应超过该点线槽截面的 75%。

金属线槽敷设时，吊点及支持点的距离，应根据工程具体条件确定，一般应在下列部位设置吊架或支架：

直线段不大于 3m 或线槽接头处；线槽首端、终端及进出接线 0.5m 盒外槽拐角处。

金属线槽布线，不得在穿过楼板或墙壁等处进行连接。

由金属线槽引出的线路可采用金属管、硬质塑料管、半硬塑料管、金属软管或电缆等布线方式。导线或电缆在引出部分不得遭受损伤。

（2）塑料线槽敷设

塑料线槽敷设一般适用于正常环境的室内场所，在高温和易受机械损伤的场所不宜采用。弱电线路可采用阻燃型带盖塑料线槽在建筑物顶棚内敷设。

线槽内导线或电缆的总截面及根数应符合规定。

导线、电缆在线槽内不得有接头，分支接头应在接线盒内进行。

（3）电缆敷设

室内电缆布线，包括电缆在室内沿墙及建筑构件明敷设、电缆穿金属管埋地暗敷设两种情况。

电缆在室内明敷设时，水平敷设至地面的距离不应小于 2.50m，垂直敷设与地面的距离不应小于 1.80m，否则应有防止机械损伤的措施。

电缆明敷设时，电缆与热力管道的净距不应小于 1m，否则应采取隔热措施。电缆与非热力管道的净距不应小于 0.5m，否则应在与管道接近的电缆段上采取防止机械损伤的措施。

电缆水平悬挂在钢索上时，电力电缆固定点的间距不应大于 0.75m。

电缆在室内埋地敷设或电缆通过墙、楼板时，应穿钢管保护，穿管内径不应小于电缆外径的 1.5 倍。

（4）电缆桥架敷设

电缆桥架布线适用于电缆数量较多或较集中的场所，如图 8-8 所示。

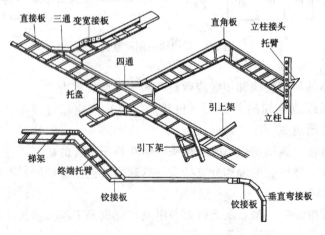

图 8-8　电缆桥架的应用示例

电缆桥架（梯架、托盘）水平敷设时的距地高度一般不宜低于 2.50m，垂直敷设时距地 1.80m 以下部分应加金属盖板保护。

电缆桥架水平敷设时，跨距一般为 1.50～3m，垂直敷设时，其固定点间距不宜大于 2m。

下列不同电压、不同用途的电缆，不宜敷设在同一层桥架上：

①1kV 以上和 1kV 以下的电缆；

②同一路径向一级负荷供电的双回路电源电缆；

③应急照明和其他照明的电缆；

④强电和弱电电缆。

8.2 线路暗敷设

8.2.1 线路暗敷设使用的管材

常用的管材有两大类：钢管和塑料管。

1. 钢管

钢管按壁厚的不同，分为薄壁管和厚壁管。薄壁管也称为电线管，是专门用来穿电线用的，其内、外均已做防腐处理，不论管径大小，壁厚均为 1.6mm。

当管路有焊接要求时，应使用厚壁管。厚壁管分为焊接钢管和水煤气钢管，水煤气钢管有镀锌管（白铁管）和非镀锌管（黑铁管）。电工安装常用的是黑铁管，在使用前先做防腐处理，常用于自然地面和素混凝土的暗敷设。

2. 塑料管

穿管敷设常用聚氯乙烯硬管、半硬管、波纹管等。为保证建筑电气线路安装符合防火规范要求，各种塑料管均采用阻燃管。但防火工程线路一律采用水煤气钢管。

管材的规格，厚壁管以内径为准，其他管材以外径为准。管材的规格不同，可以穿导线的根数也不同。各种线管容纳导线的标准见表 8-2、表 8-3。

表 8-2　电线管容纳导线标准

线管直径/mm　穿管导线根数　导线规格/mm²	2	3	4	5	6	7	8	9	10
1	12	15	15	20	20	25	25	25	25
1.5	12	15	20	20	25	25	25	25	25
2.5	15	15	20	25	25	25	25	25	32
4	15	20	25	25	25	25	32	32	32
6	15	20	25	25	25	32	32	32	32
10	25	25	32	32	40	40	40	50	50
16	25	32	32	40	40	50	50	50	70
25	32	40	40	50	50	70	70	70	70

表 8-3　白铁管或黑铁管容纳导线标准

线管直径/mm　　穿管导线根数　　导线规格/mm²	2	3	4	5	6	7	8	9	10
1	10	10	10	15	15	20	20	25	25
1.5	10	15	15	20	20	20	25	25	25
2.5	15	15	15	20	20	25	25	25	25
4	15	20	20	20	25	25	25	32	32
6	20	20	20	25	25	25	32	32	32
10	20	25	25	32	32	40	40	50	50
16	25	25	32	32	40	50	50	50	50
25	32	32	40	40	50	50	70	70	70
35	32	40	50	50	50	70	70	70	80
50	40	50	50	70	70	70	80	80	80
70	50	50	50	70	80	80			
95	50	70	70	80	80				
120	70	70	80	80					
150	70	70	80						
180	70	80							

8.2.2　电气施工准备

下面以住宅楼为例说明电气安装的主要过程及要点。

8.2.2.1　电气安装与土建施工的配合

建筑电气是建筑工程中的一大组成部分，与建筑本体密不可分，且与其他系统紧密相连。在现场施工作业中，电气安装从土建主体工程开始，一直到工程结束，穿插进行。往往在电气安装处于施工准备阶段时，就需要配合土建预埋。因此，了解整个建筑工种的施工顺序，熟悉土建顺序的一般规律，对充分做好每道电气安装工序的施工准备是十分必要的。

1. 施工前的准备

在施工图纸会审时，对电气设备、管线的位置、尺寸与建筑结构的关系及影响程度、施工质量及使用等做全面交底。在编制计划时应协调土建与水电安装的进度。

2. 基础工程

基础工程是室内地坪（±0.00）以下的工程。通常总是先挖土，然后做灰土垫层或浇灌混凝土垫层，再接着砌筑砖基础，做基础防潮层，最后完成墙基、回填土。在这一段施工过程中，应给电缆管、沟及进出接地线预留孔、洞，完成（±0.00）以下的管线预埋工作；用基础钢筋做接地体时，电气施工人员应及时将被用做接地体的钢筋连接成一体。

3. 主体结构工程

主体结构工种包括：拱脚手架、砌筑砖墙、安装预制门窗过梁、安装楼梯、浇灌构造柱、浇灌圈梁与雨篷、安装楼板、安装屋面板等。在这一过程中，电气安装人员主要完成沿墙、柱、楼板的管线、盒的预埋工作。

4. 装修工程

装修工程包括：屋面防水、外墙装修、内墙抹灰、做室内地坪、踢脚线、安装水落管、做散水、安装门窗、室内刷白、油漆、安装玻璃等。同时管道工安装上下水管道、卫生洁具、暖气设备。在这一过程中，电气安装人员要完成管内穿线、安装配电箱、安装电气面板、安装灯具及通电调试工作，安装防雷接地装置。在整个施工过程中，还需要进行工地用电维护工作，随工程进展，延伸供电线路，保证整个工地的施工用电。

8.2.2.2 阅读电气工程图

进入现场后，就要对全套电气工程图认真阅读，了解整个电气工程的细节，准备好每阶段施工的材料、设备。

全套电气施工图纸一般包括：

①设计说明，主要材料表；

②配电干线系统图；

③首层电气平面图；

④电话系统图；

⑤有线电视干线系统图；

⑥顶层电气平面图；

⑦防雷装置平面图；

⑧单元标准层电气平面图；

⑨单元电气系统图；

⑩单元电话系统图；

⑪单元有线电视系统图；

⑫配电系统图1；

⑬配电系统图2；

⑭基础接地平面图；

⑮梯间照明平面图。

住宅楼的图纸比较简单，因为每个楼层的电气布置均匀相同，只要有标准单元电气平面图就可以。对于其他建筑，由于各层电气设备布置位置不同，因此每层都要有电气平面图。

在施工前，要仔细阅读全套图纸，以便备料。在预埋过程中，照明、电话、天线系统的管线、盒都要同时进行预埋，必须全盘考虑。

8.2.3 基础阶段的电气施工

基础工程阶段的电气施工包括电力电缆进楼、配电干线管线预埋、电话、有线电视干线管预埋、接地装置施工。施工要点如下：

电缆在建筑物外采用直埋，进墙时采用穿墙保护管，进墙后用水煤气钢管沿地暗埋至主配电箱。进线钢管长度要留一定余量。

电源进入主配电箱后，用水煤气钢管分送各个分配电箱。同时进行配电分干线的预埋。从分配电箱到电表箱采用一定直径的PVC管。图8-9为PVC管接配电箱的安装方法。

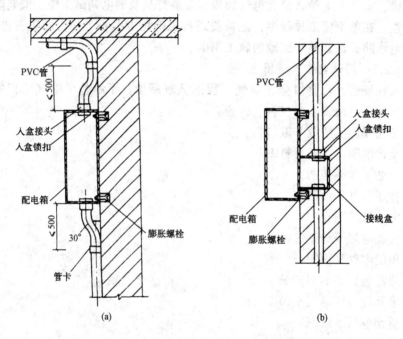

图 8-9 PVC 管接配电箱安装方法

(a) 明配管安装；(b) 暗配管安装

电话、有线电视电线电缆进线均为埋地暗敷，穿水煤气钢管进楼，进墙采用电缆穿墙保护管。然后采用直径小一些的钢管沿墙暗埋。

电源进入楼内后，电源零线要重复接地，楼内的金属管也要进行接地，所有接地线与室外接地装置的母线连接。

接地体可以在主体施工过程中埋设，也可以在主体完工后埋设。

埋设好后用接地母线与地基施工时预埋的进楼接地母线焊接在一起。

楼内的金属管线一律要焊成一个整体，并接在接地装置上，保证接地效果。

8.2.4 主体结构工程中的电气施工

地基工程到正负零为止，这时预埋管均应露出基础墙，达到配电箱下口位置，构造柱的主筋已绑扎完毕，接地母线断接点上部的接地线沿墙敷设至构造柱主筋焊接好。

从基础开始向主体结构施工，每个楼层的施工过程基本是重复的，因此在第一层要处理好所有预埋管线的位置，向上每个楼层就容易做了。在进行每个楼层施工时，也要注意各层的不同之处，分别加以处理。

墙体上有许多预埋件，主要是线管和接线盒，要按规定进行施工。现代建筑内除了照明及动力管线外，还有许多其他管线。如电话线、有线电视线等，要同时搞清。

预埋管是隐蔽工程，一旦出现问题，必须凿开才能修复，将给施工带来很大不便。因此，这一阶段电工要随时注意管子是否完好。

楼梯间内有各户的电表箱、电话分线箱、有线电视分支器箱。各箱在施工时，要按箱体尺寸预留孔洞，将来再安放箱体。大型孔洞上方要有过梁，梁上要有穿管用的孔。

线管过沉降缝时不能直接穿过，否则变形时管子会被折断。应在沉降缝两侧墙上各装一个接线盒，两箱之间用金属软管连接，并放够余量。线管从梁或

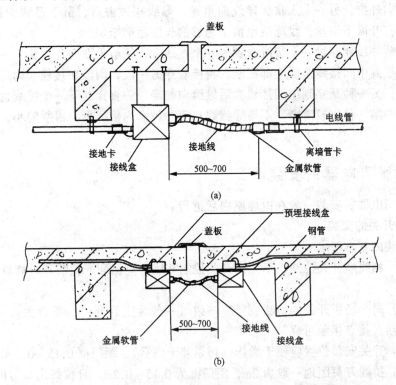

图 8-10

（a）电线管明配过伸缩、沉降缝安装方法；

（b）电线管暗配过伸缩、沉降缝安装方法

顶板进来后进接线盒，将来穿线时，在接线盒内还要留富余量。图 8-10 为电线管过沉降缝、伸缩缝的安装方法。

8.2.5 装修工程中的电气施工

这一阶段的电气施工主要有：修整预埋盒、穿线、接线、安装电器面板、安装灯具、安装屋面避雷带。

墙体完工后，要对预埋件进行检修。在内墙抹灰前要完成整修工作。各预埋盒要求稳固不动，高度一致并符合图纸规定。预埋线管主要检查通不通，各盒之间的线管是否与图纸相符，有无遗漏、错误。检查线管通不通可以用吹气听声的方法，也可以用预穿钢丝的方法。

在内墙抹灰前要完成配电箱体的安装工作，按图纸定制的各种配电箱，要对号入座。

墙面抹灰工作完成后就可以穿线，穿线时先穿入一根钢丝，然后用钢丝把绝缘导线拉入管内。

多根导线在拉入过程中，导线要顺排，不能有绞合，不能出死弯，一个人将钢丝向外拉，另一个人拿住导线向里送。导线拉过去后，留下足够的长度，把线头打开取下钢丝，线尾端也留下足够的长度后剪断。

有些导线要穿过一个接线盒到另一个接线盒，一般采取两种方法：一种是所有导线到中间接线盒后全部截断，再接着穿另一段，两段在接线盒内进行导线连接；另一种是穿到中间接线盒后继续向前穿，一直穿到下一个接线盒。两种做法中第一种比较清晰，不易穿错线；第二种盒内接线少，占空间小，省导线。

8.3 照明电器的安装

照明电器的安装一般在内墙刷白后进行。

1. 开关的安装

安装的基本要求

(1) 相线经开关控制，不允许开关控制零线，应保证开关断开时灯具不带电。

(2) 同一场所开关的切断位置应一致（一般为上合开灯，下合关灯），且操作灵活，接点接触可靠。

(3) 开关安装位置应便于操作（切忌装于门后），距门框 0.15 ~ 0.2m。

(4) 拉线开关距地一般为 2m，距门框为 0.15 ~ 0.2m，且拉线出口应向下。相邻两个开关间隔不小于 20mm。

(5) 成排安装的各开关高度应一致，同一场所高低差不应大于 5mm，相邻并列安装高度差不应大于 1mm。

（6）民用住宅开关安装高度差不应大于 1mm。

（7）暗装的开关应使用配套的专用盒，预埋盒应固定牢固、平正；安装面板时，应将盒内杂物清除，板面应与墙面贴紧，保证板面清洁无污染；盖板的垂直偏差不大于 0.5mm；安装时的螺钉口应用配套的塑料塞填平，如图 8-11 所示。

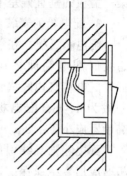

2．插座安装与接线的基本要求

（1）插座的安装高度有两种，低插座一般高于地面 0.3～0.5m；高插座高于地面 1.3～1.8m；托儿所、幼儿园及小学等，不应低于 1.8m；一些专用插座还要视用电器具的具体使用位置而定。同一场所安装的插座，高度应一致。

（2）车间及试验室内的暗装插座距地面高度应不低于 0.3m；特殊场所暗装插座一般应不低于 0.15m。同一室内安装的插座高差应不大于 5mm，并列安装的不大于 1mm。

图 8-11　开关暗装

（3）舞台上的落地插座应有保护盖板；在潮湿地方和厨房等地方应采用防溅型插座。

（4）安装在室外的插座应为防水型，面板与墙面之间应有防水措施。

（5）安装在装饰材料上的插座与装饰材料之间应设置隔热阻燃制品，如石棉布等。

（6）插座接线时应做到：单相双孔插座面对插座的右孔接相线，左孔接零线，双孔垂直排列时，相线在上，零线在下。单相三孔及三相四孔的接地或接零线均应在上方，见图 8-12a。

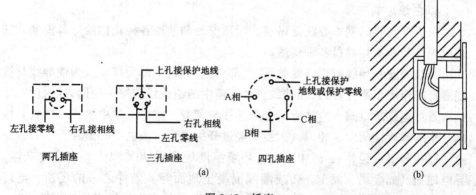

图 8-12　插座

(a) 插座排列顺序图；(b) 插座暗装

(7) 暗装的插座应用配套的专用盒，预埋应固定牢固、平正，保持与墙面高低一致，不应有凹凸现象；板面安装应端正，紧贴墙面，保持板面清洁无污染；盖板的垂直偏差不大于 0.5mm，见 8-12b。

3. 配电箱的安装（图 8-13）

配电箱（板）在墙上安装要牢固，横平竖直，垂直度偏差不得大于 3mm。暗装时配电箱面板应紧贴墙面。配电箱底边距离地面高度一般为 1.4m；配电板距地面高度不应小于 1.8m。

配电箱内导线引出金属面板时应加装绝缘保护套；并应在箱内分别设置 N 线和 PE 线汇流端子。N 线和 PE 线应在端子上连接，不得铰接；配电箱的螺旋式熔断器连接应让电源接在中间触点端子上，负荷线接在螺纹端子上；瓷插式熔断器在箱内垂直安装。

漏电开关在装入配电箱之前，要认真核对其各项技术参数，并检查其动作是否灵活。

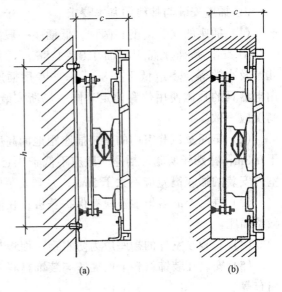

图 8-13 配电箱安装

(a) 配电箱明装；(b) 配电箱暗装

漏电开关应垂直安装，各方向误差不大于 5°；电源进线必须在漏电开关的上方，即外壳标有进线的一方。

4. 白炽灯的安装

白炽灯安装的基本方法是吊装、吸顶安装和使用各种花样的灯具安装。安装白炽灯的基本灯具是各种灯座。

吊灯的安装导线应用绝缘软线，上部为挂线盒，下部为灯座。为使导线与接线螺钉的连接点不受拉力，在挂线盒及灯座中的绝缘线应按一定的方法打结。

若灯座是螺口式，应注意区分中性线与相线，把电源的中性线（零线）接到灯头的螺旋铜圈上，相线（火线）经过开关接到灯头的中心簧片上。

在相对湿度经常在 85% 以上，环境温度经常在 40℃ 以上，有导电灰尘、导电地面（如金属、泥土、砖或潮湿混凝土地面等）条件之一的场所，电灯灯座应至少离地面2.5m。不属于潮湿、危险场所的住房内的灯座一般不低于2m。

因生产和生活需要，必须将电灯适当放低时，灯座至地面的垂直距离不应小于 1m，但应在吊灯线上加绝缘套管至离地面 2m 的高度，并采用安全灯座。

206

电灯开关应串接在相线上，开关与插座离地面高度一般不小于 1.3m；生产、生活上有特殊要求时，插座可以装低，但离地面的垂直距离不应小于150mm。

白炽灯照明的基本电路见表 8-4。

表 8-4　白炽灯照明基本电路

电路名称和用途	接 线 图	说 明
一只单联开关控制一盏灯	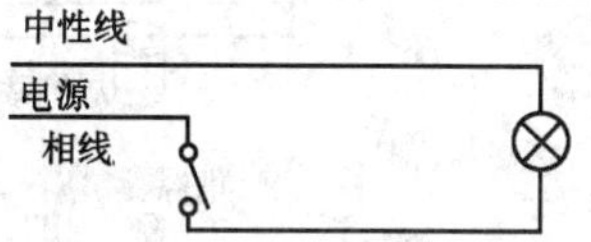 中性线　电源　相线	开关应安装在相线上，修理安全
一只单联开关控制一盏灯并与插座连接	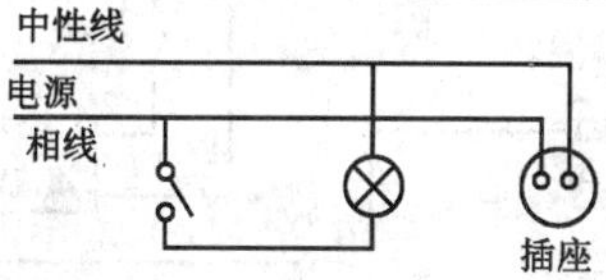 中性线　电源　相线　插座	比下面电路用线少，但由于电路上有接头，日久易松动，会增加电阻而产生高热，易引起火灾等危险，且接头工艺复杂
一只单联开关控制一盏灯并与插座连接	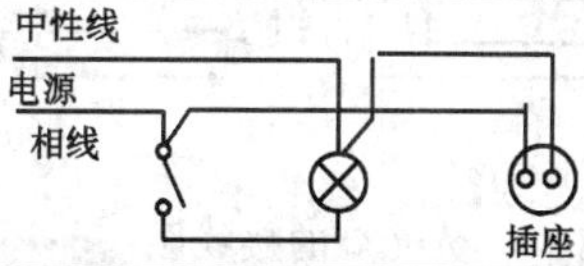 中性线　电源　相线　插座	电路中无接头，较安全，但比上面电路用线多
一只单联开关控制两盏灯（或多盏灯）	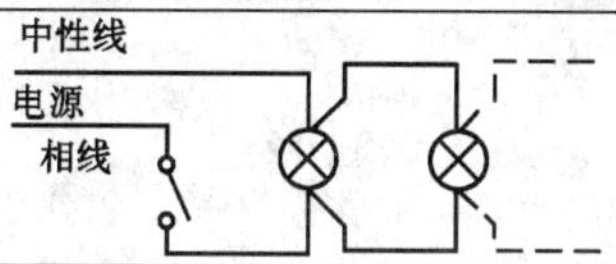 中性线　电源　相线	一只单联开关控制多盏灯时，可如左图中所示虚线接线，但应注意开关的容量是否允许
两只单联开关控制两盏灯	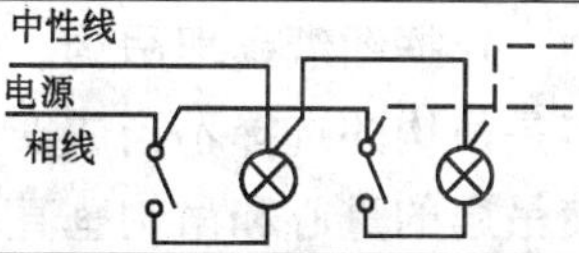 中性线　电源　相线	多只单联开关控制多盏灯时，可如左图所示虚线接线
用两只双联开关在两个地方控制一盏灯	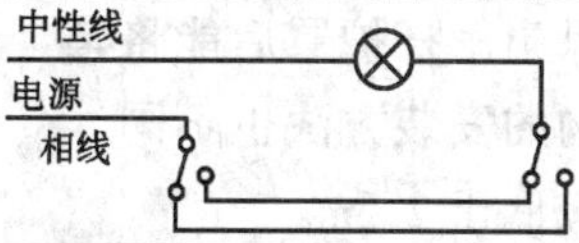 中性线　电源　相线	用于两地需同时控制时，如楼梯、走廊中的电灯，需在两地能同时控制等场合
两盏 110V 相同功率灯泡串联	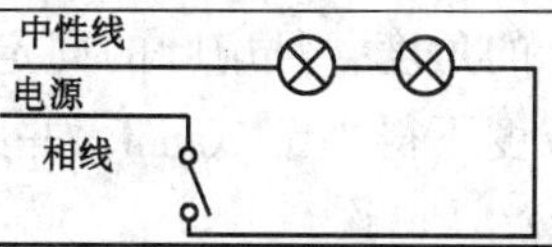 中性线　电源　相线	注意两盏灯功率必须一样，否则小功率会烧坏

5. 荧光灯的安装

荧光灯的接线如图 8-14 所示。为了节能，可使用电子镇流器。

荧光灯安装时应注意，镇流器必须与电源电压、灯管功率相配合，不可混用。启辉器规格需根据灯管的功率大小决定，宜装在灯架上易于检修的位置。

安装荧光灯管要有专用的灯座，灯座有旋转式和弹簧式两种。在灯具上应有防止因灯脚松动而使灯管跌落的措施。

由于镇流器是发热体，所以不得紧贴在易燃材料上安装。木架内的镇流器应有适当的通风措施。

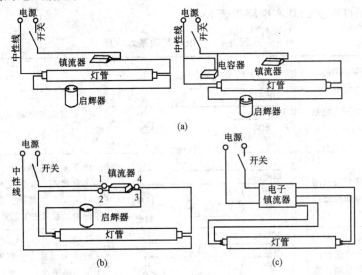

图 8-14　荧光灯的接线图

镇流器应装在相线上。

6. 吊扇的安装

吊扇的安装需在土建施工中，根据图纸预埋吊钩。吊钩的选择和安装尤为重要。造成吊扇坠落的原因，多是吊钩的选择不当或安装不牢造成的。

吊钩挂上吊扇后，一定要使吊扇的重心和吊钩垂直部分在同一垂线上。吊钩伸出建筑物的长度应以盖住风扇吊杆护罩后能将整个吊钩全部罩住为宜。

在不同的建筑结构中，吊钩的安装方法也不同。

吊扇的扇叶距地面高度不应低于 2.5m。

吊扇组装时，严禁改变扇叶的角度，且扇叶的固定螺钉应有防松装置。吊杆与电动机之间，螺纹的啮口长度不得小于 20mm，并必须有防松装置。

7. 家用空调的安装

室外机安装位置或窗式机伸出室外部分，应避免阳光直射并应远离热源。无法避开阳光时应加装阳篷，但不能影响空调的排气。

空调器的排气口不应直对其他房屋的门窗或影响周围邻居，也不应排在室外公用部分。

楼房首层空调器室外机的安装，底部距地面高度一般不得低于 2.5m。

空调器安装机架应用膨胀螺栓固定在墙体上，机架必须有足够的机械强

208

度，且经防锈处理。

空调器的制成品水管应接到建筑物的雨水管、排水管或下水道处，不应直接排在墙面上或直接滴到楼下。

窗式空调器应在墙上开孔安装，不应将安装架装在窗上，装好后的空调器底盘，室内比室外应高 20~30mm。

壁挂式空调器室内机应用膨胀螺栓固定在墙面上，上方距顶及两侧墙距离不小于 100mm，下底距地面 2m 为宜。排水管自室内至室外有一定的坡度。

空调器室外机安装处倾斜角不应大于 5°，距墙面应大于 100mm，排气口前不应有障碍物。

8. 抽油烟机的安装

抽油烟机应用膨胀螺栓固定在墙体上，机体下表面距灶具高度为 800~850mm，机体前沿应呈水平状。

将风管插装于机体的排气口上，风管的另一端应伸到室外并装有防风倒灌的装置。风管排气不应排在室外的公用部位。

9. 家用电器安装应注意的问题

随着科学技术的飞速发展，各种各样的家用电器不断问世，花样、功能也不断出新。对于各种类型的家用电器，在安装使用前必须仔细阅读产品安装使用说明书，严格按照说明书的要求进行安装调试，以确保安全使用。在安装时一般应注意以下几点：

(1) 机体安装要牢固，支架要有足够的强度以支承重量。

(2) 各类电器要有完善的安全防护装置。包括防漏电、过载、短路、过电压、欠电压胶接地或接零保护等，以确保用电安全。

(3) 防火安全也是用电过程中不可忽视的内容。

第9章 建筑电气识图

9.1 基本知识

9.1.1 电气施工图的种类

施工图就是工程蓝图，是设计人员表达工程内容和构思的工程语言。它以统一的图形符号辅以简要的文字说明，把电气设备的安装位置、配管配线方式、灯具安装情况等内容表示出来。

电气施工图按工程性质分类，有变配电工程施工图、动力工程施工图、照明工程施工图、防雷接地工程施工图、架空线路工程施工图、弱电工程施工图、（电缆电视工程施工图、防灾报警工程施工图、电话工程施工图、通信广播施工图等）。

电气施工图按图纸表现的内容又可分为目录、设计说明、系统图、平面图、立（剖）面图、控制原理图、设备明细表、大样图、标准图等。

电气工程的规模不同，反映该工程的电气图的种类和数量也不相同，一般电气工程图由以下几部分组成：

1. 首页

内容包括目录、设计说明、设备明细表、图例等。图例列出的是本套图纸所独立使用的和国标符号不一致的特殊部分。设备明细表列出的是该工程的主要电气设备的名称、型号、规格、数量及订货等内容。设计说明主要阐述该工程设计的依据、基本指导思想与原则，补充图纸中未能表明的工程特点、安装方法、工艺要求、特殊设备的使用方法及其他使用与维护注意事项，另外包括供电方式、电压等级、主要线路敷设形式、施工和验收的要求等事项。

2. 电气系统图

主要表示整个工程或其中某一项的供电方案的供电方式的图纸，它用单线把整个工程的供电线路示意性地连接起来，可以集中地反映整个工程的规模，还可以表示某一装置各主要组成部分的关系。

通过系统图可以了解以下内容：

（1）整个变配电系统的连接方式，从主干线到分支回路分几级控制，有多少分支回路；

（2）主要变配电设备的名称、型号、规格及数量；

210

（3）主干线路的敷设方式。

3．平面图

平面图是表现各种电气设备与线路平面布置的图纸，是进行电气安装的重要依据。平面图包括外电总平面图和各专业平面图。总平面图是以建筑专业绘制的工地总平面图为基础，给出变电所、架空线路、地下电力电缆等的具体位置并注明施工方法的图纸。电气专业平面图分为动力平面图、照明平面图、变配电平面图、防雷与接地平面图等，由于采用较大的缩小比例，因此不能表现电气设备的具体位置，只能反映设备之间的相对位置。

通过阅读平面图可知以下内容：

（1）建筑物的平面布置、轴线、尺寸及比例；

（2）各种变配电、用电设备的编号、名称及它们在平面上的位置；

（3）各种变配电线路的起点、终点、敷设方式及在建筑物中的走向。

4．电路图

电路图是表现某一具体设备或系统的电气工作原理的图纸，主要用来指导具体设备与系统的安装、接线、调试、使用与维护。

5．设备布置图

设备布置图是表现各种电气设备的平面与空间的位置，安装方式及相互关系的图纸。通常由平面图、立面图、断面图、剖面图及各种构件详图等组成。

6．安装接线图

安装接线图是表现某一设备内部各种电气元件之间位置及连线的图纸，用来指导电气安装接线、查线。

7．大样图和标准图

大样图是表示电气工程中某一部分或某一部件的督促检查安装要求和做法的图纸，一般不绘制，只是在没有标准可用而又有特殊情况时绘出。

标准图是可通用的详图，表示的是一组设备或部件的具体图形和详细尺寸。

9.1.2　图例和符号

在电气工程图中，各种元件、设备、装置、线路及安装方法是用图形符号和文字符号表达的。阅读电气工程图，首先要了解和熟悉这些符号的形式、内容以及它们之间的相互关系。

电气工程中的文字和图形符号均按国家标准绘制。

1．图例

电气图形符号分为两大类：一类是线路图例，用于电气系统图、电路图、安装接线图；另一类是平面图图例，用于电气平面图。

2．文字符号

通常由基本符号、辅助符号和数字序号等组成。

（1）基本文字符号

用来表示电气设备、装置、元件以及线路的基本名称、特性，分为单字母符号和双字母符号。

单字母符号用来表示按国家标准划分的电气设备、装置和元件。

双字母符号是单字母符号后面加一个字母，更详细、具体地表述电气设备、装置和元件的名称。

（2）辅助文字符号用来表示电气设备装置的元件以及线路的功能、状态和特征。

3. 文字符号组合

新的文字符号组合形式为：

基本符号 + 辅助符号 + 数字序号

如：FU2 表示第二组熔断器。

4. 特殊文字符号

在电气工程中，一些特殊用途的接线端子、导线等，常采用一些专用的文字符号标注。

9.2 图纸内容

读懂平面图和立（剖）面图的关键是清楚地把握平面与立体的关系，想像出设备、线路在实际现场中的位置与连接关系。对于系统图、接线图等要读懂它们之间的连接关系。具体要求是：

（1）要熟悉电气设备、线路的图形符号；

（2）要搞清主电路和辅助电路的相互关系及作用；

（3）要一个回路一个回路地去读，对每一个回路要先从电源开始，沿着线路读下去，每遇到一个元件，都要弄清楚其动作、变化及变化给系统带来的连锁反应；

（4）要结合有关技术资料去读；

（5）要深入现场，了解实际情况，把图纸和现场结合起来；

（6）要有一定的电气工程的基本理论和电气施工技术。

1. 系统图的识读

读懂系统图，对整个电气工程就有了一个总体的认识。

在照明线路三相配电系统中，一般情况下，三根导线是一样的，系统图常用单相表示。从配电图中，能看出配电的规模、各级控制关系、各级控制设备和保护设备的规格、各路负荷容量及导线的型号、规格。它是了解电气系统的关键，是学习电气识读图的重点。

如图 9-1 所示是某工程电气系统图。

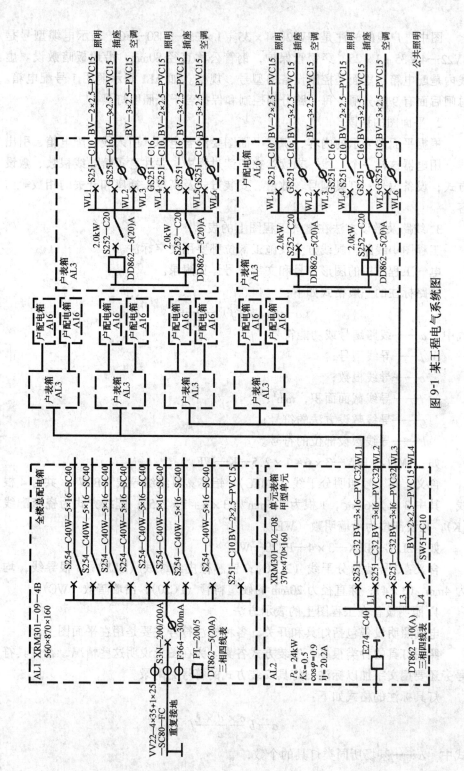

图 9-1 某工程电气系统图

图中进户线的标注是 VV22—4 × 35 + 1 × 25—SC80—FC：表示电缆型号是 VV22—4 × 35 + 1 × 25，穿钢管保护，钢管公称直径 80mm，沿地板暗敷设。虚线内是配电箱，里面是控制设备的型号、规格。如 AL1 表示照明 1 号配电箱。总闸后面有 9 路分闸，每一路分闸控制和保护若干个照明灯具。

2. 平面图的识读

根据平面图表示的内容，识读平面图要沿着电源、引入线、配电箱、引出线、用电器这样一个"线"来读。在识读过程中，要注意了解导线根数、敷设方式；设备编号；灯具型号、数量、安装方式及高度；插座和开关的相数等内容。

3. 线路及敷设方法在电气工程图上的表示

工程图中线路和配线方法及施工部位都要用文字标注。

电气工程图中的图形符号和文字符号详见附录。

线路标注的一般格式如下：

$$a—d\ (e \times f)\ —g—h$$

式中　a——线路编号或功能符号；

　　　d——导线型号；

　　　e——导线根数；

　　　f——导线截面面积，mm^2；

　　　g——导线敷设方法的符号；

　　　h——导线敷设部位的符号。

如：1MFG—BLV—3 × 6 + 1 × 2.5—K—WE

含义：第 1 号照明分干线（1MFG）；铝芯塑料绝缘导线（BLV）；共有 4 根线，其中 3 根为 $6mm^2$，1 根为 $2.5mm^2$（3 × 6 + 1 × 2.5）；配线方式为瓷瓶配线（K），敷设部位为沿墙明敷（WE）。

如：2LFG—BLX—3 × 4—PV20—WC

含义：2 号动力分干线（2LFG）；铝芯橡皮绝缘线（BLX）；3 根导线，均为 $4mm^2$（3 × 4）；穿直径为 20mm 的硬塑料管（PC20）；沿墙暗敷（WC）。

4. 照明设备在工程图上的表示方法

电气照明设备包括灯具和开关，各种标注符号主要是用在平面图上。

照明灯具的种类很多，安装方式各异。为在图上说明这些情况，在灯具符号旁还要用文字加以标注。灯具安装方式的符号见附录。

灯具标注的格式如下：

$$a—b\frac{c \times d \times L}{e}f$$

式中　a——某场所同类灯具的个数；

214

b——灯具类型代号；

c——灯具内安装的灯泡或灯管的数量；

d——每个灯泡或灯管的功率，W；

e——灯具的安装高度，m；

f——安装方式代号；

L——电光源的种类。

如：$6—S\dfrac{1\times100\times IN}{2.5}Ch$

含义：该场所有 6 盏搪瓷伞罩灯（S），每个灯具内有 1 个灯泡；功率 100W；光源种类是白炽灯（IN）；采用吊链式安装（Ch）；安装高度是 2.5m。

9.3 电气照明图实例

图 纸 目 录

图纸目录	××××建筑工程勘察设计研究院						工程编号 99001	
	工程名称	××××商住楼						
	子项名称						共1页第1页	
序 号	图纸编号	图 纸 名 称	张　　数					备　注
			0	1	2	3	4	
1	电施 15-1	配电干线示意图		1				
2	电施 15-2	电话系统图		1				
		有线电视干线示意图						
3	电施 15-3	配电系统图 1		1				
4	电施 15-4	配电系统图 2		1				
5	电施 15-5	底层电气平面图		1				
6	电施 15-6	底层照明平面图		1				
7	电施 15-7	二层电气平面图		1				
8	电施 15-8	三~六层电气平面图		1				
9	电施 15-9	屋顶防雷平面图		1				
10	电施 15-10	基础接地平面图		1				
11	电施 15-11	梯间照明平面图		1				

制表人：　　　　　　　　　　　　　　　　　　填表人：

电气设计说明

1. 电源：采用三相四线制供电，电源 380/220V，采用电缆直埋进线，一梯一进线，进线电缆分别选用 VV 22—1kV—3×35+1×16 和 VV 22—1kV—4×16，过基础分别穿 SC 50、SC 40 保护，其安装详见 D164 有关规定，并分别引至各梯电表箱 5B×1 和 5B×2。

2. 导线敷设：导线选用铜芯塑料绝缘导线 BV—500V，主干线穿钢管 SC 沿墙暗敷，支线穿 PVC 管沿棚、地暗敷，照明支路沿棚暗敷，插座回路沿地、棚暗敷，所有导线的连接均在灯头盒或插座内滚接或分线盒内分接。

3. 安装高度：详见图例。

4. 保安措施：采用 TN-C-S 系统，在进线电表箱 5B×1 和 5B×2 处的零线应重复接地，所有配电箱、穿线钢管之间应做好可靠跨接，所有插座回路均设有漏电保护开关，保护线不得经过此开关。

5. 防雷接地：采用 ϕ10mm 圆钢做避雷带，沿屋脊、女儿墙、水箱顶等四周明敷，屋面外露防雷措施的金属构件应刷防锈漆一度，铅丹两度，引下线利用结构柱内两根对角主筋全长焊通，上连避雷带，下连接地体，接地体利用基础梁底最外边两根主筋焊通成接地网格（不大于 15m×15m）。

保护线用扁钢—25×4 与基础梁底钢筋焊接并引至电表箱 5B×1 和 5B×2 内 PE 端，接地电阻测量端子用 ϕ16mm 圆钢与引下线焊连并引出柱外 60mm，标高 +0.3m，接地电阻实测不大于 4Ω，若达不到要求应施加人工接地体，防雷接地施工应符合 86D562 和 86D563 有关规定。

6. 电视电话：电视只预埋管，主干线预埋 SC25，支线预埋 SC20，电话由室外手孔用电缆 HYA—30（2×0.5）穿钢管 SC32 沿地暗敷至一层 ST0—30/30，再由 ST0—30 用 HPVV—10（2×0.5）穿 SC25 沿地暗敷至另一 ST0—10，再由各梯的 ST0—30 用 HPV—6，4（2×0.5）穿 PVC20 沿墙暗敷至各层接线盒，从接线盒至各用户出线盒用 HPV—1（2×0.5）穿 PVC16 沿地暗敷，店面每间设一对线，均单独由各梯 ST0—30、ST0—10 引来。

7. 其他说明：

（1）应配合土建做好预埋。

（2）说明未尽之处请按有关规范进行施工。

图 例

序	图例	名　称	型　号　规　格	安装高度	备注
1		双管荧光灯	YG2—2，2×40W	吸顶	链吊
2		起居室花灯	用户自选	吸顶	
3		单管荧光灯	YG2—1，1×40W	吸顶	
4		吸顶灯	JXD3—1，1×40W	吸顶	
5		裸座灯	220V，40W	吸顶	
6		白炽灯	220V，60W	距地2.4m	线吊
7		镜前灯	用户自选	距地2.0m	
8		二加三极安全型插座	86Z223A—10 250V，10A	距地0.3m	
9		三极带开关插座	86Z13KA15 250V，15A	距地1.8m	
10		三极带开关指示灯卫生间插座	86Z13KD15 250V，15A	距地2.3m	
11		延时定熄暗开关	86KYD100 250V，6A	距地1.5m	
12		单位单极暗开关	86K11—6 250V，6A	距地1.5m	
13		两位单极暗开关	86K21—10 250V，10A	距地1.5m	
14		三位单极暗开关	86K31—10 250V，10A	距地1.5m	
15		单位双联暗开关	86K12—6 250V，6A	距地1.5m	
16		吊扇调速开关	用户自选	距地1.5m	
17		吊扇	用户自选	扇叶距地2.5m	管吊
18		配电箱	详见配电系统图	底边距地1.5m	
19		开关箱	详见配电系统图	底边距地1.8m	
20	TV	电视出线盒	86ZTV	距地0.3m	
21	TP	电话出线盒	86ZD	距地0.3m	
22		分配器	86H60	距地0.3m	
23		壁盒	STO—30/30，STO—10/10	距地1.30m	
24		沿棚暗敷管线			
25		沿棚暗敷管线			
26		电话暗埋管线			
27		电视暗埋管线			
28		φ10mm圆钢避雷带			
29		由下引上管线			

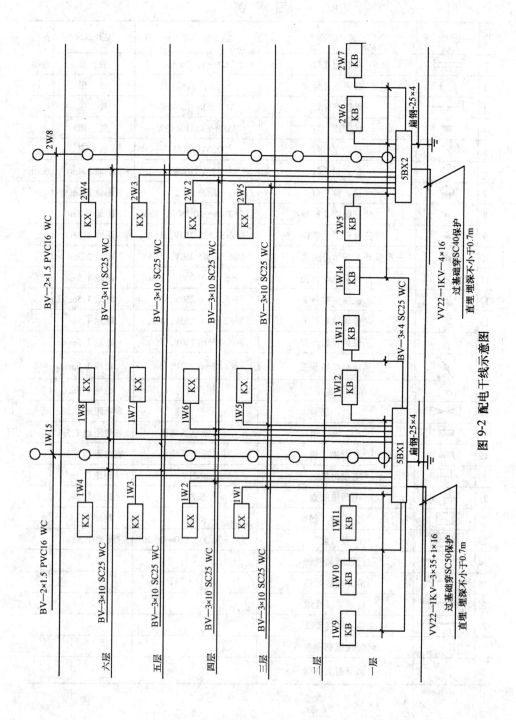

图 9-2 配电干线示意图

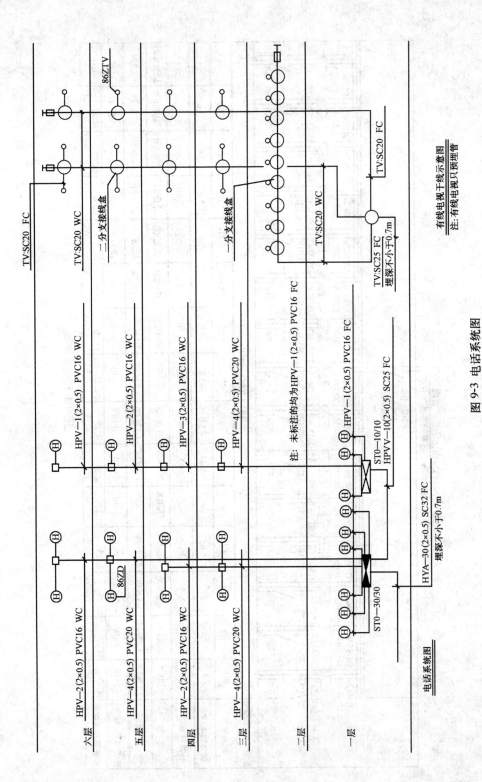

图 9-3 电话系统图

六层　HPV—2(2×0.5) PVC16 WC
五层　HPV—4(2×0.5) PVC20 WC
四层　HPV—2(2×0.5) PVC16 WC
三层　HPV—4(2×0.5) PVC20 WC
二层
一层　电话系统图

86ZD

TV:SC20 FC
TV:SC20 WC
二分支接线盒
一分支接线盒
86ZTV

HPV—2(2×0.5) PVC16 WC
HPV—2(2×0.5) PVC16 WC
HPV—3(2×0.5) PVC16 WC
HPV—4(2×0.5) PVC20 WC
注: 未标注的均为HPV—1(2×0.5) PVC16 FC

ST0—10/10
HPVV—10(2×0.5) SC25 FC
HPV—1(2×0.5) PVC16 FC

HYA—30(2×0.5) SC32 FC
埋深不小于0.7m

ST0—30/30

TV:SC25 FC
埋深不小于0.7m
TV:SC20 WC
TV:SC20 FC

有线电视干线示意图
注:有线电视只预埋管

219

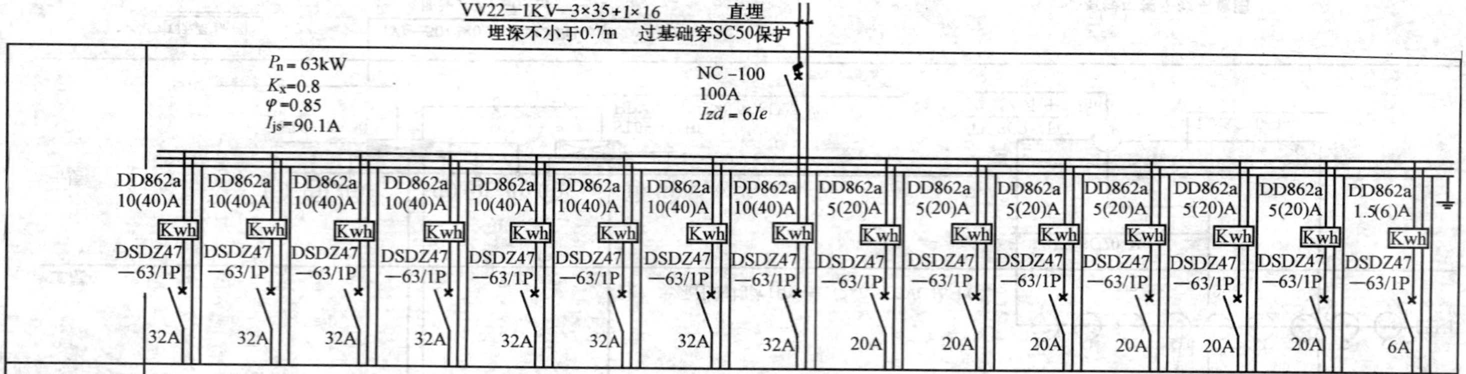

图中参数：

$P_n = 63\text{kW}$
$K_x = 0.8$
$\varphi = 0.85$
$I_{js} = 90.1\text{A}$

VV22—1KV—3×35+1×16　直埋
埋深不小于0.7m　过基础穿SC50保护

NC—100
100A
$Izd = 6Ie$

5BX1/XRC—15D/+——18

各回路计量：DD862a，开关 DSDZ47—63/1P

回路编号	1W1	1W2	1W3	1W4	1W5	1W6	1W7	1W8	1W9	1W10	1W11	1W12	1W13	1W14	1W15
电度表 DD862a	10(40)A	10(40)A	10(40)A	10(40)A	10(40)A	10(40)A	10(40)A	10(40)A	5(20)A	5(20)A	5(20)A	5(20)A	5(20)A	5(20)A	1.5(6)A
开关 DSDZ47—63/1P	32A	32A	32A	32A	32A	32A	32A	32A	20A	20A	20A	20A	20A	20A	6A
设备功率/kW	5.0	5.0	5.0	5.0	5.0	5.0	5.0	5.0	3.0	3.0	3.0	3.0	3.0	3.0	1
计算电流/A	26.7	26.7	26.7	26.7	26.7	26.7	26.7	26.7	17.0	17.0	17.0	17.0	17.0	17.0	4.55
名　称	三层KX	四层KX	五层KX	六层KX	三层KX	四层KX	五层KX	六层KX	店面KX	店面KB	店面KB	店面KB	店面KB	店面KB	梯间照明
相　序	L1.N.PE	L2.N.PE	L3.N.PE	L1.N.PE	L2.N.PE	L3.N.PE	L1.N.PE	L2.N.PE	L1.N.PE	L1.N.PE	L1.N.PE	L1.N.PE	L2.N.PE	L2.N.PE	L3.N
导线 BV—500V—	3×10	3×10	3×10	3×10	3×10	3×10	3×10	3×10	3×4	3×4	3×4	3×4	3×4	3×4	2×1.5
穿管管径及敷设法	SC25 WC	SC25 WC	SC25 WC	SC25 WC	SC25 WC	SC25 WC	SC25 WC	SC25 WC	SC20 WC	SC20 WC	SC20 WC	SC20 WC	SC20 WC	SC20 WC	PVC16 FC

配电箱编号、型号

图 9-4　配电系统图

220

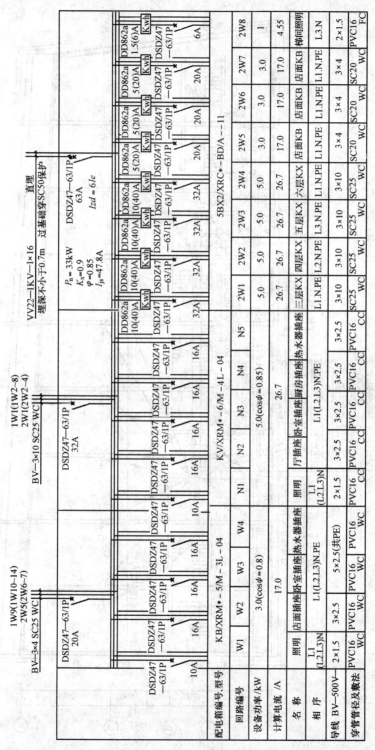

图 9-5 配电系统图

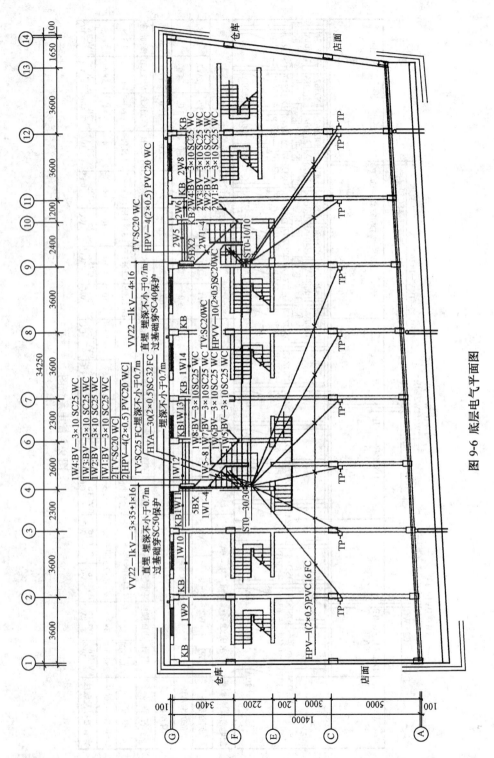

图 9-6 底层电气平面图

222

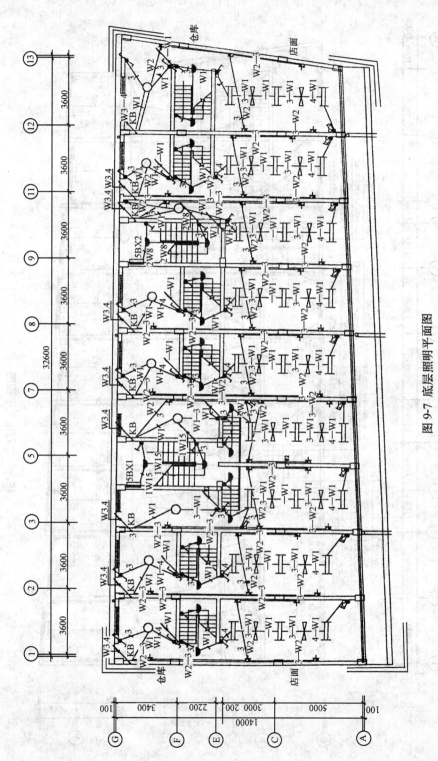

图 9-7 底层照明平面图

223

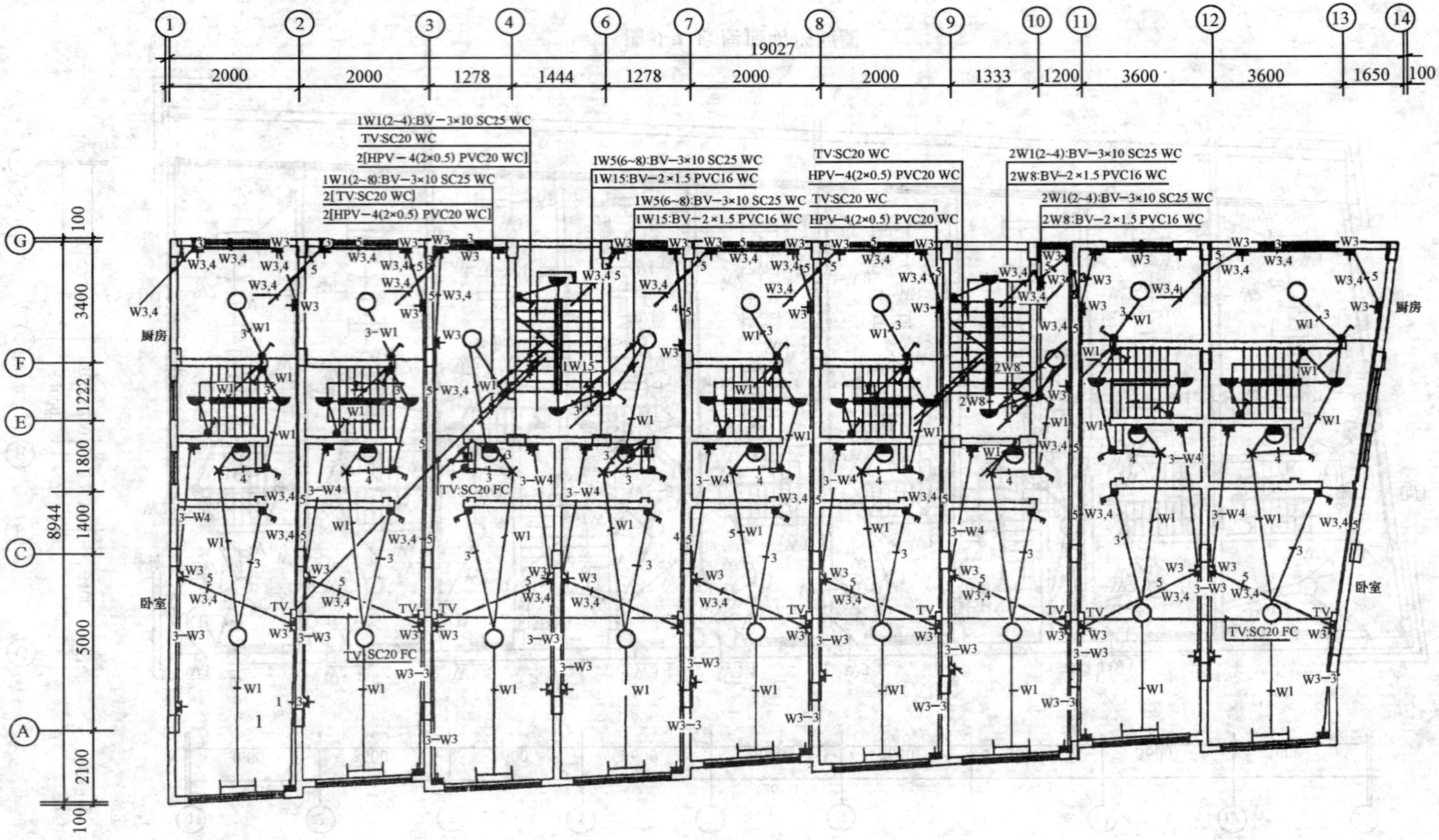
19027
2000
2000
1278
1444
1278
2000
2000
1333
1200
3600
3600
1650
100
1W1(2~4):BV−3×10 SC25 WC
TV:SC20 WC
2[HPV−4(2×0.5) PVC20 WC]
1W1(2~8):BV−3×10 SC25 WC
2[TV:SC20 WC]
2[HPV−4(2×0.5) PVC20 WC]
1W5(6~8):BV−3×10 SC25 WC
1W15:BV−2×1.5 PVC16 WC
1W5(6~8):BV−3×10 SC25 WC
1W15:BV−2×1.5 PVC16 WC
TV:SC20 WC
HPV−4(2×0.5) PVC20 WC
TV:SC20 WC
HPV−4(2×0.5) PVC20 WC
2W1(2~4):BV−3×10 SC25 WC
2W8:BV−2×1.5 PVC16 WC
2W1(2~4):BV−3×10 SC25 WC
2W8:BV−2×1.5 PVC16 WC
8944
100
3400
1222
1800
1400
5000
2100
100
厨房
卧室
TV:SC20 FC

图 9-8 二层电气平面图

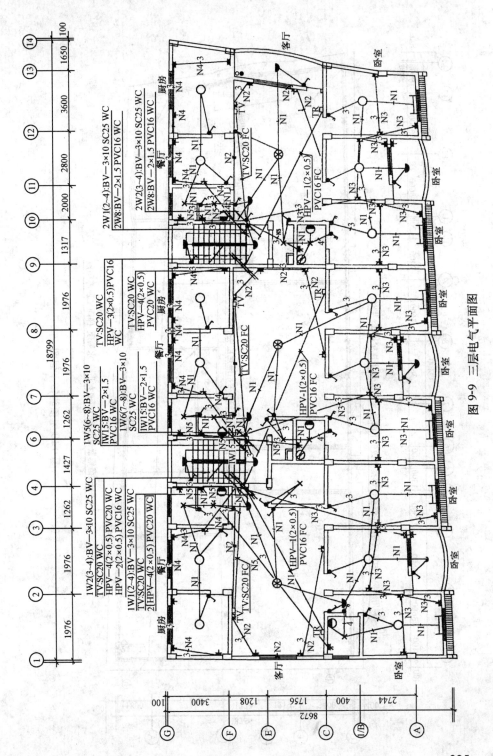

图 9-9 三层电气平面图

225

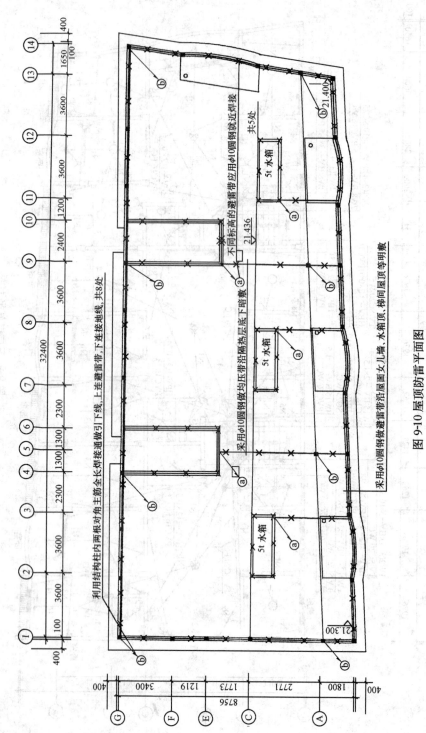

图 9-10 屋顶防雷平面图

利用结构柱内两根对角主筋全长焊接通做引下线，上连避雷带，下连接地线，共8处

不同标高的避雷带应用 φ10 圆钢就近焊接

共5处

采用 φ10 圆钢做均压带沿隔热层底下暗敷

采用 φ10 圆钢做避雷带沿屋面女儿墙、水箱顶、梯间屋顶等明敷

5t 水箱

21.400

21.436

21.300

32400

100 3600 3600 2300 1300 2300 3600 3600 3600 2400 1200 3600 3600 1650 100

400   400

① ② ③ ④ ⑤ ⑥ ⑦ ⑧ ⑨ ⑩ ⑪ ⑫ ⑬ ⑭

8756

400 1800 2771 1773 1219 3400 400

Ⓖ Ⓕ Ⓔ Ⓒ Ⓐ

226

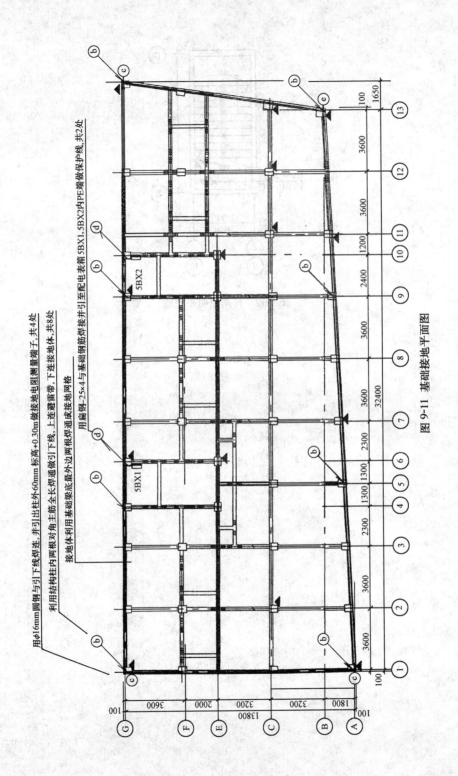

用φ16mm圆钢与引下线焊连,并引出柱外60mm标高+0.30m做接地电阻测量端子,共4处

利用结构柱内两根对角主筋全长焊通做引下线,上连避雷带,下连接地网格

接地体利用基础梁底最外边两根焊通焊接成接地网格

用扁钢-25×4与基础钢筋焊接并引至配电表箱5BX1,5BX2内PE端做保护线,共2处

图 9-11 基础接地平面图

227

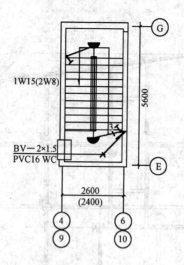

图 9-12 梯间照明平面图

第10章 建筑防雷与安全用电

10.1 建筑防雷

10.1.1 雷电的基本知识

为使建筑物可靠防雷，必须掌握雷电的生成规律及危害，了解建筑物对防雷的要求，熟悉基本防雷措施。

1. 雷电的形成

雷电是大气中的一种自然放电现象，它形成的原因很多，现象也比较复杂。一般认为是在雷雨季节，地面的空气受热上升，空气中的水蒸气随之上升到高空，温度下降，空气中不同的气团相遇后，凝结成水滴或冰晶，形成积云。积云在运动中分离出正负两种电荷，当其积聚到足够数量时，就形成带电雷云。当雷云中电荷积聚到一定程度，电场强度达到 $5 \sim 30 kV/cm^2$ 时，空气层间的绝缘被破坏。在带有不同电荷的雷云之间，或在雷云与大地之间发生的放电现象，同时伴随有强烈弧光和声音，这就是常见的"打雷"、"闪电"。

雷电的特点是放电电流大、电压高、时间短、冲击性强。雷电流最大值可达 300kA，电压最高可达 600kV，雷电的损害通常是发生在雷电流最大的瞬间，数值极大的雷电流会造成人畜伤亡，建筑物及设备的损坏。雷电流还具有强烈的冲击性和高频的特征。雷电放电时间很短，一次放电时间不超过 500ms。

雷电的活动有一定的规律，从气候上看，一般热而潮湿的地区比冷而干燥的地区多；从地域上看，山区多于平原；从时间上看，春、夏、秋季较多。

对一个地区来说，容易受到雷击的地方是：高耸突出的建筑物；特别潮湿的建筑物；排出导电尘埃的工业厂房；平屋顶建筑物的四角或四周的女儿墙；坡屋顶建筑物的屋脊、屋檐。

2. 雷电的种类

造成危害的雷电主要有以下几种（图10-1）：

（1）直击雷

雷云对地面上的建筑物直接击穿放电，称为直击雷。强大的雷电流通过物体入地，在一瞬间产生大量的能量，使建筑物直接遭受破坏，物体燃烧而引起火灾。

（2）雷电感应

雷电感应分静电感应和电磁感应两种。

静电感应是当雷云接近地面时，会在建筑物金属屋顶或其他导体上感应出大量异性电荷。当雷云放电后，积聚的电荷来不及流散，呈现出很高的对地电位，这种高电位可能引起火花放电，造成火灾或爆炸。

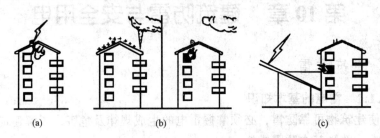

图 10-1　雷电危害的三种形式

（a）直击雷；（b）雷电感应；（c）雷电波侵入

电磁感应是发生雷击后，雷电流在周围空间迅速形成强大的变化的磁场，处在磁场中的导体会感应出较大的电动势和感应电流。若导体回路有开口，就可能引起火花放电。

（3）雷电波侵入

由于雷击，在架空线路或金属管道上产生高压冲击波，并沿线路或管道侵入室内，这种情况称为雷电波侵入，它会危及人身安全或损坏设备。

3．雷电的危害

雷电产生以下几种效应，几乎同时瞬间发生，所以往往造成突然性危害。

（1）机械效应

雷电流流过物体时，使被击物体内水分急剧蒸发，且气体剧烈膨胀，水分充分气化，导致被击建筑物破坏或炸裂，甚至击毁，以至伤害人畜及设备。

（2）热效应

雷电流通过导体时，在极短的时间内产生大量的热能，可烧断导线，烧坏设备，引起金属熔化、飞溅而造成火灾及停电事故。

（3）电磁效应

雷电引起大气过电压，使得电气设备和线路的绝缘破坏，产生放电，以致相间短路、开关掉闸、线路停电，甚至高压串入低压，造成人身伤亡。高压冲击波还可能与附近金属导体或建筑物间发生反击放电，产生火花，造成火灾及爆炸事故。同时雷电电流流入地下或雷电侵入波行进室内时，在相邻的金属构架或地面上产生很高的对地电压，可能直接造成接触电压和跨步电压升高，导致电击。这是电气系统中最普遍、最危险的一种雷电破坏形式。

10.1.2 建筑物的防雷

1. 建筑物的防雷分类

从安全角度出发，对建筑物采取防雷措施，减少危害是非常必要的，对于不同的建筑物，要按其防雷的要求，采取不同的措施。

雷电的大小与多少和气象条件有关。不同地区雷电活动的频繁程度以雷暴日来表示。在一天内只要听到雷声或看到闪电就算一个雷暴日。雷暴日多的地区遭受雷击的可能性较大。一般按雷暴日的多少把不同的地区分为：大于 90 日/年，为强雷区；40~90 日/年，为多雷区；小于 15 日/年，为弱雷区。

根据国标规定，建筑物（含构筑物）按其重要性、使用性质、发生雷击事故的可能性及其后果，分为三类。

（1）一类防雷建筑物

制造、使用、贮存大量爆炸物质，如炸药、火药等，因电火花而引起爆炸，会造成巨大损失和人身伤亡事故的工业建筑。

具有特别重要用途的民用建筑。如国家级的大会堂、办公大楼、国宾馆、档案馆、国际航空港、通讯枢纽、国家重点文物保护建筑、高度超过 100m 的建筑物、大型铁路客站等。

（2）二类防雷建筑物

制造、使用、贮存爆炸物质，如炸药、火药等，因电火花不易引起爆炸，不致造成巨大损失和人身伤亡事故的工业建筑。

重要的或人员密集的大型建筑物。如省级办公大楼、体育馆、大商场、影剧院、19 层以上的住宅建筑和高度超过 50m 的高层建筑、大型计算机中心、有重要电子设备的建筑、省级重点文物保护建筑等。

（3）三级防雷建筑物

有爆炸危险的一般工业建筑。

具有一定高度的民用建筑物和构筑物。如高度超过 15m 的孤立的烟囱、水塔；历史上雷害事故较多地区的较重要建筑物等。

2. 防雷措施（表 10-1）

（1）防直击雷的措施

（2）防雷电感应的措施

对于一、二级防雷建筑物：

①金属屋面或钢筋混凝土屋面的钢筋焊成闭合回路，用引下线与接地装置连接。

②为防止感应雷产生火花，建筑物内部的设备、金属管道、钢窗、构架、钢屋架等均应通过接地装置与大地做可靠连接。

这样做可以将残留在建筑物上的电荷顺利引入大地，消除建筑物内部出现

表 10-1　工业与民用建（构）筑物的防雷措施

措施＼级别	工业第一级	工业第二级	工业第三级	民用第一级	民用第二级	民用第三级
接闪器	装设独立避雷针。当难于装设独立避雷针时，可将网格不大于 6m×6m 的避雷网直接装在建（构）筑物上	装设避雷网或避雷针。避雷网应沿易受雷击的部位敷设成不大于 10m 的网格。所有避雷针应用避雷带相互连接	在易受雷击的部位装设避雷带或避雷针	装设避雷网或避雷针。应沿易受雷击的部位敷设。网格要求不大于 10m×10m。屋面上任何一点距避雷带均不应大于 5m。当三条及以上平行避雷带时，每隔不大于 24m 处，应将避雷带平行连接起来	装设避雷网或避雷带，应沿易受雷击的部位敷设。网格要求不大于 15m×15m。突出屋面的物体，应沿其顶部四周装设避雷带	采用避雷网格，且突出屋面的物体，应沿其顶部四周装设避雷带 ≤20m×20m
引下线	不少于两根，距离≤12m	引下线不应少于两根，其间距不宜大于 24m	引下线不宜少于两根，其间距不宜大于 40m，周长和高度均不超过 40m 的建（构）筑物，可只设一根引下线	引下线不应少于两根，其间距不宜大于 18m	引下线不应少于两根，其间距不宜大于 20m。当利用建筑物钢筋混凝土中的钢筋作为引下线时，但其数量无规定，但建筑物外廊各个角上的钢筋应被利用。距离≤20m	引下线不应少于两根，其间距不宜大于 25m。当利用混凝土中的钢筋作为引下线时，数量无限制，但建筑物外廊各个角上的钢筋应被利用

续表

级别 措施	工业第一级	工业第二级	工业第三级	民用第一级	民用第二级	民用第三级
接地装置	独立避雷针应有独立的接地装置，其冲击接地电阻不宜大于10Ω	防直击雷和防雷感应宜共同接地装置，其冲击接地电阻不宜大于10Ω，并应和电气设备接地装置及埋地金属管道相连，并可兼作防雷电感应之用	其冲击接地电阻不应大于30Ω，并应与电气设备接地装置及埋地金属管道相连	宜围绕建筑物敷设，其冲击接地电阻不应大于10Ω	主要的公共建筑物防雷接地电阻不宜大于10Ω	冲击接地电阻不宜大于30Ω
防反击	独立避雷针至被保护建筑(构)筑物及与其有联系的金属物系统之间的距离： 地上部分： $S_{k1} \geq 0.3R_{ch} + 0.1h_x$ 地下部分： $S_{d1} \geq 0.3R_{ch}$ 式中 S_{k1}——空气中距离，m； S_{d1}——地中距离，m； R_{ch}——冲击接地电阻，Ω； h_x——被保护建筑(构)筑物高度，m。 S_{k1} 及 S_{d1} 不应小于3m	建筑(构)筑物应装设均压环，环间垂直距离不应大于12m，所有引下线、建筑物内的金属结构和金属设备均应连在环上，可利用钢筋作为均压环。如树木高于建筑物且不在避雷针保护范围以内时，建筑物和树木的净距不应小于5m 为防止雷电流经引下线时产生的高电位对附近金属物的反击，引下线至附近金属物应符合下式要求： $S_{k2} \geq 0.05L_x$ 式中 S_{k2}——空气中距离，m； L_x——引下线计算点到地面的长度，m。		防雷接地装置宜与电气设备接地金属管道及埋地金属管道相连，如不相连时，则： (1) 两者间的距离应符合下式要求： $S_{d2} \geq 0.2R_{ch}$ (2) 防雷装置与金属物之间的距离应符合下列要求： $S_{k3} \geq 0.05L_x + 0.2R_{ch}$ 式中 S_{d2}——地中距离，m； S_{k3}——空气中距离，m； S_{d2} 不应小于2m	防雷接地装置宜与电气设备接地金属管道及埋地金属管道相连，如不相连，两者间的距离不宜小于2m	同民用第二级

233

的高电位。

(3) 防雷电波侵入的措施

①对于一、二类建筑物在进户架空电力线路上或进户电缆首端安装阀型避雷器。

②在进户线上安装避雷器，或保护间隙，并与绝缘子铁脚连在一起接到防雷接地装置上。

③进入建筑物的埋地或架空的金属管道在进出建筑物处应就近与防雷接地装置相连，若不相连则应接地。

④固定在屋面上的节日灯或高层建筑屋面上的照明灯具、航空障碍灯及其他电气设备的线路，应穿钢管保护，并就近与防雷装置相连。

利用避雷器将雷电流引入大地，以保护建筑物。

10.2 防雷装置

建筑物的防雷装置一般有接闪器、引下线、接地装置三个基本部分组成。

1. 接闪器

接闪器又称受雷装置，是吸收和接受雷电流的金属导体，常见的类型有避雷针、避雷带和避雷网三类。

(1) 避雷针

避雷针一般用圆钢或焊接钢管制成，顶端剔尖。针长 1m 以下时，圆钢直径不得小于 12mm，钢管直径不得小于 20mm；针长为 1 ~ 2m 时，圆钢直径不得小于 16mm，钢管直径不得小于 25mm；针长 2m 以上时，或用粗细不同的几节钢管焊接起来。通常用木杆或水泥杆支撑，较高的避雷针则采用钢结构架杆支撑，有时也采用钢筋混凝土或钢架构成独立避雷针。装设在烟囱上方时，由于烟气有腐蚀作用，所以宜采用直径 20mm 以上的圆钢或直径不小于 40mm 的钢管。

避雷针通常装设在被保护的建筑物顶部的凸出部位，由于高度总是高于建筑物，所以很容易把雷电流引入其尖端，再经过引下线的接地装置，将雷电流泄入大地，从而使建筑物、构筑物免遭雷击。

采用避雷针时，应按规定的不同建筑物的防雷级别的滚球半径 h_r，用滚球法来确定避雷针的保护范围，建筑物全部处于保护范围之内时就会安然无恙。

滚球法就是选择一个半径为 h_r 的球体，沿需要防护直击雷的部分滚动，如果球体只触及接闪器和地面，而不触及需要保护的部位时，则该部位就在这个接闪器的保护范围内，如图 10-2 所示。

当避雷针高度 $h \leq h_r$ 时，单对避雷针的保护范围可按以下步骤确定：

① 距地面 h_r 处作一与地面平行的直线；

② 以针尖为圆心，h_r 为半径，作弧线交平行线于 A、B 两点；

③ 以 A、B 为圆心，h_r 为半径作弧线，弧线与针尖相交，并与地面相切。由此弧线起到地面上的整个锥形空间就是避雷针的保护范围；

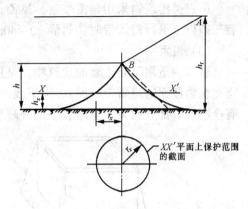

④ 避雷针在 h_x 高度 XX' 平面上的在地面上的保护半径 r_x 按下式计算：

$$r_x = \sqrt{h(2h_r - h)} - \sqrt{h_x(2h_r - h_x)}$$

$$(10-1)$$

式中　h_r——滚球半径，按表 10-2 确定。

图 10-2　单支避雷针的保护范围

当避雷针高度 $h > h_r$ 时，在避雷针上取高度为 h_r 的一点代替避雷针的针尖作为圆心，其余的做法与 $h \leqslant h_r$ 时相同。

工程上常采用多支避雷针，其保护范围是几支单根避雷针保护范围的叠加。

表 10-2　接闪器布置

建筑物防雷类别	滚球半径/m	避雷网网格尺寸/m
第一类防雷建筑物	30	$\leqslant 5 \times 5$ 或 $\leqslant 6 \times 4$
第二类防雷建筑物	45	$\leqslant 10 \times 10$ 或 $\leqslant 12 \times 8$
第三类防雷建筑物	60	$\leqslant 20 \times 20$ 或 $\leqslant 24 \times 16$

（2）避雷带

避雷带是接闪器的一种，是水平敷设在建筑物的屋脊、屋檐、女儿墙、山墙等位置的带状金属线，对建筑物易受雷击部位进行保护，见图 10-3a。

避雷带一般采用镀锌圆钢或扁钢制成，圆钢直径不小于 8mm；扁钢截面积不小于 50mm²，厚度不小于 4mm，在要求较高的场所也可以采用直径 20mm 的镀锌钢管。

避雷带进行安装时，若装设于屋顶四周，则应每隔 1m 用支架固定在墙上，转弯处的支持间隔为 0.5m，并应高出屋顶 100～150mm。若装设于平面屋顶，则需现浇混凝土支座，并埋支持卡子，混凝土支座间隔 1.5～2m。

装在烟囱上的避雷环，圆钢直径应不小于 12mm；扁钢厚度应不小于 4mm，截面积不小于 100mm²。

第三类建筑物采用避雷带时，屋面上任何一点距避雷带不应大于 10m，当有三条以上平行避雷带时，每隔 30~40m 应将平行的避雷带连接起来。

（3）避雷网

避雷网适用于较重要的建筑物，是用金属导体做成的网格式的接闪器，是将建筑物屋面的避雷带（网）、引下线、接地体连接成一个整体的钢铁大网笼，有全明装、部分明装、全暗装、部分暗装等几种，如图 10-3b 所示。

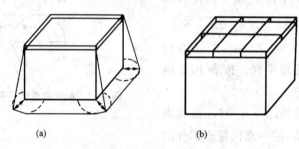

图 10-3　避雷带和避雷网
（a）避雷带及其保护示意图；（b）避雷网示意图

工程上常用的是暗装与明装相结合起来的笼式避雷网，将整个建筑物的梁、板、柱、墙内的结构钢筋全部连接起来，再接到接地装置上，就成为一个安全、可靠的暗装笼式避雷系统。它既经济又节约材料，也不影响建筑物的美观。避雷网采用截面积不小于 50mm² 的圆钢和扁钢，交叉点必须焊接，距屋面的高度一般不大于 20mm。通常采用明装避雷带与暗装避雷网相结合的方法。在框架结构的高层建筑中较多采用避雷网。

接闪器的使用还应注意：

接闪器应镀锌或涂漆。在腐蚀性较强的场所，应加大其截面积或采取其他防腐措施。

不得利用广播电视共用天线杆顶上的接闪器作为建筑物的接闪器。

2. 引下线

引下线是连接接闪器和接地装置的金属导体，它的作用是将接闪器接收到的雷电流引到接地装置上，应具有一定的机械强度、热稳定性和耐腐蚀性。

引下线直径不小于 8mm 的圆钢或截面积不小于 48mm² 的扁钢制成，既可以明装，也可以暗装。明装是沿建筑物或构筑物的外墙敷设，引下线在地面上 2m 至低于地面 0.2m 之间穿金属管或塑料管加以保护，免受机械损伤。对建筑外观要求较高者，可将引下线暗装，就是将引下线砌于墙内，也可以利用建筑物本身的结构，如钢筋混凝土柱子中的主筋，但其截面应加大一级。

3. 接地装置

接地装置就是埋入土壤或混凝土基础中的金属导体，它的作用是接收引下线传来的雷电流，并以最快的速度将其均匀泄入大地。接地装置包括接地母线和接地体，接地母线是用来连接引下线和接地体或接地体与接地体的金属线，常用截面积不小于 25mm×4mm 的扁钢，有自然接地体和人工接地体两种。如图 10-4 所示。

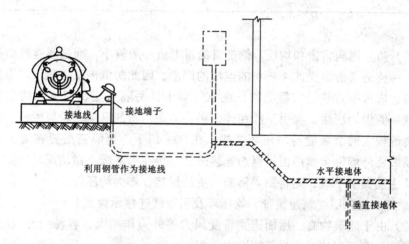

图 10-4　接地装置示意

自然接地体就是埋于地下的金属管道、金属结构、钢筋混凝土基础等物体，连接时应采用焊接，并在焊接处作防腐处理。

人工接地体是采用钢管、角钢、扁钢、圆钢等人工制作埋入地下的导体，按埋设方法分为水平接地体和垂直接地体。水平接地体与地面水平，一般用于不能采用垂直接地体的场合，如多岩石地区、表土很薄的地方，一般用扁钢或圆钢。人工水平接地体的埋深为 0.5m，多为放射性布置，也可成排布置或环形布置。间距可视具体情况而定，一般应不小于 5m。垂直接地体与地面垂直，一般采用两根以上直径为 40～50mm 的钢管或截面为 40mm×40mm～50mm×50mm 的角钢组成，可以成排布置，也可以环形布置。人工垂直接地体的安装是将其端部加工成尖状，然后埋入深度不小于 0.6m 的沟内，并将接地体与接地母线及引下线可靠焊接。

接地体的规格见表 10-3。

4. 高层建筑的防雷

高层建筑高度高、基础深、屋面及楼内设备、管道多，防雷具有特殊性，除采取常规措施外，还要特别注意以下问题：

表 10-3 接地体的规格

种 类	规 格	地 上		地 下
		室 内	室 外	
圆 钢	直径/mm	5	6	8
扁 钢	截面/mm²	24	48	48
	厚度/mm	3	4	4
角 钢	厚度/mm	2	2.5	4
钢 管	壁厚/mm	2.5	2.5	3.5

(1) 防止侧向雷击和均压。侧击雷的雷电流一般较小，而高层建筑的钢筋混凝土结构通常能耐受此类较小的电流的侧击，因此防侧击雷一般不需专门的接闪器，应根据建筑的防雷类别，在 30m 以上，每隔三层将墙体内的周边主筋焊成一圈做均压带，与引下线相连，再将金属门窗的框架、金属栏杆、表面装饰物等较大的金属物与均压环连接。在 30m 以下，每隔三层要在墙上焊一圈钢筋或将外墙上金属门窗用钢筋连接进来，接在引下线上做均压环。如果是用建筑主筋做引下线，则将圈梁钢筋与主筋焊接，作为均压环。

图 10-5 为高层建筑避雷带、均压环及引下线连接示意图。

(2) 由于建筑物高，屋面避雷带受风力等外力作用大，容易变形或断裂，所以其钢材截面要比规范最低标准大一些。

(3) 高层建筑屋面露天设备多，这些设备若不在接闪器的保护范围内，则应在局部加设避雷装置；所有的金属构件、管道都要与避雷装置相连。

5. 建筑工地的防雷

对于高度较高的建筑工地的脚手架、起重设备、结构钢筋等很容易引雷，一旦遭到雷击，也很容易引起火灾，所以应特别注意：

(1) 施工前，按图纸的要求，做好全部接地装置。

(2) 起重设备和其他高度较高的施工设备的最上端应装设避雷针，并与接地装置相连。

(3) 建筑物的四周和四边的脚手架，应做数根避雷针，并应全部与接地装置相连。

(4) 在开始架设结构钢筋时，应按图纸的要求及时将用做引下线的钢筋全长焊通并与接地装置焊接，以备在施工期间，一旦柱顶遭雷击时能将雷电流安全泄入大地。

(5) 应随时将现场各楼面的钢筋绑扎，以构成等电位面，以免遭雷击时的跨步电压。

(6) 由室外引入的各种金属管道及电缆外皮都要在建筑物的入口处就近连

接到接地装置上。

（7）工地上的临时电源，若是架空线，则应在进出线处装设避雷器，并与接地装置相连。

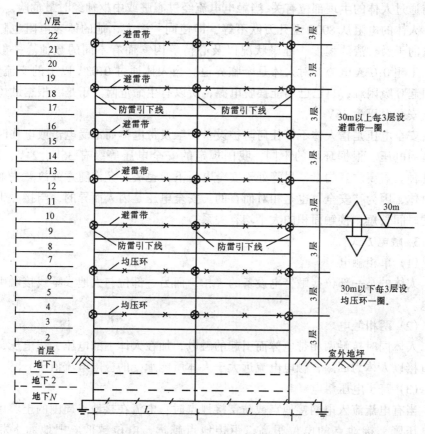

图 10-5 高层建筑避雷带、均压环与引下线连接示意图

×—×—× 避雷带或均压环

●———— 避雷带或均压环与引下线连接

10.3 安全用电

10.3.1 触电、急救与防护

1. 触电的原因

人体是电的导体，当人体接触带电体，承受过高电压而形成回路时，电流就会流过人体，由此而引起局部伤害或死亡，这种现象称为触电。

发生触电的原因，一般是由于人们没有遵守操作规程或粗心大意，直接触及或过于靠近电气设备的带电部分。

2. 触电的危害

人体触电的伤害程度与通过体内的电流强弱、时间长短及电流的频率有关。0.05A 的电流流经人体就会有生命危险，0.1A 的电流即可致命。触电的危险性还与通过人体的生理部位有关，当触电电流经过心脏或中枢神经时最危险。

人体的电阻从 800Ω 至几万欧不等，即使同一个人，他的体表电阻也随着皮肤的干燥、清洁程度、健康状况以及心情等因素而有不同的数值。一般而言，工频 0.03A 电流，对人体是个临界值。当人体通过 0.03A 以上的交流电，将引起呼吸困难，自己已不能摆脱电源，所以有生命危险。于是，根据欧姆定律，安全电压为 36V。

安全电压是指人体不带任何防护设备，触及带电体而不受电击或电伤时带电体的电压。根据环境的不同，我国规定的安全电压等级有 36V、24V、12V 等几种。需要注意的是，尽管处于安全电压下，也决不允许随意或故意去触碰带电体，因为"安全"也是相对而言的。安全电压是因人而异的，与接触带电体的时间长短、接触面积的大小均有关系。

3. 触电方式

（1）单相触电

人体的某一部位接触带电设备的一相，而另一部位与大地或零线接触引起触电。

（2）两相触电

人体同时接触两相带电体而引起的触电，加在人体上的电压为线电压，电流直接以人体为回路，触电电流远大于人体所能承受的极限电流值。

（3）跨步电压触电

当有电流流入电网接地点或防雷接地点时，电流在接地点周围的土壤中产生电压降，接地点的电位很高，距接地点越远，电位越低。把地面上相距 0.8m 的两处的电位差叫做跨步电压。当人走到接地点附近时，两脚踩在不同的电位点上就会承受跨步电压。步距越大，跨步电压越大。跨步电压的大小还与接地电流的大小、人距离接地点远近、土壤的电阻率等有关。在雷雨时，当强大的雷电流通过接地体时，接地点的电位很高，因此在高压设备接地点周围应使用护栏围起来，这不只是防止人体触及带电体，也防止人被跨步电压袭击。万一误入危险区，人将会感到两脚发麻，这时千万不能大步跑，而应单脚跳出接地区，一般 10m 以外就没有危险。

10.3.2 保护接地与保护接零

在日常生产和生活中，对供电系统和用电设备通常采取各种各样的接地或接零措施，这是保障电力系统的安全运行，保证人身安全，保证设备正常运行的有效方法。

240

1. 保护接地

在正常情况下，将电气设备不带电的金属外壳用电阻很小的导线与接地体可靠地连接起来，这种接地方式称为保护接地。保护接地适用于中性点不接地的供电系统。根据规定，电压低于1000V而中性点不接地或电压高于1000V的电力网中均应采取保护接地的措施。接地体应尽量采用自然接地体，凡与大地有良好接触的金属管、角钢、钢筋混凝土基础等，都可以作为接地体，也可采用接地电阻小于4Ω的人工接地体。如图10-6所示，连接接地体与供配电系统的金属导线称为接地线，接地线和接地体合称接地装置。

图10-6a中，电动机外壳不接地，若运行中电动机绝缘损坏，一相电源线碰壳漏电时，人触及外壳，则漏电电流就会通过人体流入大地，并通过线路与大地之间的分布电容构成回路，造成触电事故。

图10-6b中，电动机外壳接地后，当人体触及外壳时，人体电阻与接地装置的接地电阻并联，由于人体电阻比接地电阻大的多，漏电电流主要通过接地装置流入大地，而流过人体电流很小，从而避免了触电的危险。

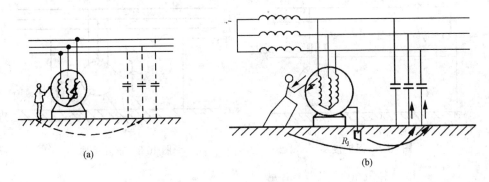

(a)　　　　　　　　　　　　(b)

图 10-6　保护接地
（a）电动机外壳不接地；（b）电动机外壳接地

2. 保护接零

保护接零就是在电源中性点直接接地的三相四线制低压供电系统中，将电气的外壳与零线相连接。

在电源中性点接地的三相四线制中，相电压为220V，若采用保护接地，电气设备绝缘损坏时，外壳带电，绝缘损坏的一相通过外壳与两个接地装置及零线构成导电回路。两个接地装置的接地电阻均为4Ω，则回路中的电流为 $I_{地}$ $= \dfrac{220}{4+4} = 27.5A$，这个电流通常不能使熔断器的熔体熔断，从而使设备外壳形成一个对地电压，其大小为：$U = 27.5 \times 4 = 110V$。此时，若人体触及设备外

241

壳则会发生触电事故。

采取保护接零后，如图 10-7 所示，当发生某相碰壳时，就会使该相短路，保护装置迅速动作，切断电源，避免发生触电事故。所以，保护接零的保护作用比保护接地更为完善。

在采用保护接零时应注意，零线上决不允许装设熔断器或开关设备；连接零线的导线连接必须牢固可靠，接触良好，保护零线与工作零线一定要分开，决不允许把接在用电器上的零线直接与设备外壳连通，而且同一低压供电系统中决不允许一部分设备采用保护接地，而另一部分设备采用保护接零。

3．重复接地

在保护接零的系统中，若零线断开，而设备绝缘又损坏时，会使用电设备外壳带电，造成触电事故。因此，除将电源中性点接地外，将零线每隔一定距离再次接地，称为重复接地。经过重复接地处理后，即使零线发生断裂，也能使故障程度减轻。在照明线路中，也可以避免因零线断开而使三相电压不平衡而造成的某些电气设备损坏，见图 10-8。

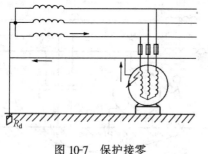

图 10-7　保护接零

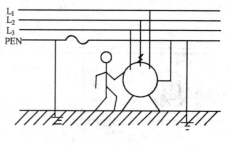

图 10-8　重复接地

重复接地的接地电阻一般不超过 10Ω。

10.4　建筑物的接地

1．IT 系统

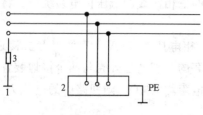

图 10-9　IT 系统

1—电力系统接地点；2—外露可导电部分；

3—高阻抗

IT 系统就是电源中性点不直接接地，用电设备正常时不带电的外露可导电部分通过零线与接地体做良好的金属连接，如图 10-9 所示。

2．TT 系统

电源中性点直接接地，用电设备正常不带电的外露或导电部分，通过保护线与和电源直接接地点无直接关联的接地体做良好的金属性连接，见图 10-10。

3.TN 系统

TN 系统就是电力系统中有一点直接接地，用电设备外露可导电部分，通过保护线与接地点做良好的金属性连接。按零线与保护线组合的情况又分为三种形式。

（1）TN-C 系统

中性线与保护线合用一根导线，称为 PEN 线，见图 10-11。

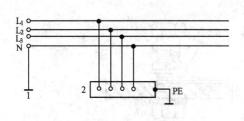

图 10-10　TT 系统

1—电力系统接地点；2—外露可导电部分

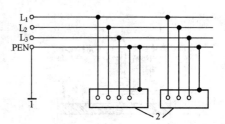

图 10-11　TN－C 系统

1—电力系统接地点；2—外露可导电部分

（2）TN-S 系统

中性线与保护线从电源端中性点开始完全分开，见图 10-12。

（3）TN-C-S 系统

中性线与保护线部分共用，民用建筑广泛采用这种接地方式，见图 10-13。

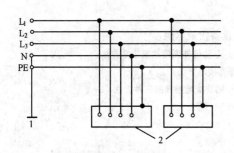

图 10-12　TN-S 系统

1—电力系统接地点；2—外露可导电部分

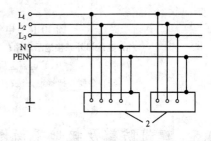

图 10-13　TN-C-S 系统

1—电力系统接地点；2—外露可导电部分

图 10-14 为电气设备接地示例。

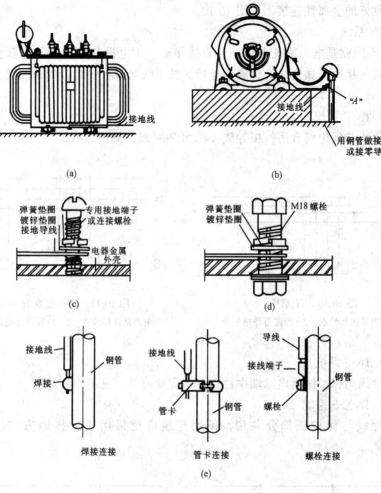

图 10-14　电气设备接地示例

（a）变压器外壳接地示意图；（b）电动机外壳接地或接零方法；

（c）电器金属外壳接地方法；

（d）金属构架接地方法；（e）钢管接地连接的三种方法

10.5　建筑防雷及接地平面图

1. 建筑防雷平面图

大型建筑物的防雷工程有平面图和立面图，小型建筑物的防雷工程一般只有平面图。

防雷平面图中表示出避雷针（带）、引下线等装置的平面位置及材料等，见图 10-15。图 10-16 为平屋顶有女儿墙防雷装置示意图。

244

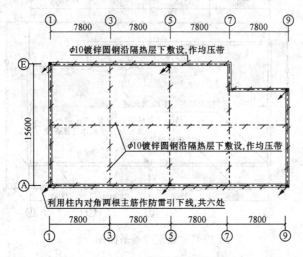

图 10-15　屋顶防雷平面图

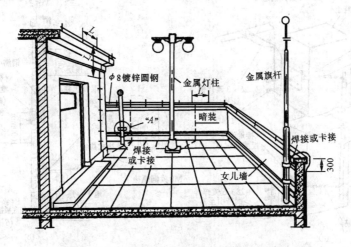

图 10-16　平屋顶有女儿墙防雷装置示意图

2. 接地平面图

接地平面图中表示出接地极、接地线及引下线的平面位置、尺寸及材料等，见图 10-17。图 10-18 为防雷引下线及接地端子板。

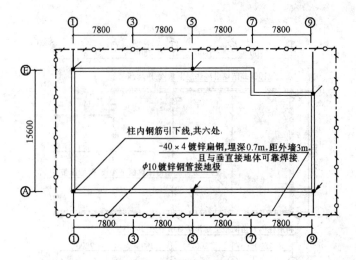

图 10-17 建筑接地平面图

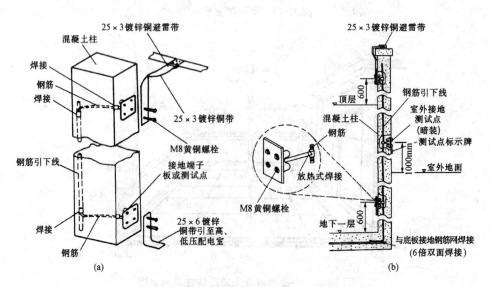

图 10-18 防雷引下线及接地端子板

246

第 11 章　建筑弱电工程

随着科学技术的发展和人们生活水平的提高，电信、广播、闭路电视等电气工程也与电力、照明电气工程一样，成为现代建筑中最基本的电气工程。由于电信、广播、闭路电视等系统中传输和流通的主要是电能极小的直流或非工频交流电信号，故在建筑工程中，称其为弱电工程。与之相对的动力、照明工程则称为强电工程。

弱电工程是建筑电气的重要组成部分，它的主要作用是实现建筑物内各部分之间以及建筑物内部和外部的信息交换与传递。建筑物的使用功能由于弱电系统的引入而大为增强，随着现代计算机技术和现代通信技术的不断发展，弱电系统正发挥着越来越重要的作用。

11.1　共用天线电视系统

11.1.1　概述

电视可分为广播电视和闭路电视两大类。

广播电视的主要用途是作为大众传播媒介向公众提供各类新闻、娱乐和教育等节目，以丰富人民群众的精神文化生活。广播电视又分无线和有线两种形式，早期的广播电视均为无线形式。最早的有线电视系统于 20 世纪 40 年代出现在美国，远离电视台的观众收看不到电视节目，于是有人在高山顶上安装了电视天线来接收电视信号，然后通过电缆将接收到的电视信号经分配系统送到各用户，这就是最早的共用天线电视系统。

共用天线电视系统（CATV）是利用一副天线将接收到的电视信号通过同轴电缆分配给许多电视用户的系统。它利用同轴电缆图像清晰稳定等优点进行信号传输，又称有线电视系统。

随着社会的不断进步，科学技术的不断发展，广播电视事业也迅速发展，电视用户大量增加。用户所处的位置不同，接收电视信号的条件也不相同，收看效果也大不相同。另外，电视台发射的电磁波会被建筑物遮挡和反射，还会被城市建筑结构中大量采用的钢筋混凝土墙壁、楼板等所吸收和屏蔽，使得用户的电视机常常只能收到微弱的电信号或受到干扰而无法收看；室内天线已很难保证接收图像的质量。共用天线电视系统的出现，有效地解决了远离城市的边远地区电视信号微弱，无法收看的困难。后来，为解决城市内收看电视节目时出现的重影、阻挡和干扰等问题，电缆电视系统被引入城市，并迅速发展。目前，共用天线电视系统在经过几十年的历程以后，已在全世界范围内得到了迅速发展，现已成为人们日常生活中除了电力线、电话线以外的必不可少的第三条生活线。

我国已经建成了以北京为中心的微波干线网，可以进行电视信号的双向传送。通信卫星的发展，使得有线电视节目更加丰富，世界各地的新闻和体育比赛，通过通信卫星和有线电视网，及时地传送到各地有线电视用户终端。

如果共用天线电视系统很大，许多建筑物都用信号电缆连接成一个整体，系统的信号源除了天线信号外，还可以加入一些自办的节目，如录像、电影等，这样的一个系统就成为一个闭路电视系统。闭路电视是除广播电视以外的所有电视的统称，也称为应用电视，主要用于商业、厂矿、交通、金融、科研、医疗卫生、军事、国防保安等领域，是现代化管理、监测和控制的有效手段。

现在，共用天线电视系统的内在潜力和功能又得到了进一步发展，它已逐渐成为与通信、计算机、光纤等相结合，服务于通信、信息、电话、自动控制、保安等业务的先进而有效的宽带信号传输系统。

11.1.2　共用天线电视系统的功能

1. 提高信号强度

解决了电视"弱场强区"和"阴影区"的信号接收问题，使远离电视发射台的用户和处于钢筋混凝土建筑物中的用户以及处于高楼、山头后面、低矮平房中的用户可以有良好的接收、收看效果，看到清晰的电视节目。

2. 削弱、消除重影干扰和杂波干扰

干扰主要来自两个方面：

（1）电视信号本身，主要原因是电视信号在传播过程中会遇到反射，反射波由于传播途径长而滞后于直射波，两者不是同时到达接收天线而使电视屏幕上图像右侧出现一个与图像相同但亮度稍弱一些的重影。共用天线电视系统天线多架设在高处，且方向性强，反射被减弱，重影现象大大减弱。

（2）来自高频电气设备，如电视附近的电机、高频电炉等，它会引起图像的不稳定，甚至无法正常收看。共用天线电视系统采用电缆传输电视信号，能有效地屏蔽杂波辐射引起的干扰，使图像清晰、稳定。

3. 美化市容、保证安全

一副天线可以使许许多多的用户同时使用，避免了天线林立的情况，美化了市容。

共用天线安装了避雷装置，确保用户安全使用。

4. 电视节目更加丰富

有了共用天线电视系统，不仅可以收看本地电视台的节目，还可以接收其他地区电视台的节目和卫星电视信号,也可以在系统中放映录像、配置录像机、摄像机等设备,使用户看到自办的电视节目、现场直播电视节目、电教节目。

11.1.3 共用天线电视系统的几个概念

1. 电视频道

电视信号包括图像信号（视频信号 V）和伴音信号（音频信号 A），两个信号合成为射频信号 RF。一个频道的电视节目要占用一定的频率范围,我国规定一个频道的频带宽度为 8MHz。两个电视节目不能使用相邻的频道,否则会出现图像串台干扰,因此都隔频道使用。

我国电视节目频道的划分及频率范围见表 11-1。

表 11-1　电视频道的划分及频率范围

序　号	类　　别	代　号	频　道	频率范围/MHz
1	甚高频低频道	VL	1 ~ 3	48.5 ~ 72.5
			4 ~ 5	76 ~ 92
2	甚高频高频道	VH	6 ~ 12	167 ~ 566
3	超高频频道	UHF	13 ~ 24	470 ~ 566
			25 ~ 68	606 ~ 958

2. 彩色制式

彩色电视信号的制作方式称为彩色电视信号的制式。不同制式的彩色电视信号要用不同制式的电视机收看,否则,出现的只能是黑白信号。有的电视机可以收看不同制式的信号,称为全制式彩色电视机。不同制式的彩色电视信号也可以使用制式转换器进行转换。

目前,世界各国分别采用三种不同的彩色电视制式:

(1) PAL 制式,中国、德国等采用。

(2) NTSC 制式,美国、日本等采用。

(3) SECAM 制式,东欧等国家采用。

3. 信号电平

电视信号在空间的传输强度用场强表示。信号进入接收传输器件后,变为电压信号,用信号电压表示。在工程中用信号电平表示,单位是 dBμV,使用时只用 dB。

11.1.4 共用天线电视系统的组成

共用天线电视系统由前端、传输分配系统和信号分配系统三个部分组成。

在远离城市的地区或城市有线电视网无法通达的区域,有线电视系统中需要设置带有前端设备的共用天线系统。前端部分一般包括:接收天线、自办节目设备、频道变换器（U—V 变换器）、天线放大器、混合器及各种线路放大器等，信号分配系统主要包括干线放大器、分配器、分支器、用户终端等，如图11-1、11-2所示。不同的系统，所用器件也不相同，视具体情况而定。

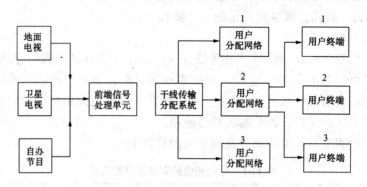

图 11-1 共用天线电视系统组成框图

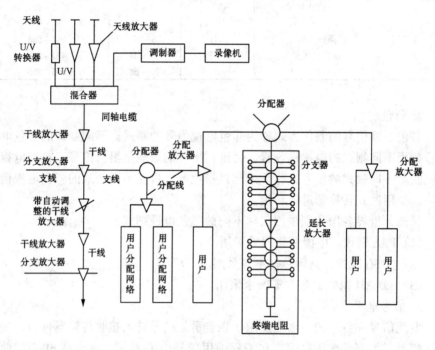

图 11-2 CATV 系统的典型例子

在城市有线电视能够通达的地区，只需用电视电缆将建筑物室内网络与城市有线电视网连接起来，并在系统中适当位置设置线路放大器，就能满足收视要求。

共用天线电视系统的主要器件及其功能如下：

1. 天线

天线是接收空中无线电信号的装置。接收不同频道的电视信号，为了得到最好的接收效果，天线的几何尺寸必须按所接收信号频率进行设计，称为专业电视接收天线。图 11-3 为两种不同的天线的外形示意图。

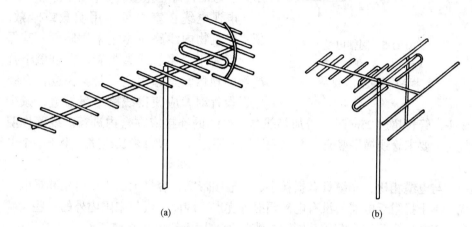

图 11-3　天线外形示意图

（a）UHF 引向天线外形示意；（b）VHF 引向天线外形示意

电视信号的方向性极强，为了更好地接收，天线设计的接收方向性也很强，架设时必须指向电视发射台方向或信号最强方向。

2. 天线放大器

电视信号的强弱不等，有些远地区信号接收时太弱，这时需要使用天线放大器把信号加强。天线放大器的放大倍数称为增益，用 dB 表示。天线放大器是对某个频道用的，哪个频道的信号弱，就选用哪个频道的天线放大器，它装在天线下 1m 内，并装有防雨盒，其电源在室内控制箱内。

3. 混合器

能将不同频道的电视信号合成一路的装置就是混合器，见图 11-4。

4. 同轴电缆和光缆

系统中干线和支线上的信号传输是由射频同轴电缆来完成的，它由同轴的内外两个导体组成，如图 11-5 所示，电视信号在内外导体之间的绝缘介质中传输。

为减小传输损耗，干线上使用较粗的同轴电缆，支线的分配线使用细一些的同轴电缆，且每隔一段距离就要用一个干线放大器

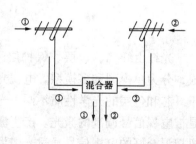

图 11-4　混合器的作用

来提高信号电平。

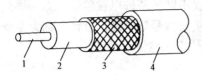

图 11-5　同轴电缆
1—导体；2—绝缘介质；
3—纺织网；4—保护层

同轴电缆同时连接其他器件。对它的要求是：低损耗、抗干扰能力强、屏蔽作用好、弯曲性好、重量轻、价格低。

电视电缆在室内可采用明敷或暗敷，新建建筑物内线路应尽量采用暗敷，其保护管可采用金属管或塑料管，在电磁干扰严重的地区，宜选用金属管。在进行有线电视设计时，应使得线路尽量短直，减少接头，管长超过 25m 时，需加接线盒，电缆的连接应在盒内进行。线路作明敷时，要求管线横平竖直，并采用压线卡固定，一般每米长线路不少于一个卡子。

与电缆相比，光缆具有损耗小、传输频带宽、容量大、不受电磁和雷电干扰、不干扰附近电器、没有电磁辐射等优点。因而，近年来国内外的一些大城市中正在逐步采用光缆代替同轴电缆作为共用天线电视系统干线的传输媒体，使共用天线电视系统达到了更高的技术水平。

光缆的里面是光导纤维，可以是一根或多根捆在一起。电视系统使用的是多根光纤的光缆，其结构如图 11-6 所示。其中 KEVLAR 是增加光缆抗拉强度的纱线。

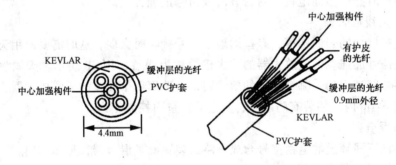

图 11-6　光缆结构示意图

光纤由纤芯、包层、保护层组成。纤芯和包层由超高纯度的二氧化硅制成，分为单模型和多模型。电视光缆使用单模光纤。纤芯是中空的玻璃管。由于纤芯和包层的光学性质不同，光线在纤芯内被不断反射。电视光缆中传输的是被电视信号调制的激光。产生激光信号的设备是光发送机。电视台用光发送机把混合好的电视信号通过光缆发送出去。在光缆的另一端，用光接收机把光信号转换回电视信号，经放大器放大后送入电缆分配系统。光缆传输过程如图

11-7 所示。

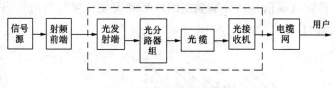

图 11-7　光缆传输示意图

一般而言，当干线传输距离大于 5km 时，采用光缆的造价和性能指标均优于同轴电缆。

5. 线路放大器

线路放大器的作用是放大电视信号，以补偿电缆线路上因各种原因引起的损耗。线路放大器正常工作时，需有工作电源，因而在强弱电设计中应统一加以考虑。线路放大器还具有均衡功能，以补偿同轴电缆对高低频信号不同的损耗。

6. 分配器

分配器的作用是将输入信号尽可能均匀合理地分配到各输出线路及用户，且各输出线路上的信号互不影响，相互隔离。常用的分配器有二分配器、三分配器和四分配器（图 11-8），其他形式的分配器可由它们组合构成。如六分配器可由一个二分配器和两个三分配器组合而成。

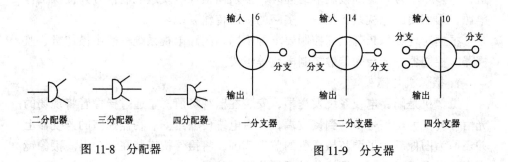

图 11-8　分配器　　　　　　图 11-9　分支器

7. 分支器

分支器的作用是从干线（或支干线）上取出一小部分信号经衰减后馈送到各用户终端，它具有单向传输特性。目前，我国生产的分支器有一分支器、二分支器和四分支器等规格，见图 11-9。

8. 终端插座盒

终端插座是有线电视系统暴露于室内的部件，是系统的终端，也称为用户盒。有两种形式：一是暗装的三孔插座板和单孔插座板；另一种是明装的三孔终端盒和单孔终端盒。它是将分支器传来的信号和用户相连接的装置，电视机从这个插座得到电视信号。终端插座的外形和安装位置对室内装饰会产生一定的影响，见图 11-10。

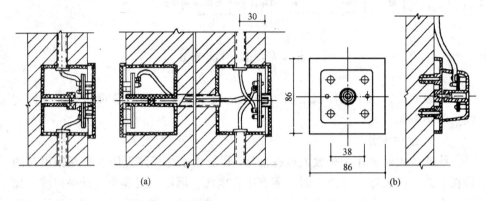

图 11-10　终端插座
(a) 用户盒暗装；(b) 用户盒明装

11.1.5　闭路电视系统

闭路电视主要应用于不属于开路发射系统的各种监视、教学、示范、交通、国防、科研等领域。如工业电视系统、保安电视系统、教学电视系统。对于大多数闭路电视系统，信息主要来自于设置在建筑物内不同处的多台摄像机，在多路信号传送到接收端的同时，必须向摄像机发送控制信号并提供工作电源，因而闭路电视系统是一种多路的双向传输系统。

根据对现场取景范围和控制要求的不同，闭路电视系统一般由摄像机、监视器、控制器、云台和传输控制电缆等组成。

1. 摄像机与镜头

摄像机是闭路电视系统发送端，安装在监视场所。它通过摄像管将现场的光信号转变为电信号传送到接收端，又由电缆传输给安装在监控室的监视器上并还原为图像。为了调整摄像机的监视范围，将摄像机安装在云台上。摄像镜头安装在摄像机前部，用于从被摄体收集光信号。

摄像机应安装在监视目标附近且不易受物体遮挡或损伤的地方，室内的安装高度通常为 2.5~5.0m，电梯轿厢内的摄像机应安装在轿厢顶部。

2. 监视器

监视器是闭路电视系统的终端显示设备，其性能优劣将对整个系统产生直接影响。按使用范围可将监视器分为应用级和广播级。按显示画面色彩，可将监视器分为单色和彩色监视器，在需要分辨被摄物细节的场合，宜采用彩色监视器。闭路电视系统中的监视器大多为收、监两用机，并带有金属外壳，以防设置在同一监视室内的多台监视器之间的相互电磁干扰。

3. 视频信号分配与切换装置

闭路电视系统中一般采用视频信号直接传输。当来自发送端的一路视频信号需送到多个监视器时，应采用视频信号分配器，分配出多路视频信号，以满足多点监视的要求。在控制室内，当要求对来自多台摄像机的视频信号进行切换时，可采用视频信号切换装置，在任一台监视器上观看多路摄像机的信号，必要时还可采用多画面分割器，将多路视频信号合成一幅图像，在任一台监视器上同时观看来自摄像机的图像，见图 11-11。

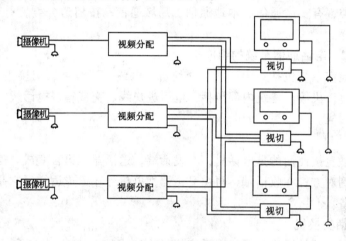

图 11-11　多台摄像机任意切换示意图

4. 控制器

控制装置可以进行视频切换，还可通过遥控云台，带动摄像机做滴水不漏的垂直旋转。对切换的控制一般要求和云台、镜头的控制同步，即切换到哪一路图像，就控制哪一路设备。目前，在控制器中也广泛采用微机技术，在远距离控制的场合，采用微机进行控制命令的串行输出，具有价格低廉、编程容易、控制灵活等优点。

在有线电视系统的前端增加某些设备，即可让闭路电视系统作为有线电视系统中的一部分进入系统。此时，除了收看电视台的节目外，还可通过录像机向系统插入其他自制节目。

11.2　电话通信系统

11.2.1　电话通信系统概述

现代社会已进入信息时代，电话通信系统是建筑物实现信息通信功能的基本设施，是人们日常工作、生活中不可缺少的组成部分，也是建筑弱电系统中的一个基本组成部分。

现在电话通信网络已成为世界上最大的分布交换网络，在任意一座建筑物内，任意一部电话用户都可以与全国以至全世界电话网络中的其他电话用户进行通话。现代化的通信技术包括文字、语言、图像、数据等多种信息的传递，通信信号也从模拟信号传输到数字式信号传输，使电话交换机的功能、传话距离、信息量和语音清晰度都有很大的提高。随着信息技术的迅猛发展，电话通信网络所能发挥的作用也越来越多，现已成为普遍采用的通信手段。

电话通信系统按信号分类，有模拟通信、数字通信和数拟混合通信；按通信距离分类，有长途通信、本地通信、局域通信；按信道分类，有有线通信、无线通信等。

11.2.2 电话通信系统的组成

电话通信系统包括：中继线、交换机、电缆、配线架、交接箱、分线箱、电话机、电传机等。建筑内部包括：电话进户线、交接箱、电话线、电话出线插座、电话机。

1. 电话机

用户最直接使用的是电话机，在发话端，送话器把语言变成电信号，通过电话线传到对方；在收话端，再由受话器把电信号还原成语言，它是电话通信的主要设备。

2. 电话交换机

不同用户间的通话是通过电话交换机来完成的，如图11-12所示。它将主叫用户与被叫用户接通。其中扫描器、记发器和标志器是完成交换任务的指挥系统，作用是控制接线设备，确定通过哪些通路将用户接通。

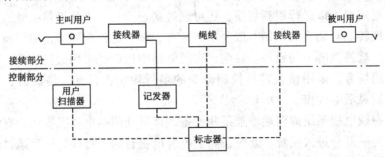

图 11-12 交换机结构方框图

电话交换方式有两种，一种是布控式，即按布置好的线路进行通信交换，功能较少；另一种为程控式，按软件的程序进行通信交换，可有几百种通信功能。

电话交换机有多种，目前民用建筑中常用的是纵横式自动交换机。

11.2.3　电话传输线路

从电信局的总配线架到用户终端设备的电信线路称为用户线路。

电话线路的配接有直接配线、交接箱配线和混合配线三种方式。

直接配线是由总机配线架直接引出主干电缆，再从主干电缆上分支到用户。这种配线方式的特点是投资少，施工维护简单，但灵活性差，通信可靠性差，发展受限制。

交接箱配线是将电话划分为多个区域，每个区域设一个交接箱，各配线区之间用电缆连接，用户配线从交接箱引出，见图 11-13。电话组线箱是电话电缆转为电话配线的交接点。这种配线方式的特点是通信可靠，有较大发展余地，调整灵活，但投资高，施工维护复杂，见图 11-14。

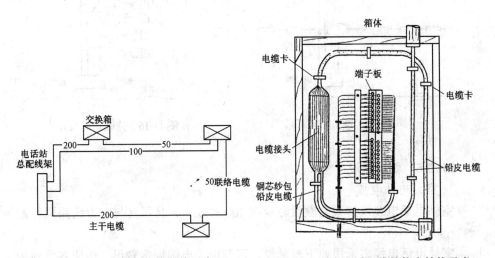

图 11-13　交接箱配线系统示意　　　　图 11-14　室内电话组线箱箱内结构示意

11.2.4　室内配线方式

确定电话用户的数量时，要考虑到满足用户的使用要求，同时还要留有一定的发展余地。

电话系统的室内配线形式主要决定于电话的数量及其在室内的分布，并考虑系统的可靠性、灵活性及工程造价等因素。常见的配线系统有下列几种：

1. 各层独立的配线方式

从市话组线箱内分别引出电话电缆至各层分线箱，然后用塑料绝缘导线从分线箱引至各电话终端出线盒。该方式的特点是：各层相互独立，互不干扰，便于系统的检修和改造扩建，具有一定的灵活性，电缆管线多，造价高，如图

11-15 所示。

2. 分级配线方式

每隔若干层设一只容量较大的分线箱，再将电缆接到各层容量较小的分线箱。电话数量较少时也可不设分线箱。该方式的特点是：竖向上升电缆管线较少，电缆接续次数增加，可能的故障点也相应增加，可靠性比独立配线方式差，如图 11-16 所示。

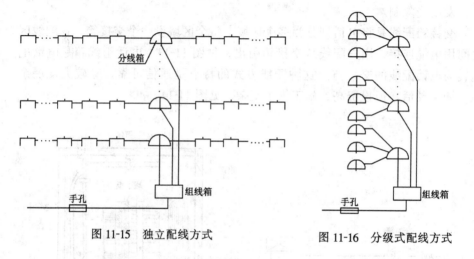

图 11-15　独立配线方式　　　　　图 11-16　分级式配线方式

11.2.5　管线敷设

1. 室外电话电缆

室外电话电缆线路架空敷设时应在 100 对以下，且不宜与电力线路同杆敷设。

室外电话电缆多采用地下暗敷设，可与电力电缆同沟敷设，但应各置地沟一侧。

2. 室内电话电缆

室内电话线的敷设应考虑经济合理、便于施工维护、安全美观等方面的因素，管线的敷设主要有暗敷设、明敷设和沿墙敷设等几种方式。

暗敷设是将电话电缆或导线穿在建筑物内预埋的暗管、桥架或电缆井内。系统中的分线箱、分线盒、电话终端出线盒也应暗装。此外还应注意：

（1）竖向干线电缆宜穿钢管或沿电缆桥架敷设在专用管道井内，穿钢管敷设时，应将钢管用支架与墙壁固定，并预留 1～2 根钢管作为备用。电缆桥架应采用封闭型，以防鼠害。

（2）电话线路若与其他管线合用管道井，应各占一侧，强弱电线路间距应大于 1.5m。

（3）配线电缆不应与用户线同穿于一根保护管内。

11.3 建筑消防电气

随着时代的发展，科学技术的进步，大型建筑和高层建筑越来越多。这些建筑的特点是面积大、层数高、使用人数多、材料设备多，一旦发生火灾，火势不易控制，人员不易疏散，火灾造成的人员伤亡和财产损失严重。因此，设置完善的火灾自动报警和灭火系统是十分必要的。

火灾自动报警与灭火系统是现代消防系统中的一个重要组成部分，是现代电子工程与计算机技术在消防中的应用。

火灾自动报警与灭火系统的功能是：自动捕捉监测区内火灾发生时的烟雾或热气，发出声光报警，同时，还具有"联动"功能，即通过控制线路将消防给水设备和防排烟设备组织起来，按照预定的要求动作，指挥各种消防设备在火灾中密切配合，各司其职，有条不紊地工作。

11.3.1 火灾自动报警与灭火的基本原理

当建筑物内某一区域发生火灾或有着火危险时，各种对光、温度、烟、红外线等反应灵敏的火灾探测器就会将检测到的信息以电信号或开关信号的形式立即送到控制器。控制器将这些信息与正常状态进行比较，如确认已发生火灾或有着火危险，则发出两路信号，一路指令声光显示动作，发出音响报警，显示火灾现场地址，记录时间等；另一路则指令现场的执行器，开启各种消防设备灭火。

为了防止控制器失灵或火警线路发生故障，各现场还设有手动开关，用来报警和启动消防设施。

11.3.2 系统的组成

按照警戒区域的大小，可将火灾自动报警系统分为区域报警系统、集中报警系统和消防控制中心报警系统。图 11-17、图 11-18、图 11-19 分别为常见的区域报警系统、集中报警系统和消防控制中心报警系统的系统组成示意图。

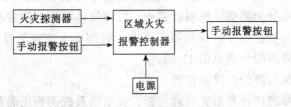

图 11-17　区域报警系统

1. 火灾探测器
（1）火灾探测器的作用和分类

火灾探测器是组成各种火灾报警系统的重要器件，是系统的"感觉器官，"其作用是在火灾初起阶段，将控测到的烟雾、高温、火光及可燃性气体等参数转换为电信号，传送到火灾报警控制器进行早期报警。

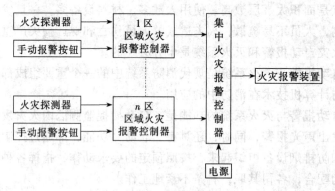

图 11-18　集中报警系统

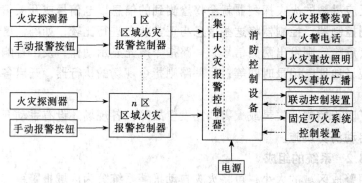

图 11-19　消防控制中心报警系统

火灾现场的情况千差万别，火灾探测器的种类也非常多。一般按照火灾现场的探测参数可分为感烟、感温、感光、可燃气体探测器四种基本类型及上述两个或两个以上参数的复合探测器。其中，感烟式火灾控测器应用最为广泛。常用的火灾探测器的分类见图 11-20。

（2）火灾探测器的选择和布置

火灾探测器的选择和布置合理与否，关系到系统能否正确及时地判断火灾的发生，从而影响到整个灭火工作。所以，应根据保护区域内可能发生的火灾初期阶段的特点、火灾发展的特点、房间高度、环境条件、可能引起误报的因素等，综合考虑探测器的选型与布置。

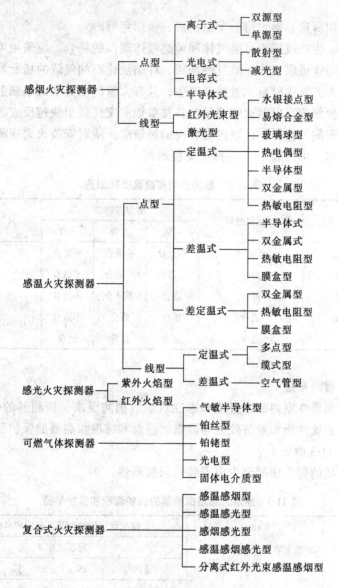

图 11-20 火灾探测器的分类

①探测器的选择

感烟探测器适合于火灾初期产生大量烟雾、少量热量、很少或没有火焰辐射的场合。如大商场、教学楼、计算机房、宾馆、书库等。

感光探测器适合于火灾发展迅速，产生强烈的火焰辐射和少量的烟、热的场合。

感温探测器适用于火灾发生初期无阻燃或产生的烟气很少或有烟和蒸汽滞

留的场合，如厨房、锅炉房、发电机房、吸烟室等。

在使用、生产或聚集可燃气体和可燃液体蒸汽的场合，应采用可燃气体探测器。如使用管道煤气或天然气的场所、存储液化石油气罐的场所等。

若估计火灾发生时有大量热量产生，且有大量的烟雾和火焰辐射，则应同时采用几种探测器，以对火灾现场的各种参数的变化做出快速反应。

为保证探测器在保护区域内有相应的灵敏度，应对安装火灾探测器的房间高度加以限制。可按表 11-2 选择火灾控测器。

表 11-2　根据房间高度选择探测器

房间高度 h/m	感烟探测器	感温探测器			火焰探测器
		一级	二级	三级	
$12 < h \leqslant 20$	不适合	不适合	不适合	不适合	适合
$8 < h \leqslant 12$	适合	不适合	不适合	不适合	适合
$6 < h \leqslant 8$	适合	适合	不适合	不适合	适合
$4 < h \leqslant 6$	适合	适合	适合	不适合	适合
$h \leqslant 4$	适合	适合	适合	适合	适合

②探测器的布置

火灾探测器在室内的布置应考虑建筑物的消防要求、探测器的保护面积、保护半径、系统性能和经济效益等因素。感烟和感温探测器的保护面积和保护半径应按表 11-3 确定。

保护区域的每个房间至少应安装一只探测器。

表 11-3　感烟、感温探测器的保护面积和保护半径

火灾探测器的种类	地面面积 S/m²	房间高度 h/m	探测器的保护面积 A 和保护半径 R					
			屋顶坡度 θ					
			$\theta \leqslant 15°$		$15° < \theta \leqslant 30°$		$\theta > 30°$	
			A/m²	R/m	A/m²	R/m	A/m²	R/m
感烟探测器	$S \leqslant 80$	$h \leqslant 12$	80	6.7	80	7.2	80	8.0
	$S > 80$	$6 < h \leqslant 12$	80	6.7	100	8.0	120	9.9
		$h \leqslant 6$	60	5.8	80	7.2	100	9.0
感温探测器	$S \leqslant 30$	$h \leqslant 8$	30	4.4	30	4.9	30	5.5
	$S > 30$	$h \leqslant 8$	20	3.6	30	4.9	40	6.3

火灾控测器的安装间距，应根据其保护面积和保护半径确定，并不超过一

定的范围。

当所要控测的区域较大时，根据火灾控测器的保护范围，按经验公式计算。

若屋内顶棚上有突出顶棚的梁时，应考虑到它对报警准确性的影响。对高度小于200mm梁，不考虑它对火灾控测器保护面积的影响。梁高超过200mm时，则应根据具体情况按有关规定布置控测器。

2. 火灾报警控制器

火灾报警控制器是建筑消防系统的核心部分，其作用是：

（1）火灾报警

接受和处理从火灾探测器传来的报警信号，确认是火灾时，立即发出声、光报警信号，并指示报警部位、时间等；经过适当的延时，启动自动灭火设备。

（2）故障报警

为了保障系统能安全可靠地长期连续运行，火灾报警控制器对火灾探测器及系统的重要线路和器件的工作状态进行自动监测。出现故障时，控制器能及时发出故障报警的声、光信号，并指示故障部位。故障报警信号能区别于火灾报警信号，以便采取不同的措施。如火灾报警信号采用红色信号灯，故障报警信号采用黄色信号灯。在有故障报警时，若接收到火灾报警信号，系统能自动切换到火灾报警状态，即火灾报警优先于故障报警。

（3）火灾报警记忆

当火灾报警控制器接收到火灾报警的故障报警信号时，能记忆报警地址与时间，为以后分析火灾事故原因提供准确资料。火灾或事故信号消失后，记忆也不消失。

（4）为火灾探测器提供电源。

图11-21为火警报警与自动灭火系统示例。

3. 联动控制设备

根据报警位置、自动喷水灭火系统以及防排烟设备的设置情况，联动控制设备应具有如下几项功能：

（1）消火栓水泵的启、停控制；工作或故障状态的显示；指示消火栓水泵启动按钮的位置。

（2）自动喷水灭火系统的控制；工作或故障状态的显示；发出报警信号的水流指示器和报警阀的位置显示。

（3）接收到火灾报警信号后，停止相关部位的空调机、送风机、关闭管道上的防火阀，接受被控制设备动作的反馈信号。

（4）启动防排烟系统，接受被控制设备动作的反馈信号。

（5）火灾确认后，关闭相关部位的电动防火门和防火卷帘门，并接受反馈信号。防火卷帘门通常采用两段控制，接到报警信号后，卷帘门先下降到距地面1.8m处，经一段延时后，再下降到底。防火卷帘门两侧应安装手动控制按钮，以便于现场控制。

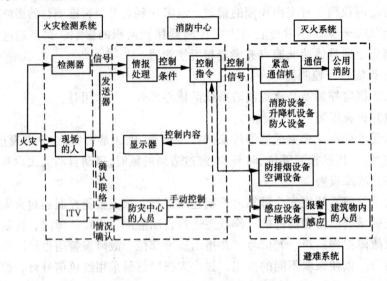

图 11-21　火警报警与自动灭火系统示例

（6）向电梯控制屏发出信号并强制全部的电梯降至底层，除消防电梯处于待命状态外，其余电梯停止使用；同时接受反馈信号。

（7）切断相关部位的非消防电源，接通火灾事故照明和疏散指示灯。

（8）按疏散顺序接通火灾事故广播系统，以便及时指挥和组织人员疏散。

4．主要消防控制设备：

（1）手动报警器

手动报警器与自动报警控制器相连，是向火灾报警控制器发出火灾报警信号的手动装置，它还用于火灾现场的人工确认。每个防火分区内至少应设置一只手动报警器，从防火分区内的任何位置到最近的一只手动报警器的步行距离不应超过30m。

为便于现场与消防控制中心取得联系，某些手动报警按钮盒上同时设有对讲电话插孔。

手动报警器的接线端子的引出线接到自动报警器的相应端子上，平时，它的按钮是被玻璃压下的，报警时，需打碎玻璃，使按钮复位，线路接通，向自动报警器发出火警信号。同时，指示灯亮，表示火警信号已收到。

在同一火灾报警系统中，手动报警按钮的规格、型号及操作方法应该相同。手动报警器还必须和相应的自动报警器相配套才能使用。

264

手动报警器应在火灾报警控制器或消防控制室的控制盘上显示部位号，并应区别于火灾探测器部位号。

手动报警器应装设在明显、便于操作的部位。安装在墙上距地面 1.3～1.5m 处，并应有明显标志。

(2) 水流指示器

水流指示器是沟通火灾自动报警系统和消防联动系统的重要部件，一般安装在系统的管网中，喷头喷水或管道漏水时，管道内有水流动，插入管内的叶片随水流而动作，发出火灾信号或故障信号。

(3) 声、光报警器

音响报警装置和灯光报警装置是设置在保护区域以内的声、光报警装置。两者相互独立，一种发生故障时，不影响另一种装置的正常工作。

(4) 消防通信系统

消防专用电话网应为独立的消防通信系统，不得与其他系统合用。

消防控制室应设置消防专用电话总机，消防通信系统中主叫与被叫之间应为直接呼叫应答，不能有转接。呼叫信号装置应用声光信号。

消防火警电话用户话机应采用红色。火警电话机挂墙安装时，底面距地面高度为 1.5m。

消防水泵房、备用发电机房、变配电室、通风和空调机房、排烟机房、电梯机房、其他有关机房应装设消防专用电话分机。

图 11-22 为建筑物消防系统图。

11.3.3　系统的布线

火灾自动报警与灭火系统中的线路包括：消防设备的电源线路、控制线路、报警线路和通讯线路等。线路的合理选择、布置与敷设是消防系统正常工作的重要保证。

消防系统内的各种线路均应采用铜芯绝缘导线或电缆，采用金属保护管暗敷设，保护层厚度不小于 3cm。消防设备的电源线路以允许载流量和电损失为主选择导线电缆的截面。报警线路中的工作电流较小，在满足负载电流的情况下，一般以机械强度要求为主选择导线或电缆截面，选择导线的最小截面。

火灾自动报警系统是涉及火灾监控各个方面的一个综合性的消防技术体系，也是现代化智能建筑中的一个不可缺少的组成部分。其安装施工是一项专业性很强的工作，施工安装需经过公安消防部门的批准，并由具有许可证的安装单位承担。设计和施工必须严格按照国家有关现行规范执行，以确保系统实现火灾早期报警及各种设备的联动。

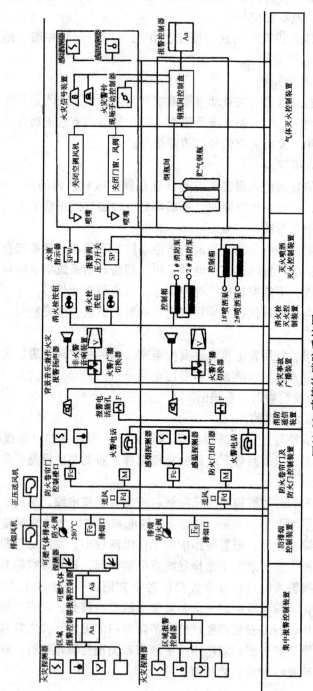

图11-22 建筑物消防系统图

11.4 防盗与保安系统

防盗与保安系统广泛应用于金融、商业、企业、写字楼、高级宾馆、政府机关等建筑中，以防止犯罪事件的发生。随着人们生活水平的不断提高，物业管理行业的崛起和发展，它已被广泛应用于中高档住宅小区、别墅等民用建筑，形成了智能化、立体化的保安系统，见图11-23。

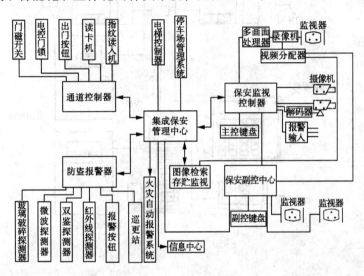

图 11-23 保安系统示意图

1. 可视对讲系统

这种保安系统适用于高级住宅区、办公大楼、大型公寓、停车场以及重要建筑的入口处、金库门、档案室等处。进入室内的用户必须先经过磁卡识别，或输入密码、或通过指纹、掌纹等生物辨识系统来识别身份，方可入内。采用这一系统，可以在楼宅控制中心掌握整个大楼内外所有出入口处的人流情况，从而提高了保安效果和工作效率，见图11-24。

2. 报警探测器

报警探测器（探头）是报警系统的重要组成部分。根据工作原理的不同，有超声波探测器、微波探测器和红外线探测器等几种类型，其中红外线报警探测器最为常用。

（1）红外线探测器

红外线探测器分为主动式和被动式两种。

①主动式红外线报警系统由红外发射器、接收器和信息处理器三部分组成。红外发射器从警戒区域的一侧发出红外线投射到另一侧对应位置上的接收

器上，当有目标遮挡时，截断红外线，接收器收不到信号，信息处理器就发出报警信号。该系统可靠性好、灵敏度高、警戒区域大、保密性强。

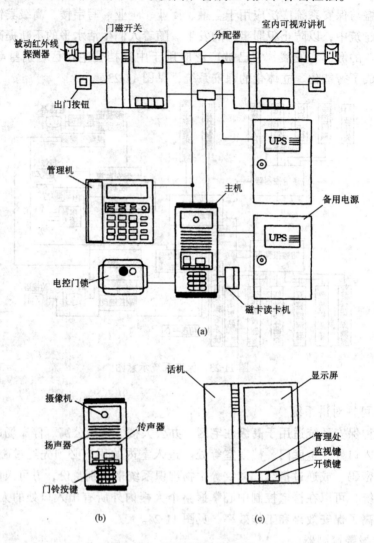

图 11-24　访客可视对讲系统

(a) 楼宇可视对讲系统示意图；(b) 可视对讲门口主机；(c) 室内可视对讲机

②被动式红外线探测器由红外线探头报警器组成。它本身不发出红外线，依靠接收物体发出的红外线来报警。探测器有一定的探测角度，安装时需特别注意，安装位置尽量隐蔽，且不应被遮挡。探测器不应正对热源，以防止误报。

(2) 超声波探测器发出的超声波充满室内空间，超声波接收器接收室内物体反射回的超声波，并与发射波进行比较。若室内没有物体移动，则发射波与

268

反射波频率相同，有物体移动时，反射波会产生多普勒频移，接收机检测后发出报警信号。

（3）微波探测器是利用微波能量辐射及探测技术组成的探测器，它既能警戒空间，也可警戒周界。根据工作原理的不同分为移动式和遮挡式两种。

此外，玻璃破碎报警器黏贴在玻璃内侧，通过检测玻璃破碎时特有的声音来报警。这种探测器一般适用于商场、展览馆、仓库、实验室、办公室等建筑物的玻璃门窗上。

防盗与保安系统的设计与施工必须保密，所有的线路及设备的安装均应隐蔽可靠，以确保系统的正常运转。

11.5 广播音响系统

1. 系统分类

广播音响系统是一种通信和宣传工具，它的设备简单、维护使用方便，已广泛应用于各类公共建筑内。主要有以下三种类型：

（1）业务性广播系统

业务性广播系统主要是为满足业务和行政管理等要求的广播系统，设置于办公楼、商场、教学楼、车站、客运码头及航空港等建筑物内。系统一般较简单，在设计和设备选型上没有过高的要求。

（2）服务性广播系统

服务性广播系统以背景音乐广播为主。如大型公共活动场所和宾馆饭店的广播系统。

（3）火灾事故广播系统

火灾事故广播系统是为满足火灾事故发生时或其他紧急情况发生时，指挥人员安全疏散需要的广播系统。对具有综合防火要求的建筑物，特别是高层建筑，应设置紧急广播系统。

一般来说，一个广播系统常常兼有几个方面的功能，如业务广播系统也可作为服务性广播使用，在火灾或其他紧急情况下，也可转换成火灾事故广播。见图 11-25。

2. 有线广播设备

有线广播系统中的设备主要有节目源、扩音设备、扬声器以及广播线路等。

节目源为有线广播系统提供声源，它可以是收音机、录放机、CD、VCD机等。

扩音设备是扩音系统的主机，主要是前置放大器和功率放大器。前置放大器对最初的音频信号进行放大，为功率放大器提供一个具有一定电压级的音频信号。功率放大器对音频信号进行功率放大，并以电压的形式输出具有一定功率的音频信号。

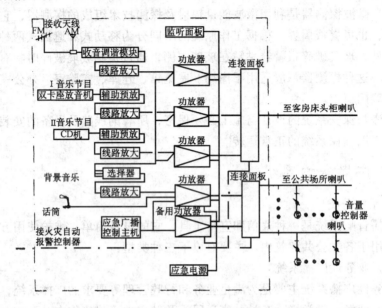

图 11-25　通常/应急兼用型广播系统

扬声器是将系统传送的音频信号还原为人们耳朵能听到的声音的设备，有电动式、静电式和电磁式等多种，其中电动式应用最广。选择扬声器时应考虑其灵敏度、频率响应范围、指向性和功率等因素。

11.6　智能建筑与综合布线系统

11.6.1　智能建筑的概念

世界上第一幢智能化建筑于 1984 年在美国建成，然后，在世界各地相继出现了智能化建筑。我国的智能化建筑起步较晚，但发展速度令世界瞩目。

建筑智能化的基础是现代计算机技术、信息技术、电子技术、自控技术、通讯技术、建筑技术。什么样的建筑才算是智能建筑，目前尚无统一定义。一般有如下描述：智能建筑是将结构、系统、服务、管理及它们之间的相互联系全面综合，为用户提供一个投资合理的又拥有多功能、高效率的舒适、温馨、便利的环境。

11.6.2　智能建筑的功能

从功能来看，智能化建筑应包括以下几个方面：楼宇建筑设备自动化系统（BAS）、通信自动化系统（CAS）、办公自动化系统（OAS）和布线综合化（PDS），见图 11-26。

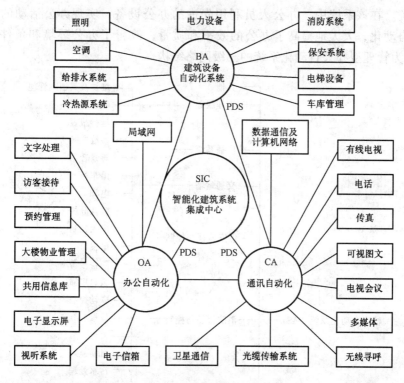

图 11-26 智能建筑总体功能示意图

1. 楼宇建筑设备自动化系统

楼宇建筑设备自动化系统是运用自动化仪表、计算机过程控制、网络通信技术对建筑物内的电力、照明、空调、给排水、消防、保安、交通等设备实施集中监控和管理的系统，系统内传输的是控制信号，属弱电系统。

系统的控制范围见图 11-27，图 11-28 为智能建筑中对各种设备进行控制并实现各种收费自动化管理的智能三表系统。

2. 通信自动化系统

通信自动化系统包括以数字程控交换机为核心的语音通信系统、传输图像信息的有线电视系统、计算机数据与多媒体通信系统。它同时与外部通信网络相连，使用户能在建筑中随时与世界各地的各类机构进行有关的业务活动，信息量和传递速度空前提高。通信自动化系统已成为智能建筑内的"中枢神经"。图 11-29 为其基本构成图。

3. 办公自动化系统

办公自动化系统是以计算机技术为基础，能为建筑物的管理者及使用者提供方便、快捷、有效的信息服务，对语音、数据、图像、文字进行一体化处理的系统。在该系统中，办公人员利用先进的办公设备，实现办公活动的科学化、自动化，大大地提高了办公的效率和质量，改善了办公环境和条件。图11-30 为管理型办公自动化系统的三级网络结构。

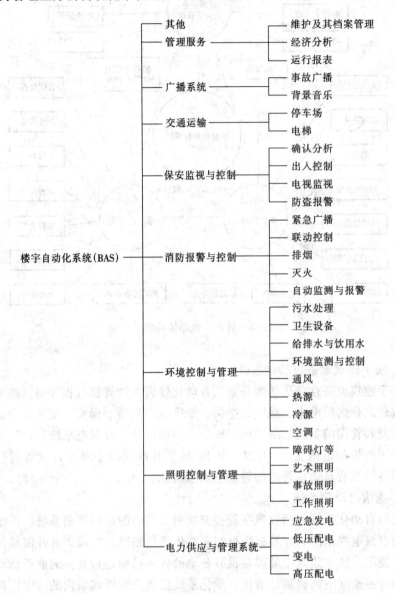

图 11-27 楼宇自动化系统控制范围

4. 综合布线系统

（1）综合布线系统

272

在智能建筑中，为了完成三个自动化系统与集成中心的连接，需要敷设大量的弱电线缆，综合布线就是要使这些弱电线缆能够合理地分布和使用。

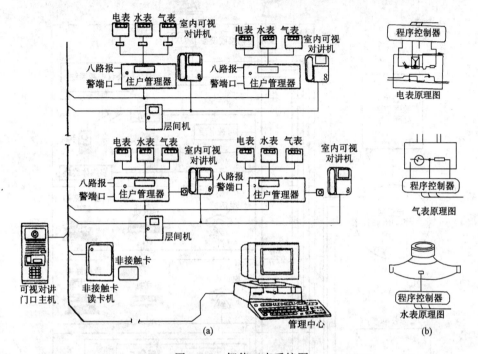

图 11-28　智能三表系统图
(a) 智能三表系统示意图；(b) 智能三表原理图

(2) 综合布线系统的组成

综合布线系统一般由六个独立的子系统组成，见图 11-31。

图 11-32、图 11-33 分别为综合布线系统结构图和地面内线槽总装示意图。

(3) 综合布线系统的特点

综合布线系统与传统的布线方式相比较有很多优越性。

①兼容性

综合布线系统能够满足建筑物内部及建筑物之间的所有计算机、通信设备以及楼宇建筑设备自动化系统设备的需求，并可将各种语音、数据、视频图像以及楼宇建筑设备自动化系统中的各类控制信号在同一个系统布线中传输，使布线比传统布线大为简化，并节省了大量的空间、时间、物力。在室内各处设置标准信息插座，由用户根据需要采用跳线方式选用。

②灵活性

综合布线系统中所有信息系统都采用相同的传输介质，因此，所有的信息

273

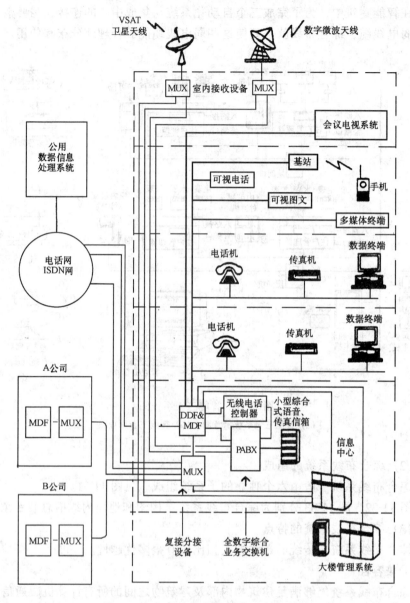

图 11-29　智能建筑信息通信基本构成图
PABX—程控用户交换机；MUX—复接分接设备；
MDF—总配线架；DDF—数字配线架

通道都是能用的。每条信息通道都可支持电话、传真、多用户终端。

　　所有设备的开通及更改不需改变系统布线，只要增减相应的网络设备并进行必要的跳线管理即可，不会破坏室内原有的装饰效果和建筑物的结构，具有传统布线方式所不具备的灵活性。

③开放性

系统采用开放式结构体系，符合多种国际流行的标准，能兼容多种国际品牌的计算机和通信设备。

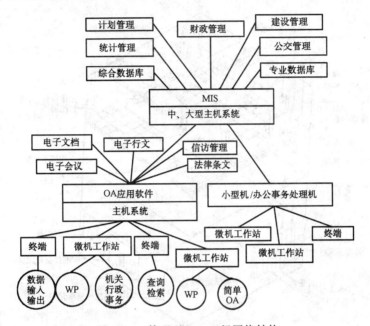

图 11-30　管理型 OAS 三级网络结构

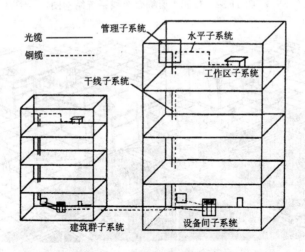

图 11-31　综合布线系统示意图

④先进性和经济性

综合布线系统技术的先进性和性能价格比也是传统的布线系统所无可比拟的。根据国际通信技术的发展和我国的情况，目前设计安装的综合布线系统，足以保证今后 10~15 年时间内的技术先进性，因而具有很好的投资保护性和经济效益，成为建筑物用户的一种技术储备。

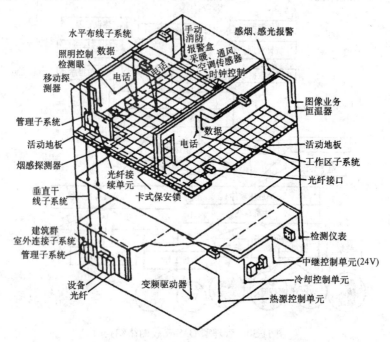

图 11-32　智能大厦综合布线系统结构图

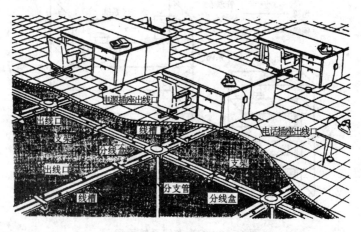

图 11-33　地面内线槽总装示意图

⑤可靠性

综合布线系统采用高品质的材料和组合压接的方式构成一条高标准信息通道，任一条线路的故障均不影响其他线路的运行，也为线路的维护和检修提供了极大的方便，保证了系统的可靠运行。

习　题

1. 建筑弱电工程的作用是什么？

2. 什么是共用天线电视系统？它主要有哪些功能？

3. 什么叫频道？什么叫彩色制式？

4. 共用天线电视系统有哪些组成？它们的作用是什么？

5. 试述同轴电缆的作用及其结构。

6. 试述光缆的作用及其结构。与同轴电缆相比有何优点？

7. 共用天线电视系统的组成及作用？

8. 电话通信系统由哪些组成？

9. 电话传输线路的室外、室内配线方式有哪些？

10. 火灾自动报警与灭火的基本原理是什么？

11. 常用的火灾探测器有哪些？

12. 什么是智能建筑？它包括哪几个方面？

13. 综合布线系统由什么组成？

14. 综合布线系统与传统布线方式相比有哪些优点？

第12章 电子电路基础

12.1 半导体二极管

12.1.1 半导体二极管的基本知识

电子电路中常用的二极管、三极管、运算放大器等器件都是由半导体材料制成的。为了掌握各种器件结构的工作原理，必须先了解半导体的特性。

自然界中的物质根据导电能力的不同分为导体、半导体和绝缘体。半导体的导电能力介于导体和绝缘体之间。半导体材料中用得最多的是硅、锗，另外还有硒、大多数金属氧化物、硫化物等。

12.1.1.1 半导体的导电方式

在制造半导体器件时，将硅、锗等提纯成单晶体，其原子排列十分整齐而有规律。每个原子最外层的四个电子不仅受到自身原子核的束缚，还分别为相邻的四个原子所共有，形成共价键结构。这种共价键结构使原子最外层电子数达到八个，满足了稳定条件。图12-1为硅单晶体的共价键结构。

图 12-1 硅单晶体的共价键结构

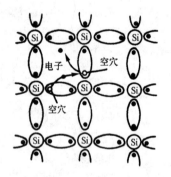

图 12-2 空穴

在一定温度下，由于热运动，少量电子受到热激发而获得足够的能量，摆脱束缚，成为可以在单晶体中自由运动的电子。温度越高，产生的自由电子数量越多。电子成为自由电子后，在原子的外层电子轨道上留下一个"空位"，称为"空穴"，如图12-2所示。此时，原子的电中性被破坏，中性原子因失去电子而带正电，也可以说空穴带正电。空穴又可以被周围的价电子所填充，同

278

时又出现另一个空穴，好像空穴移动一样。在纯净的半导体中，由于受到热激发而产生的自由电子和空穴总是成对出现的，称为电子空穴对，这种激发称为本征激发。自由电子和空穴是半导体中参与导电的两种载流子。纯净的半导体又称为本征半导体。在晶体内部，这种自由电子空穴对在不断地出现又在不断地复合，这种出现和复合在一定条件下达到动态平衡。

在外电场作用下，半导体是依靠自由电子、空穴对的运动来导电的，这是半导体和金属导体导电的本质区别。

晶体内部的自由电子空穴对的数量取决于外界条件，本征激发所产生的载流子的数量是有限的，形成的电流不大，所以本征半导体的导电能力差。为了提高半导体的导电能力，在纯净的半导体中以一定的工艺过程掺入微量的五价或三价元素，称为掺杂。

晶体内部自由电子空穴对数量还和温度、光照等因素有关。外界环境温度越高，光照越强，晶体内部的自由电子空穴对的数量就越多。所以半导体具有热敏、光敏、掺杂的特性。制造半导体器件需用纯度很高的单晶材料，所以半导体管也称为晶体管。

由于半导体器件具有体积小、重量轻、寿命长、工作可靠等优点，在现代生产与科技的各个领域中得到了广泛应用。

12.1.1.2　N型半导体和P型半导体

掺杂对半导体的导电能力影响极大。例如在纯硅中掺入百万分之一的硼，可以使导电能力提高几十万倍以上。

若在本征半导体中掺入五价元素，例如磷，则每一个磷原子与相邻的四个硅原子组成共价键时，多出一个电子，使得晶体中自由电子的浓度大大增加，数量远多于空穴的数量，这种掺杂半导体以自由电子导电为主，称为自由电子型半导体或N型半导体。在N型半导体中，自由电子为多数载流子，简称多子；空穴为少数载流子，简称少子。

若在纯净半导体中掺入三价元素，例如硼，则每一个硼原子在与相邻的硅原子组成共价键时，产生一个空穴，使得晶体中空穴的浓度大大增加，数量远多于自由电子的数量。这种半导体以空穴导电为主，称为空穴型半导体或P型半导体。P型半导体中空穴为多子，自由电子为少子。

不论是N型半导体还是P型半导体，虽然都有一种载流子占多数，但整个晶体仍呈电中性，这是因为本征元素和杂质元素的每一个原子呈电中性的，所以从宏观上看，掺杂导体不带电。

N型半导体和P型半导体如图12-3、图12-4所示。

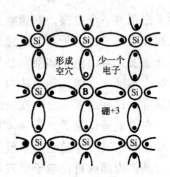

图 12-3　N 型半导体　　　　　　　　　图 12-4　P 型半导体

12.1.2　PN 结

虽然 N 型和 P 型半导体的导电能力比本征半导体大大增强，但将它接入电路中，只起到电阻的作用，不能成为半导体元件。通常是采取一定的工艺措施，将一块 N 型半导体和一块 P 型半导体结合在一起，在结合处就形成了 PN 结，PN 结是构成各种半导体器件的基础。

12.1.2.1　PN 结的形成

如图 12-5 所示，在一块单晶体中，以一定的工艺措施，使其两边掺入不同的杂质，一边形成 P 区，另一边形成 N 区。由于 P 区和 N 区中空穴和自由电子数量的不同，P 区的空穴将向 N 区扩散，N 区的自由电子将向 P 区扩散，即在 P 区和 N 区交界处形成了载流子的扩散运动。

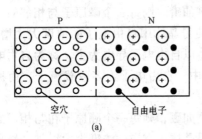

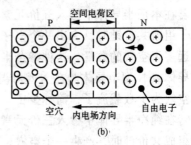

图 12-5　PN 结

扩散运动进行到一定程度，在 P 区一侧因失去空穴而留下带负电的掺杂的离子，在 N 区一侧因失去自由电子而留下带正电的掺杂的离子，也就是说，在交界处形成了一个很薄的正负离子层。这些正负离子由于载流子已全部消耗而不能移动，也就不能参与导电。这个离子层称为空间电荷区，也就是 PN 结。

PN 结产生的电场称为内电场，方向是由 N 区指向 P 区。内电场对多子的扩散运动起阻碍作用，但是它却有利于少子通过这一区域。少子在外电场的作

280

用下产生的定向运动称为漂移运动。其方向与多子的扩散运动相反。

可见，在交界面处存在着两种相反的运动。开始时，扩散运动占主导地位，随着扩散运动的不断进行，空间电荷区不断变宽，内电场不断增强，对多子的阻碍作用越来越强，但却使少子的漂移运动不断增强，直到最后，两者达到动态平衡。这时，交界面处的正、负离子数不再变化，空间电荷区相对稳定，宽度不再变化，这个区域就称为 PN 结。

12.1.2.2　PN 结的单向导电性

如图 12-6a 所示，PN 结的 P 区接电源正极，N 区接电源负极，称为给 PN 结加正向电压，也称为正向偏置。这时，电源产生的外电场与 PN 结产生的内电场方向相反，内电场被削弱，空间电荷区变薄，多子和扩散运动增强，形成较大的正向电流，这时 PN 结处于正向导通状态。

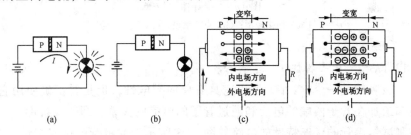

(a)　　　　(b)　　　　(c)　　　　(d)

图 12-6　PN 结的单向导电性

如图 12-6b 所示，PN 结的 N 区接电源正极，P 区接电源负极，称为给 PN 结加反向电压，也称为反向偏置。这时，外电场与内电场方向一致，空间电荷区变宽，扩散运动被削弱，漂移运动大大增强，由于少子的数量很少，因而形成了很小的漂移电流，即反向电流。这时 PN 结处于高电阻状态，即反向截止状态。

图 12-6c、d 分别为 PN 结加正向电压和反向电压时空间电荷区宽度的变化。

反向电流不受外加电压的影响，但受到外界条件影响，温度越高、光照越强，反向电流也就越大。

由以上的分析可知，PN 结加正向电压时，处于导通状态，加反向电压时，处于反向截止状态，这种特性称为单向导电性。导电方向是从 P 区到 N 区。

12.1.3　半导体二极管

12.1.3.1　二极管的结构

将 PN 结装上电极引线及管壳，就制成了半导体二极管。从 P 区引出的电极称为正极，从 N 区引出的电极称为负极，如图 12-7 所示。

二极管按结构可分为点接触型和面接触型两种。点接触型 PN 结的面积小，不能通过较大的电流，但高频性能好，故适用于高频工作。面接触型 PN 结面积较大，可通过较大的电流，通常只用于 100kHz 以下的电路。

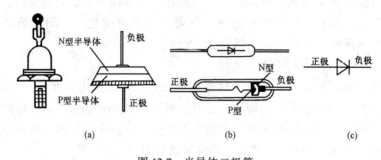

图 12-7　半导体二极管

(a) 面接触型；(b) 点接触型；(c) 图形符号

12.1.3.2　伏安特性

二极管就是一个 PN 结，所以它具有单向导电性，但是要正确使用它，还必须知道加在管子两端的电压和通过管子的电流的关系，即伏安特性。

测试二极管的伏安特性的电路如图 12-8 所示。二极管的伏安特性如图 12-9 所示。由图可知，外加电压很小时，因外电场还不足以克服内电场对多子扩散运动的阻碍作用，故正向电流很小，这时二极管呈现很大的电阻，这一段称为死区，其电压称为死区电压，大小与管子的材料及环境温度有关。硅管的死区电压约为 0~0.5V，锗管的死区电压约为 0~0.2V。正向电压超过死区电压后，内电场大大削弱，二极管的电阻变小，正向电流随正向电压的上升而迅速增大。

二极管加反向电压时，因少子的漂移运动而形成很小的反向电流。反向电流有两个特点，一是随温度的上升而迅速增大；二是在反向电压不超过一定值时，它基本上维持一定的大小，这是因为少子的数量很少，只要有一定的反向电压就可以使所有的少子漂移形成反向电流，即使再增加反向电压，反向电流也不会再增加，因此称为反向饱和电流。

当反向电压增大到一定值时，通过空间电荷区的少子获得了极大的动能，在漂移过程中，不断地与晶体内受原子核束缚的价电子碰撞，使价电子受到激发而成为自由电子，产生自由电子空穴对。这些新产生的自由电子空穴对同样被电场加速，又碰撞其他原子，以致雪崩似地产生大量的自由电子空穴对，形成很大的反向电流，这种现象称为反向击穿；此时的反向电压称为反向击穿电压。二极管的反向击穿会烧坏 PN 结，造成二极管的损坏。因此二极管工作时，承受的反向电压应小于它的反向击穿电压。

不同材料、不同工艺制造的二极管，伏安特性虽然有差异，但曲线的形状是相似的。

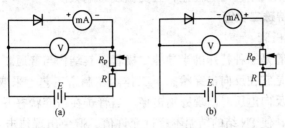

图 12-8　测试电路

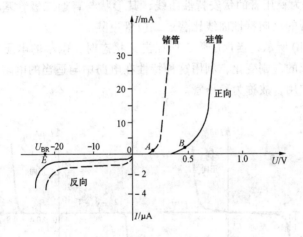

图 12-9　二极管的伏安特性

12.1.3.3　二极管的主要参数

在实际使用中，必须根据二极管的参数，合理地选择和使用管子，才能使二极管充分发挥作用，也才能使管子安全地工作。

1. 最大整流电流 I_{OM}

最大整流电流是指二极管长时间使用时允许通过的最大正向平均电流，它由材料和 PN 结结构的面积决定。因为电流通过 PN 结时要引起管子发热，电流过大，会烧坏 PN 结，所以二极管在使用时，通过管子的正向平均电流不允许超过规定的最大整流电流值。

2. 最高反向工作电压 U_{RM}

最高反向工作电压是保证二极管不被反向击穿而给出的最高反向电压，通常是反向击穿电压的一半或三分之二。

3. 最大反向电流 I_{RM}

最大反向电流是指给二极管加最高反向工作电压时的反向电流值。反向电流大,说明管子的单向导电性差,且受温度影响大。

12.1.4 特殊二极管

1. 稳压二极管

稳压二极管是一种特殊的半导体二极管,其结构与普通二极管没有什么不同。特殊之处是它在反向击穿状态下工作。在制造工艺上采取了一定的措施,保证在要求的反向电压时出现齐纳击穿。当管子在击穿状态下工作时,采取一定的限流措施,使 PN 结的结温不超过允许值,避免出现热击穿而使管子被烧坏。

图 12-10 为稳压管的伏安特性曲线,其形状与普通二极管基本相似,主要区别是稳压管的反向特性曲线比普通二极管更陡。

如图 12-10 所示,当稳压管工作在击穿状态时,微小的电压变化会引起通过其中的电流的急剧变化,利用这种特性在电路中与适当的电阻配合就能起到稳定电压的作用,故称为稳压管。

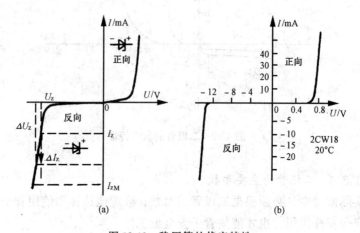

图 12-10　稳压管的伏安特性

2. 发光二极管

发光二极管是一种固态 PN 结器件,常用砷化镓、磷化镓等材料制成,当有正向电流通过时就会发光,它直接把电能转换为光能,没有热交换。

发光二极管可做成数字、字符显示器件。单个 PN 结可做成发光二极管,多个 PN 结可分段封装,做成半导体数码器,选择不同的字段发光,可显示出不同的字形。发光二极管还可作为光源器件将电信号变为光信号,广泛应用于光电检测技术领域中,具有体积小、重量轻、抗冲击、寿命长等特点。

12.2 半导体三极管

半导体三极管又称晶体管。在实际生产和生活中，经常需要将微小的电信号放大，以便有效地进行观察、测量、控制或调节。如在电动单元组合仪表中，先要把反映温度、压力、流量等被调节的物理量的微弱电信号经过晶体管放大器放大，然后再送到显示单元做出指示或记录，再送到调节单元进行自动调节。再如在收音机和电视机中，也要先把天线接收到的微弱信号放大。

12.2.1 半导体三极管的结构

三极管的基本结构是在一整块半导体基片上，用一定的工艺方法做成两个 PN 结，所以晶体管分为 NPN 型和 PNP 型两类。其结构图和图形符号如图 12-11 所示。

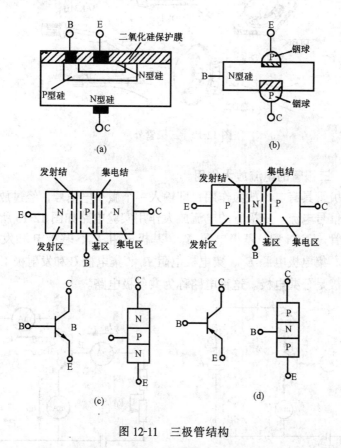

图 12-11 三极管结构

三极管由基区（B）、发射区（E）、集电区（C）组成，每个区分别引出一个电极，即：基极 B、发射极 E、集电极 C。发射极的作用是向基区（B）发射载流子；集电极的作用是收集载流子。基区和发射区之间的 PN 结称为发射结；基区和集电区之间的 PN 结称为集电结。图形中箭头的方向表示发射极电流的方向。

由于工作性能的要求，三极管在结构上有三个主要特点：一是基区必须做得很薄，且掺杂很轻，即载流子的浓度很低；二是发射区的掺杂较重，也就是说载流子的浓度要比基区高得多，比集电区也要高；三是集电结的面积要大。

由于这些特点，发射结和集电结通过基区互相联系，互相影响，使得三极管表现出与两个单独的 PN 结完全不同的特性。

图 12-12 为三极管的外形图。

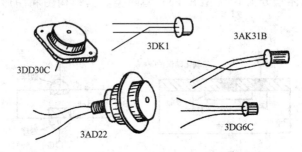

图 12-12　三极管外形

12.2.2　三极管的电流放大作用

普通三极管具有电流放大作用，即输入一个微小电信号，经过放大，输出一个较大的信号电流。三极管的电流放大作用实验电路如图 12-13 所示。实验中所用三极管是 NPN 型。基极电源 E_B、基极电阻 R_B、基极 B 和发射极 E 组成输入回路。集电极电源 E_C、集电极电阻 R_C、集电极 C 和发射极 E 组成输出回路。发射极是公共电极。这种电路称为共射极电路。

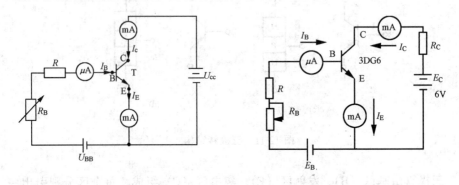

图 12-13　三极管电流放大实验电路

286

电路中，$E_B < E_C$。可知，三极管的发射结是正向偏置，集电结是反向偏置，这是很重要的，因为这是三极管实现电流放大作用的外部条件。若是改用 PNP 型管，则应将基极电源 E_B 和集电极电源 E_C 的极性都倒过来，三个电流 I_B、I_C、I_E 的方向也要倒过来。

调节输入回路中的可变电阻 R_B，就可以改变基极电流（又称偏置电流）I_B，集电极电流 I_C 和发射极电流 I_E 也随之变化。实验测试结果列于表 12-1 中。

由实验结果可得出下列结论：

表 12-1

I_B/mA	0	0.01	0.02	0.03	0.04	0.05
I_C/mA	≈0.001	0.50	1.00	1.60	2.20	2.90
I_E/mA	≈0.001	0.51	1.02	1.63	2.24	2.95
I_C/I_B		50	50	53	55	58
$\Delta I_C/\Delta I_B$			50	60	60	70

1. 基极开路，即 $I_B = 0$ 时，$I_C = I_E \approx 0$。这时的 I_C 称为穿透电流，三极管相当于两个反极性串联的二极管，穿透电流是在集电极电源的作用下穿过这两个 PN 结的电流。

2. 发射极电流等于基极电流和集电极电流之和，即：

$$I_E = I_B + I_C$$

说明三个电流符合克希荷夫定律。

3. $I_C \gg I_B$，$I_E \approx I_C$。

4. 基极电流 I_B 的微小变化会引起集电极电流 I_C 很大的变化。集电极电流的变化量 ΔI_C 与基极电流的变化量 ΔI_B 之比称为三极管的共射极交流电流放大系数，用 β 表示，即

$$\beta = \frac{\Delta I_C}{\Delta I_B}$$

综上所述，可以得出两点结论：

（1）三极管之所以能起到电流放大作用，其内部条件是两个 PN 结的控制作用和结构上的特点；外部条件是发射结正向运用，集电极反向运用。

（2）$\Delta I_C = \beta \Delta I_B$ 只说明基极与集电极之间电流分配的关系，并不是三极管把 ΔI_B 放大为 ΔI_C。放大作用的实质是用一个微小电流变化去控制一个较大的电流变化。输出能量的来源是外加直流电源。

12.2.3 三极管的电流放大原理

现以 NPN 型三极管为例，说明管内载流子传输过程的三个环节，如图 12-14 所示：

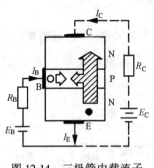

图 12-14 三极管内载流子
的传输过程

1. 发射区向基区发射电子

发射区的多子，也就是电子，在发射结的正向电压的作用下越过发射区进入基区，形成发射极电流。同时，基区的多子，也就是空穴，也会在发射结正向电压的作用下扩散到发射区。但由于基区杂质浓度低，所以空穴所形成的电流可以忽略不计，因此发射极电流主要是电子流。

2. 电子在基区中的扩散与复合

电子到达基区后，靠近发射结的电子多，靠近集电结的电子少，形成浓度差，所以电子就继续向集电区扩散，形成集电极电流。在扩散过程中，一小部分电子与基区中的空穴复合，由此而损失的空穴由基极电源来补充，相当于基极电源源源不断地从基区拉走电子，这就形成了基极电流。基区做得很薄，多子浓度低，也就是为了减少电子与空穴复合的机会，从而使集电极电流远大于基极电流，获得较大的电流放大系数。

3. 集电极收集扩散过来的电子

由于集电极加了较大的反向电压，从发射区扩散到集电结附近的电子在反向电压的作用下很容易穿过集电结向集电区移动。与集电极相连的集电极电源则从集电区拉走这部分电子，形成集电极电流。

从三极管内载流子的传输过程可以看出，它的三个电极相应出现了三个电流，这三个电流之间的关系符合克希荷夫定律。

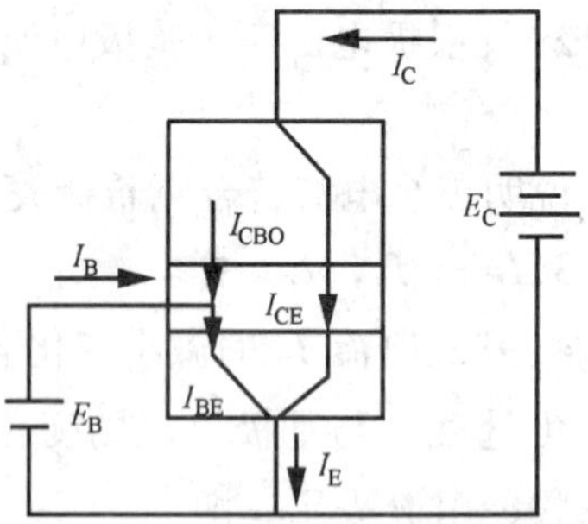

图 12-15 为三极管内部的电流分配。

图 12-15 三极管内部的电流分配

12.2.4 三极管的特性曲线

表示三极管各极电压与电流之间的关系的曲线称为三极管的特性曲线。它实际上是三极管内部性能的外部表现。对于分析、计算电子电路非常有用。

三极管的三个极在应用时，总是一个作为输入端，一个作为输出端，另一个作为输入、输出的公共端。由基极和发射极组成的电路为输入回路；由集电极和发射极组成的回路为输出回路。通常将公共端接地，见图 12-16。

三极管的特性曲线有输入特性曲线和输出特性曲线。

1. 输入特性

输入特性曲线就是当集电极与发射极之间的电压 U_{CE}（管压降）为一常数时，基极电流 I_B 与发射结电压 U_{BE} 之间的关系曲线。它反映了三极管输入回路中电压与电流的关系，即：

$$I_B = f(U_{BE})|_{U_{CE}=常数}$$

输入特性曲线图可分两步作出：

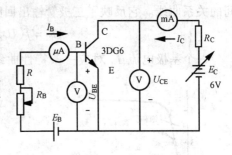

图 12-16　电路图

（1）先作一条 $U_{CE} = 0$ 的曲线

调节可变电阻 R_P，使 $U_{CE} = 0$，也就是集电极与发射极短路，如图 12-17 所示。这时，$I_C = 0$，相当于发射结和集电结两个正向偏置的 PN 结并联。I_B 和 U_{BE} 的关系曲线就是两个 PN 结并联的正向伏安特性，它与二极管的特性曲线很相似，如图 12-18 所示。

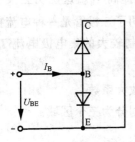

图 12-17　$U_{CE} = 0$ 时三极管的等效电路

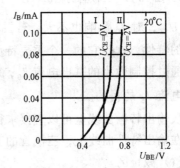

图 12-18　三极管的输入特性

（2）再作 $U_{CE} = 1V$ 的曲线

增大 U_{CE}，集电结加了反向电压，集电极吸引电子的能力增强，要维持相同大小的 I_B，必须要向发射区发射更多的电子，即要提高基极与发射极的之间的电压 U_{BE}，所以输入特性曲线就向右移了。

$U_{CE} > U_{BE}$ 时，集电结反向偏置，且内电场已足够大，可以把从发射区扩散到基区的电子中的绝大部分拉入集电区形成集电极电流。只要 U_{BE} 保持不变，即使 U_{CE} 再增加，I_B 也不再明显减小。因此 $U_{CE} > 1V$ 后的输入特性基本重合在一起。

2. 输出特性曲线

输出特性曲线是指当基极电流为常数时，集电极电流与集电极-发射极之间的关系曲线。它反映了三极管输出回路中电压与电流的关系，即：

$$I_C = f(U_{CE})|_{I_B = 常数}$$

一个基极电流 I_B 对应一条特性曲线，所以，输出特性曲线是个曲线族。

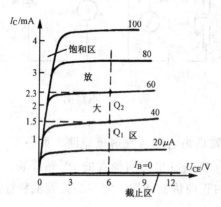

图 12-19　三极管的输出特性

如图 12-19 所示，可以看出，曲线的起始部分比较陡，即在 U_{CE} 很小时，U_{CE} 略有增加，集电极电流 I_C 就迅速增大。这是因为集电结反向电压很小，不能把扩散到集电结附近的电子都收集到集电区，此时 I_C 主要受 U_{CE} 的影响。

在 $U_{CE} > 1V$ 时，I_C 变化不大，曲线比较平坦，原因是集电极电场已足够大，从发射极传输到基区的载流子绝大部分已形成集电极电流，即使再增大 U_{CE}，对 I_C 影响也不大。若要增大 I_C，只能提高 I_B。这说明三极管具有恒流的特性，这是它的一个重要特性。同时也说明了三极管是一种电流控制元件，通过控制微小的基极电流 I_B，就可以达到控制较大的集电极电流 I_C 或发射极电流 I_E 的目的。

从输出特性曲线上可以直接求得管子的电流放大系数。

在输出特性曲线上，三极管的工作状态可以划分为三个区域：

（1）截止区

三极管处于截止状态时，流过管子的电流 $I_B = 0$，$I_C \approx 0$，相当于管子的三个极都处于断开状态。把曲线 $I_B = 0$ 以下的区域称为截止区。这时，集电结仍有一微小电流，即穿透电流，一般可以忽略不计。三极管在截止区的特点是：发射结和集电结都反向偏置，失去了放大作用，三极管呈现高电阻状态。

（2）饱和区

若 I_B 的增加对 I_C 的大小基本没有影响，三极管也失去放大作用，则称管子处于饱和状态。在输出特性曲线左侧，I_C 趋于直线上升的部分，可近似看作是饱和区。

造成饱和的原因是，集电极接有电阻 R_C，而电源电压 E_C 是一定的。基极电流增加，集电极电流也增加，R_C 上的电压降也随之增加，集电极电压 U_{CE} 相应减小，U_{CE} 减小到一定程度，必然削弱了集电结吸收电子的能力，即

使 I_B 再增加，I_C 也不增加或增加很小。

在某些方面饱和区，三极管工作的特点是：发射结的集电结都处于正向偏置状态。

(3) 放大区

当三极管处于截止区和饱和区之间的区域时，具有电流放大作用，称为放大区。在放大区内，I_C 随 I_B 的增减而增减。曲线间隔的大小反映了三极管的电流放大系数。

在此区域，各条曲线近似平行且间距均匀，所以电流放大系数近似为常数。

在放大区，三极管工作的特点是：发射结正向偏置，集电结反向偏置。

12.2.5 三极管的主要参数

三极管的参数用以表征管子在各方面的特性的适用范围，可作为电路设计时选用的依据。

1．电流放大系数

(1) 交流电流放大系数

是指在有输入信号时，在相同的集电极电压下，集电极电流变化量 ΔI_C 与基极电流变化量 ΔI_B 的比值，也称为动态电流放大系数。

(2) 直流电流放大系数

指无信号输入时，在相同的集电极电压下，集电极直流电流 I_C 与基极直流电流 I_B 的比值，也称为静态电流放大系数。

2．极间反向电流

(1) 集电结反向饱和电流 I_{CBO}

指发射极开路，集电结反向偏置时流过集电结的反向电流。

(2) 穿透电流 I_{CEO}

指基极开路，集电结反向偏置、发射结正向偏置时的集电极电流。

I_{CEO} 的大小是衡量三极管质量的标志，其数值越小越好。

I_{CBO} 与 I_{CEO} 有如下的关系：

$$I_{CEO} = (1 + \beta) I_{CBO}$$

3．极限参数

(1) 集电极最大允许电流 I_{CM}

当 I_C 增大到一定程度时，β 值显著降低，规定 β 下降到额定值的 2/3 时所对应的集电极电流为最大允许电流 I_{CM}。

(2) 反向击穿电压

发射极-基极间反向击穿电压 $U_{(BR)EBO}$：集电极开路，发射极-基极间允许加的最高反向电压。

集电极-基极间反向击穿电压 $U_{(BR)CBO}$：发射极开路，集电极-基极间允许加的最高反向电压。

集电极-发射极反向击穿电压 $U_{(BR)CEO}$：基极开路，集电极-发射极间允许加的最高反向电压。

（3）集电极最大允许耗散功率 P_{CM}

集电极电流在流经集电结时将产生热量，使结温升高，从而引起三极管参数的变化。为使结温升高引起的参数变化不超过允许值，规定了集电极耗散功率 $U_{CE}I_C$ 的最大允许值，称为集电极最大允许耗散功率。

在输出特性曲线族中，$U_{CE}I_C > P_{CM}$ 为过损耗区，如图 12-20 所示。使用三极管时，应 $U_{CE}I_C < P_{CM}$，并适当留有余地，以免结温过高。

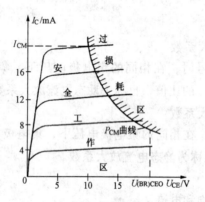

图 12-20　三极管的安全工作区
与过损耗区

附 录

附录 1 导 线 载 流 量 及 截 面 选 择

附表 1-1 500V 铝芯绝缘导线长期连续负荷允许载流量

表头结构：导线明敷设/A（25℃：橡皮、塑料；30℃：橡皮、塑料）；橡皮绝缘导线多根同穿在一根管内时 允许负荷电流/A（25℃、30℃，各含穿金属管2根/3根/4根、穿塑料管2根/3根/4根）；塑料绝缘导线多根同穿在一根管内时允许负荷电流/A（25℃、30℃，各含穿金属管2根/3根/4根、穿塑料管2根/3根/4根）。

导线截面 /mm²	股数	单芯直径 /mm	成品外径 /mm	明敷25℃橡皮	明敷25℃塑料	明敷30℃橡皮	明敷30℃塑料	橡25金2	橡25金3	橡25金4	橡25塑2	橡25塑3	橡25塑4	橡30金2	橡30金3	橡30金4	橡30塑2	橡30塑3	橡30塑4	塑25金2	塑25金3	塑25金4	塑25塑2	塑25塑3	塑25塑4	塑30金2	塑30金3	塑30金4	塑30塑2	塑30塑3	塑30塑4
2.5	1	1.76	5.0	27	25	25	23	21	19	16	19	17	15	20	18	15	18	16	14	20	18	15	18	16	14	19	17	14	17	15	13
4	1	2.24	5.5	35	32	33	30	28	25	23	25	23	20	26	23	22	23	22	19	27	24	22	24	22	19	25	22	21	22	21	18
6	1	2.73	6.2	45	42	42	39	37	34	30	33	29	26	35	32	28	31	27	24	35	32	28	31	27	25	33	30	26	29	25	23
10	7	1.33	7.8	65	59	61	55	52	46	40	44	40	35	49	43	37	41	37	33	49	44	38	42	38	33	46	41	36	39	36	31
16	7	1.68	8.8	85	80	79	75	66	59	52	58	52	46	62	55	49	54	49	43	63	56	50	55	49	44	59	52	47	51	46	41
25	7	2.11	10.6	110	105	103	98	86	76	68	77	68	60	80	71	64	72	64	56	80	70	65	73	65	57	75	66	61	68	61	53
35	7	2.49	11.8	138	130	129	121	106	94	83	95	84	74	99	88	78	89	79	69	100	90	80	90	80	70	94	84	75	84	75	65
50	19	1.81	13.8	175	165	163	154	133	118	105	120	108	95	124	110	98	112	101	89	125	110	100	114	102	90	117	103	94	106	95	84
70	19	2.14	16.0	220	205	206	192	165	150	133	153	135	120	154	140	124	143	126	112	155	143	127	145	130	115	145	133	119	135	121	107
95	19	2.49	18.3	265	250	248	234	200	180	160	184	165	150	187	168	150	172	154	140	190	170	152	175	158	140	177	159	142	163	148	131
120	37	2.01	20.0	310	285	290	266	230	210	190	210	190	170	215	196	177	196	177	159	220	200	180	200	185	160	206	187	168	187	173	154
150	37	2.24	22.0	360	325	336	303	260	240	220	250	227	205	241	224	206	234	212	192	250	230	210	240	215	185	234	215	196	224	201	182
185				420	380	392	355	295	270	250	282	255	232	275	252	233	263	238	216	285	255	230	265	235	212	266	238	215	247	219	198

附表 1-2　500V 铜芯绝缘导线长期连续负荷允许载流量

导线截面 /mm²	股数	单芯直径 /mm	成品外径 /mm	明敷设 25℃橡皮	明敷设 25℃塑料	明敷设 30℃橡皮	明敷设 30℃塑料	橡皮 25℃穿金属管 2根	3根	4根	橡皮 25℃穿塑料管 2根	3根	4根	橡皮 30℃穿金属管 2根	3根	4根	橡皮 30℃穿塑料管 2根	3根	4根	塑料 25℃穿金属管 2根	3根	4根	塑料 25℃穿塑料管 2根	3根	4根	塑料 30℃穿金属管 2根	3根	4根	塑料 30℃穿塑料管 2根	3根	4根
1.0	1	1.13	4.4	21	19	20	18	15	14	12	13	12	11	14	13	11	12	11	10	14	13	11	12	11	10	13	12	10	11	10	9
1.5	1	1.37	4.6	27	24	25	22	20	18	17	17	16	14	19	17	16	16	15	13	19	17	16	16	15	13	18	16	15	15	14	12
2.5	1	1.76	5.0	35	32	33	30	28	25	23	25	22	20	26	23	22	23	21	19	26	24	22	24	21	19	24	22	21	22	20	18
4	1	2.24	5.5	45	42	42	39	37	33	30	33	30	26	35	31	28	31	28	24	35	31	28	30	28	24	33	29	26	28	26	23
6	1	2.73	6.2	58	55	54	51	49	43	39	43	38	34	46	40	36	40	36	32	47	41	37	41	36	32	44	38	35	38	34	30
10	7	1.33	7.8	85	75	79	70	68	60	53	59	52	46	64	56	50	55	49	43	65	57	50	56	49	44	61	53	47	52	46	41
16	7	1.68	8.8	110	105	103	98	86	77	69	76	68	60	80	72	65	71	64	56	82	73	65	72	68	57	77	68	61	67	61	53
25	19	1.28	10.6	145	138	135	128	113	100	90	100	90	80	106	94	84	94	84	75	107	95	85	95	85	75	100	89	80	89	80	70
35	19	1.51	11.8	180	170	168	159	140	122	110	125	110	98	131	114	103	117	103	92	133	115	105	120	105	93	124	107	98	112	98	87
50	19	1.81	13.8	230	215	215	210	175	154	137	160	140	123	163	144	128	150	131	115	165	146	130	150	132	117	154	136	121	140	123	109
70	49	1.33	17.3	285	265	266	248	215	193	173	195	175	155	201	180	162	182	163	145	205	183	165	185	167	148	192	171	154	173	156	138
95	84	1.20	20.8	345	320	322	304	260	235	210	240	215	195	241	220	197	224	201	182	250	225	200	230	205	185	234	210	187	215	192	173
120	133	1.08	21.7	400	375	374	350	300	270	245	278	250	227	280	252	229	260	234	212	285	266	230	265	240	215	266	248	215	248	224	201
150	37	2.24	22.0	470	430	440	402	340	310	280	320	290	265	318	290	262	299	271	248	320	295	270	305	280	250	299	276	252	285	262	231
185				540	490	504	458	385	355	320	360	330	300	359	331	299	336	308	280	380	340	300	355	330	280	355	317	280	331	289	261

附表 1-3　BX、BLX 绝缘电线穿管管径选择表

（单位：mm）

导线根数	1			2			3			4			5			6			7			8			9			10			11			12		
穿线管类别　导线截面/mm²	G	DG	VC	G	DG	VC	G	DG	VC	G	DG	VC	G	DG	VC	G	DG	VC	G	DG	VC	G	DG	VC	G	DG	VC	G	DG	VC	G	DG	VC	G	DG	VC
1	15	20	15	15	20	15	15	20	15	15	20	15	20	25	20	20	25	20	20	25	20	20	25	20	25	25	25	25	32	25	25	32	25	25	32	32
1.5	15	20	15	15	20	15	15	20	15	20	25	20	20	25	20	20	25	20	25	25	25	25	32	25	25	32	25	32	32	32	32	32	32	32	32	32
2.5	15	20	15	15	20	15	20	25	20	20	25	20	20	25	20	20	25	20	25	32	25	32	32	25	32	32	32	32	32	32	32	32	32	40	40	32
4	20	20	20	20	25	20	20	25	20	20	25	20	25	32	25	25	32	25	32	32	32	32	40	32	40	40	32	40	40	32	40	40	32	40	40	40
6	20	25	20	20	25	20	20	25	20	25	32	25	32	32	32	32	32	32	32	40	32	40	40	32	40	40	32	40	40	40	40	40	40	50	50	50
10	25	32	25	25	32	25	25	32	25	32	40	32	32	40	32	40	40	40	40	40	40	40	40	40	40	50	40	50	50	50	50	50	50	50	50	50
16	32	32	32	32	32	32	32	32	32	40	40	40	40	40	40	50	50	50	50	50	50	50	50	50	50	70	50	70	70	50	70	70	50	65	70	65
25	32	32	40	32	40	32	32	40	32	40	40	40	40	40	40	50	50	50	50	50	50	50	50	50	70	70	65	70	70	65	70	70	65	65	70	65
35	40	40	40	32	40	40	40	40	40	40	40	40	50	50	50	50	50	50	70	65	65	70	65	65	70	80	80	70	80	80	80	80	80	80	80	80
50	40	40	50	40	40	50	50	50	50	50	50	50	70	70	65	70	80	80	70	80	80	70	80	80	80											
70	50	50	50	50	50	50	70	70	65	70	70	65	70	80	80	80	80	80	80			80														
95	70	65	65	70	65	65	70	65	65	70	65	65	80	80	80	80																				
120	70	65	65	70	65	65	70	65	65	70	80	80																								
150	70	65	80	70	65	80	70	80	80	80	80																									
185	80	80	80	80	80	80	80	80		80																										

注：1．穿线管代号含义：G——钢管；DG——电线管；VC——硬塑料管。
　　2．钢管、硬塑料管的管径指内径，电线管的管径指外径。
　　3．硬塑料管按轻型管计算。

295

（单位：mm）

附表 1-4　BV、BLV 塑料电线穿管管径选择表

导线根数	1	2			3			4			5			6			7			8			9			10			11			12		
穿线管类别	G	G	DG	VG	G	DG	VG	G	DG	VG	G	DG	VG	G	DG	VG	G	DG	VG	G	DG	VG	G	DG	VG	G	DG	VG	G	DG	VG	G	DG	VG
导线截面 /mm²																																		
1.5	15	15	15	15	15	15	15	15	15	15	15	15	15	15	15	15	15	15	15	15	15	15	15	15	15	15	20	15	15	20	15
2.5	15	15	15	15	15	15	15	15	15	15	15	15	15	15	15	15	20	20	15	20	25	20	20	25	20	20	25	20	20	25	20
4	15	15	15	15	15	15	15	15	15	15	20	20	20	20	20	20	20	25	20	20	25	20	20	25	20	20	25	20	25	25	25
6	15	15	20	15	15	20	15	20	20	20	20	25	20	25	25	20	20	32	25	25	32	25	25	32	25	25	32	25	25	32	32
10	20	20	25	20	25	25	20	25	25	25	25	32	25	32	32	32	32	32	32	32	40	32	32	40	32	32	40	40	40	40	40
16	25	25	25	25	25	32	25	32	32	32	32	40	32	40	40	40	40	40	40	40	50	50	50	50	50	50	50	50	50	50	50
25	32	32	32	32	32	40	40	32	40	40	40	50	50	50	50	50	50	50	50	50	65	50	70	65	70	70	65	70	70
35	32	40	40	40	40	50	50	50	50	50	65	50	65	65	70	70	65	70	70	65	80	70	80	80	80
50	40	50	50	50	50	50	50	50	70	70	70	70	70	80	80	80	80	80	80
70	50	70	70	65	70	80	80	80	80	80	100	100
95	50	80	80	100	100	100	100	100	100
120	70	80	80	100
150	70	70	65	65
185	70	70	65	65

296

线芯工作	环境温度/℃ （空气中）								
温度 t/℃	5	10	15	20	25	30	35	40	45
90	1.14	1.11	1.08	1.03	1.0	0.960	0.920	0.875	0.83
80	1.17	1.13	1.09	1.04	1.0	0.954	0.905	0.853	0.79
70	1.20	1.15	1.10	1.05	1.0	0.940	0.880	0.815	0.74
65	1.22	1.17	1.12	1.06	1.0	0.935	0.865	0.791	0.70
60	1.25	1.20	1.13	1.07	1.0	0.926	0.845	0.756	0.65
50	1.34	1.26	1.18	1.09	1.0	0.895	0.775	0.633	0.44

附表 1-6　穿电线的钢管或塑料管在空气中多根并列敷设时校正系数 K_g 值

并列管根数	载流量 K_g 值	并列管根数	载流量 K_g 值
2~4	0.95	>4	0.90

附表 1-7　双芯聚氯乙烯绝缘电力电缆

0.6/1.0kV

标称截面 /mm²	载　流　量								
	无 铠 装				铠　装				
	近似外径 /mm	VV		VLV		近似外径 /mm	VV22		VLV22	
		空气	直埋	空气	直埋		空气	直埋	空气	直埋
2×1.5	11.0	20	27			13.6				
2×2.5	11.8	28	35	21	28	14.4				
2×4	13.6	36	47	29	36	16.2	37	45	29	
2×6	14.6	47	58	36	46	17.2	48	56	37	
2×10	16.2	66	80	51	62	18.8	67	77	52	35
2×16	18.0	89	105	69	82	20.4	91	102	70	43
2×25	22.0	117	133	91	104	24.4	122	125	92	59
2×35	24.0	143	164	111	127	26.4	143	148	111	79
2×50	27.4	180	201	138	159	29.8	180	181	138	97
2×70	31.0	217	244	170	186	34.4	217	220	170	115
2×95	35.3					38.7				140
2×120	38.3					41.7				170
2×150	42.6					46.2				
2×185	47.0					50.4				

附表 1-8 三等芯聚氯乙烯绝缘电力电缆

0.6/1.0kV

标称截面 /mm²	载 流 量								
	无 铠 装				铠 装				
	近似外径 /mm	VV		VLV		近似外径 /mm	VV22		VLV22	
		空气	直埋	空气	直埋		空气	直埋	空气	直埋
3 × 1.5	11.5	17	22							
3 × 2.5	12.3	23	30	18	23					
3 × 4	14.3	31	39	24	31	16.9	32	38	24	29
3 × 6	15.4	39	49	31	38	18.2	40	47	32	27
3 × 10	17.1	56	68	43	52	19.7	57	65	45	50
3 × 16	19.1	76	89	59	69	21.5	77	87	60	66
3 × 25	20.6	102	107	78	83	23.0	102	109	80	84
3 × 35	22.5	122	131	94	101	24.9	122	130	95	100
3 × 50	25.3	154	159	122	123	28.6	154	160	122	123
3 × 70	28.4	191	195	148	150	32.2	191	195	148	150
3 × 95	33.2	233	231	180	178	36.6	233	229	180	176
3 × 120	36.2	270	262	207	201	39.6	270	262	207	201
3 × 150	40.1	313	300	244	231	43.7	313	299	244	229
3 × 185	44.9	360	337	281	262	47.9	360	334	281	257
3 × 240	50.5	429	390	334	301	53.5	424	386	334	298

附表 1-9 三芯交联聚氯乙烯绝缘电力电缆

8.7/10kV 8.7/15kV

标称截面 /mm²	载 流 量								
	无 铠 装				铠 装				
	近似外径 /mm	YJV		YJLV		近似外径 /mm	YJV22		YJLV22	
		空气	直埋	空气	直埋		空气	直埋	空气	直埋
3 × 25	47	130	135	105	105	54	125	130	100	100
3 × 35	50	160	165	130	120	56	155	160	125	115
3 × 50	53	195	200	155	160	59	190	195	150	155
3 × 70	57	240	240	180	190	63	235	235	175	185
3 × 95	60	285	290	220	225	66	275	280	215	220
3 × 120	64	325	325	255	250	70	315	315	245	245

标称截面 /mm²	载 流 量								
	无 铠 装					铠 装			
	近似外径 /mm	YJV		YJLV		近似外径 /mm	YJV22		YJLV22	
		空气	直埋	空气	直埋		空气	直埋	空气	直埋
3 × 150	68	375	370	290	290	73	360	355	280	280
3 × 185	71	415	410	325	320	78	395	395	315	310
3 × 240	76	495	475	385	370	84	480	460	370	360
3 × 300	81	565	540	440	420	89	550	525	430	410

附表 1-10 三芯交联聚乙烯绝缘聚氯乙烯护套电力电缆

8.7/10kV   8.7/15kV

标称截面 /mm²	载 流 量								
	无 铠 装					铠 装			
	近似外径 /mm	YJV		YJLV		近似外径 /mm	YJV22		YJLV22	
		空气	直埋	空气	直埋		空气	直埋	空气	直埋
3 × 25	47	130	135	105	105	54	125	130	100	100
3 × 35	50	160	165	130	120	56	155	160	125	115
3 × 50	53	195	200	155	160	59	190	195	150	155
3 × 70	57	240	240	180	190	63	235	235	175	185
3 × 95	60	285	290	220	225	66	275	280	215	220
3 × 120	64	325	325	255	250	70	315	315	245	245
3 × 150	68	375	370	290	290	73	360	355	280	280
3 × 185	71	415	410	325	320	78	395	395	315	310
3 × 240	76	495	475	385	370	84	480	460	370	360
3 × 300	81	565	540	440	420	89	550	525	430	410

附表 1-11 电缆在空气中多根并列敷设时载流量校正系数 K 值

电缆中心间距 S /mm	根数及排列方式						
	1	2	3	4	6	4	6
		单排	单排	单排	单排	双排	双排
D	1.0	0.9	0.85	0.82	0.80	0.8	0.75
$2D$	1.0	1.0	0.98	0.95	0.90	0.9	0.90
$3D$	1.0	1.0	1.0	0.98	0.96	1.0	0.96

注：D 为电缆外径，当外径不同时，可取平均值。

A

截面	LJ 型								LGJ 型			
/mm^2	室　内				室　外				室　外			
	25℃	30℃	35℃	40℃	25℃	30℃	35℃	40℃	25℃	30℃	35℃	40℃
10	55	52	48	45	75	70	66	61				
16	80	75	70	65	105	99	92	85	105	98	92	85
25	110	103	97	89	135	127	119	109	135	127	119	109
35	135	127	119	109	170	160	150	138	170	159	149	137
50	170	160	150	138	215	202	189	174	220	207	193	178
70	215	202	189	174	265	249	233	215	275	259	228	222
95	260	244	229	211	325	305	286	247	335	315	295	272
120	310	292	273	251	375	352	330	304	380	357	335	307
150	370	348	326	300	440	414	387	356	445	418	391	360
185	425	400	374	344	500	470	440	405	515	484	453	416
240					610	574	536	494	610	574	536	494
300					680	640	597	550	700	658	615	566

附表 1-13　导线的机械物理特性

导线种类	机械物理特性		瞬时破坏应力 σ_p /MPa	弹性系数 E /MPa	线膨胀系数 α /1·℃$^{-1}$	相对密度
铝绞线	7 股	股径≤3.5mm	150	60000	23×10^{-6}	2.7
		股径>3.5mm	140			
	19 股	股径≤3.5mm	150	57000		
		股径>3.5mm	140			
钢芯 铝绞线	LGJ—70 及以下		270	80000	19×10^{-6}	—
	LGJ—90～400		290			
铜　　线			390	130000	17×10^{-6}	8.9

附录 2　常用重要建筑及设备的负荷级别

附表 2-1　常用重要设备及部位的负荷级别

建筑类别	建筑物名称	用电设备及部位名称	负荷级别	备注
住宅建筑	高层普通住宅	客梯电力，楼梯照明	二级	
宿舍建筑	高层宿舍	客梯电力，主要通道照明	二级	
旅馆建筑	一、二级旅游旅馆	经营管理用电子计算机及其外部设备电源、宴会厅电声、新闻摄影、录像电源、宴会厅、餐厅、娱乐厅、高级客房、厨房、主要通道照明，部分客梯电力，厨房部分电力	一级	

建筑类别	建筑物名称	用电设备及部位名称	负荷级别	备注
旅馆建筑	一、二级旅游旅馆	其余客梯电力,一般客房照明	二级	
	高层普通旅馆	客梯电力主要通道照明	二级	
办公建筑	省、市、自治区及部级办公楼	客梯电力,主要办公室、会议室、总值班室、档案室及主要通道照明	二级	
	银行	主要业务用电子计算机及其外部设备电源,防盗信号电源	一级	注3
		客梯电力	二级	注1
教学建筑	高等学校教学楼	客梯电力,主要通道照明	二级	注1
	高等学校的重要实验室		一级	注1
科教建筑	科研院所的重要实验室		一级	注2
	市（地区）级及以上气象台	主要业务用电子计算机及其外部设备电源、气象雷达、电报及传真收发设备、卫星云图接收机,语言广播电源,天气绘图及预报照明	二级	
		客梯电力	二级	注1
	计算中心	主要业务用电子计算机及其外部设备电源	一级	
		客梯电力	二级	注1
文娱建筑	大型剧院	舞台、贵宾室、演员化妆室照明,电声、广播及电视转播、新闻摄影电源	一级	
博览建筑	省、市、自治区级及以上的博物馆、展览馆	珍贵展品展室的照明,防盗信号电源	一级	
		商品展览用电	二级	
体育建筑	省、市、自治区级及以上的体育馆、体育场	比赛厅（场）主席台、贵宾室、接待室、广场照明、计时记分、电声、广播及电视转播、新闻摄影电源	一级	
医疗建筑	县（区）级及以上的医院	手术室、分娩室、婴儿室、急诊室、监护病房、高压氧仓、病理切片分析、区域性中心血库的电力及照明	一级	
		细菌培养、电子显微镜、电子计算机 X 线断层扫描装置、放射性同位素加速器电源,客梯电力	二级	注1

建筑类别	建筑物名称	用电设备及部位名称	负荷级别	备注
商业建筑	省辖市及以上的重点百货大楼	营业厅部分照明	一级	
		自动扶梯电力	二级	
商业仓库建筑	冷 库	大型冷库，有特殊要求的冷库的一台氨压缩机及其附属设备电力、电梯、电力、库内照明	二级	
司法建筑	监 狱	警卫照明	一级	
公用附属建筑	区域采暖锅炉		二级	

注：1. 仅当建筑物为高层建筑时，其载客电梯电力、楼梯照明为二级负荷。

2. 此处系指高等学校、科研院所中一旦中断供电将造成人身伤亡或重大政治影响、重大经济损失的实验室，例如生物制品实验室等。

3. 在面积较大的银行营业厅中，供暂时继续工作用的应急照明为一级负荷。

附表 2-2　常用重要用电设备的负荷级别

厂房或车间名称	用电设备名称	负荷级别	备注
热煤气站	鼓风机、发生炉传动机构	二级	
冷煤气站	鼓风机、排风机、冷却通风机发生炉传动机构、中央仪表室计器屏、冷却塔风扇、高压整流器、双皮带系统的机械化输煤系统	二级	
部定重点企业中总蒸发量超过 10t/h 的锅炉房	给水泵、软化水泵、鼓风机、引风机、二次鼓风机、炉篦机构	二级	
部定重点企业中总排气量超过 40m³/min 的压缩空气站	压缩机、独立励磁机	二级	
铸钢车间	平炉气化冷却水泵、平炉循环冷却水泵、平炉加料起重机，平炉所用的 75t 及以上浇铸起重机、平炉鼓风机、平炉用其他用电设备（换向机构、炉门卷扬机构、计器屏），5t、10t 电弧炼钢炉低压用电设备（电极升降机构、倾炉机构）及其浇铸起重机	二级	

附录3 常用灯具的安装功率

附表 3-1 一般建筑物公用地点灯泡的安装功率W

灯具形式	5lx			10lx		
	楼梯间	走　廊		楼梯间	走　廊	
		灯距 < 10m	灯距 > 10m		灯距 < 10m	灯距 > 10m
乳白玻璃水晶底灯				100	100	150
圆球灯	60	60	100	100	100	150
半圆吸顶灯 （双灯泡）	2 × 25	2 × 25	2 × 40	2 × 40	2 × 40	2 × 60
半圆吸顶灯 （单灯泡）	40	40	60	60	60	100
顶棚灯座（带伞）	25	25	40			

附表 3-2 综合建筑物单位面积安装功率W

房间名称	电能消耗 /W·m⁻²	房间名称	电能消耗 /W·m⁻²
高炉部分	5	总降压变电所	10
铸铁机室	8	锅炉房	4
炼钢车间	9	机车库	8
整模、脱模间	6	汽车库	8
废钢处理间	7	各种仓库	5
轧钢车间	10	生活间	8
金工车间	7	电缆隧道	4
装配车间	9	露天栈桥	5
工具修理车间	8	屋外配电装置	1.5
金属结构车间	10	道路照明	4（W/m）
焊接车间	8	警卫照明	5（W/m）
锻造车间	7	露天堆场	0.5
热处理车间	8	喷水池	0.3
铸钢车间	8	学校	5
铸铁车间	8	办公楼	5
木工车间	11	住宅	4
中心试验室	10	单身宿舍	4
煤气站	7	食堂	4
氧气站	7	托儿所	5
氢气站	11	浴室	3
压缩空气站、泵房	5	商店	5

注：此表仅作一般估算用，不能作为施工设计的依据。

附表 3-3 白炽灯和荧光灯在一般房间内的安装功率

W

房间面积 /m²	白炽灯照度/lx						荧光灯照度/lx		
	5	10	15	20	30	40	50	75	100
2	15	15	15	15	25	25			
4	15	15	25	25	40	60			
6	15	25	40	40	40	75	20	30	40
8	25	40	40	60	60	100	40	30	2×40
3×4	25	60	60	75	100	2×75	40	30	2×40
3×6	40	60	2×40	2×60	2×60	2×100	2×40	2 (2×30)	2 (2×40)
4×6	40	2×40	2×60	2×75	2×75	2×100	2×40	2 (2×30)	2 (2×40)
6×6	60	2×60	2×75	4×60	4×60	4×75	4×40	4 (2×30)	4 (2×40)
8×6	2×40	2×60	4×60	4×60	4×75	4×100	4×10	4 (2×30)	4 (2×40)
9×6	2×40	2×60	4×60	4×60	4×75	4×100	4×40	4 (2×30)	4 (2×40)
12×6	2×60	3×60	4×60	6×60	6×60	6×100	6×40	6 (2×30)	6 (2×40)

注：1. 表中白炽灯是指搪瓷伞罩、碗形罩、玻璃伞罩及裸灯泡等。荧光灯是指木底座裸灯管。

2. 2×40W 双管荧光灯亦可用 100W 单管荧光灯代替。

附表 3-4 不带反射罩荧光灯单位面积安装功率

W·m⁻²

计算高度 /m	房间面积 /m²	荧光灯照度/lx					
		30	50	75	100	150	200
2～3	10～15	3.9	6.5	9.8	13	19.5	26
	15～25	3.4	5.6	8.4	11.1	16.7	22.2
	25～50	3.0	4.9	7.3	9.7	14.6	19.4
	50～150	2.6	4.2	6.3	8.4	12.6	16.8
	150～300	2.3	3.7	5.6	7.4	11.1	14.8
	300 以上	2.0	3.4	5.1	6.7	10.1	13.4
3～4	10～15	5.9	9.8	14.7	19.6	29.4	39.2
	15～20	4.7	7.3	11.7	15.6	23.4	31.2
	20～30	4.0	6.7	10	13.3	20	26.6
	30～50	3.4	5.7	8.5	11.3	17	22.6
	50～120	3.0	4.9	7.3	9.7	14.6	19.4
	120～300	2.6	4.2	6.3	8.4	12.6	16.8
	300 以上	2.3	3.8	5.7	7.5	11.2	14.9

附表 3-5 带反射罩荧光灯单位面积安装功率

W·m⁻²

计算高度 /m	房间面积 /m²	荧光灯照度/lx					
		30	50	75	100	150	200
2～3	10～15	3.2	5.2	7.8	10.4	15.6	21
	15～25	2.7	4.5	6.7	8.9	13.4	18
	25～50	2.4	3.9	5.8	7.7	11.6	15.4
	50～150	2.1	3.4	5.1	6.8	10.2	13.6
	150～300	1.9	3.2	4.7	6.3	9.4	12.5
	300 以上	1.8	3.0	4.5	5.9	8.9	11.8

计算高度 /m	房间面积 /m²	荧光灯照度/lx					
		30	50	75	100	150	200
	10~15	4.5	7.5	11.3	15	23	30
	15~20	3.3	6.2	9.3	12.4	19	25
	20~30	3.2	5.3	8.0	10.6	15.9	21.2
3~4	30~50	2.7	4.5	6.8	9	13.6	18.1
	50~120	2.4	3.9	5.8	7.7	11.6	15.4
	120~300	2.1	3.4	5.1	6.8	10.2	13.5
	300以上	1.9	3.2	4.8	6.3	9.5	12.6

附表 3-6　伞形灯单位面积安装功率（搪瓷罩或玻璃罩软线吊灯）　　　W·m⁻²

计算高度 /m	房间面积 /m²	白炽灯照度/lx					计算高度 /m	房间面积 /m²	白炽灯照度/lx				
		5	10	15	20	40			5	10	15	20	40
	10~15	2.6	4.6	6.4	7.7	13.5		50~120	1.5	2.8	3.9	4.8	7.8
	15~25	2.2	3.8	5.5	6.7	11.2	3~4	120~300	1.3	2.3	3.3	4.1	6.5
	25~50	1.8	3.2	4.6	5.8	9.5		300以上	1.2	2.1	2.9	3.6	5.8
2~3	50~150	1.5	2.7	4.0	4.8	8.2		10~17	3.4	5.9	7.9	9.5	19.3
	150~300	1.4	2.4	3.4	4.2	7.0		17~25	2.7	4.8	6.5	7.8	15.4
	300以上	1.3	2.2	3.2	4.0	6.5		25~35	2.3	4.1	5.6	7.0	13
	10~15	2.8	5.1	6.9	8.6	15	4~6	35~50	2.1	3.6	4.9	6.2	10.8
	15~20	2.5	4.5	6.1	7.7	13.1		50~80	1.8	3.1	4.3	5.4	9.1
3~4	20~30	2.2	3.8	5.3	6.7	11.2		80~150	1.5	2.6	3.6	4.3	7.4
	30~50	1.8	3.4	4.6	5.7	9.4		150~400	1.3	2.2	3.0	3.6	6.2
								400以上	1.1	1.8	2.5	2.9	5.6

附表 3-7　乳白玻璃罩吊灯单位面积安装功率　　　W·m⁻²

计算高度 /m	房间面积 /m²	白炽灯照度/lx							
		10	15	20	25	30	40	50	75
	10~15	6.3	8.4	11.2	13.0	15.4	20.5	24.8	35.3
	15~25	5.3	7.4	9.8	11.4	13.3	17.7	21.0	30.0
2~3	25~50	4.4	6.0	8.3	9.6	11.2	14.9	17.3	24.8
	50~150	3.6	5.0	6.7	7.7	9.1	12.1	13.5	19.5
	150~300	3.0	4.1	5.6	6.5	7.7	10.2	11.3	16.5
	300以上	2.6	3.6	4.9	5.7	7.0	9.3	10.1	15.0
	10~15	7.2	9.9	12.6	14.6	18.2	24.2	31.5	45.0
	15~20	6.1	8.5	10.5	12.2	15.4	20.6	27.0	37.5
	20~30	5.2	7.2	9.5	11.0	13.3	17.8	21.8	32.2
3~4	30~50	4.4	6.1	8.1	9.4	11.2	15.0	18.0	26.3
	50~120	3.6	5.0	6.7	7.7	9.1	12.1	14.3	21.4
	120~300	2.9	4.0	5.6	6.5	7.6	10.1	11.3	17.3
	300以上	2.4	3.2	4.6	5.3	6.3	8.4	9.4	14.3

附表 3-8 圆球型工厂灯、吸顶灯单位面积安装功率

W·m⁻²

计算高度 /m	房间面积 /m²	白炽灯照度/lx					
		5	10	15	20	30	40
2~3	10~15	4.9	8.8	11.6	15.2	20.9	27.6
	15~25	4.1	7.5	10.1	12.9	17.7	23.1
	25~50	3.6	6.4	8.8	10.7	14.8	19.3
	50~150	2.9	5.1	7.0	8.8	11.8	15.7
	150~300	2.4	4.3	5.7	6.9	9.3	12.9
	300 以上	2.2	3.9	5.2	6.2	8.9	11.5
3~4	10~15	6.2	10.4	13.8	17.1	24.7	30.9
	15~20	5.1	8.7	11.2	14.3	21.4	26.9
	20~30	4.3	7.9	9.9	12.5	18.4	23.5
	30~50	3.7	6.2	8.8	10.7	15.2	19.5
	50~120	3.0	5.3	7.2	9.0	12.4	16.2
	120~300	2.3	4.1	5.7	7.3	9.7	12.8
	300 以上	2.0	3.5	4.7	5.9	8.5	10.8
4~6	10~17	7.8	12.4	17.1	21.9	30.4	40
	17~25	6.0	9.7	13.3	17.1	24.7	31.8
	25~35	4.9	8.3	11	14.5	20.4	26.4
	35~50	4.0	7.0	9.4	12.3	16.9	22.2
	50~80	3.3	5.8	8.2	10.6	14	18.2
	80~150	2.9	4.9	7.0	8.8	11.9	15.9
	150~400	2.3	4.0	5.7	7.1	9.9	12.9

附表 3-9 广照型防水防尘灯单位面积安装功率

W·m⁻²

计算高度 /m	房间面积 /m²	白炽灯照度/lx				
		5	10	15	20	30
2~3	10~15	4.8	8.0	11	13.7	19.5
	15~25	3.9	6.7	9.1	11.6	16.2
	25~50	3.2	5.9	7.8	10.3	13.6
	50~150	2.8	4.9	6.6	8.6	10.8
	150~300	2.3	4.0	5.6	7.0	9.0
	300 以上	2.2	3.6	5.0	6.0	8.0
3~4	10~15	6.5	11.5	15.3	20	27
	15~20	5.0	9.3	12.4	16	20.5
	20~30	4.0	7.8	10.1	12.6	16.5
	30~50	3.2	6.2	8.1	10.4	14.1
	50~120	2.8	5.1	6.8	8.5	12.1
	120~300	2.4	4.2	5.4	7.0	10.2
	300 以上	2.0	3.6	4.3	6.0	8.5

附表 3-10　深照型工厂灯单位面积安装功率　　　　　　　W·m^{-2}

计算高度 /m	房间面积 /m²	白炽灯照度/lx					
		5	10	15	20	30	40
6~8	25~35	4.2	7.2	10	12.8	18	23
	35~50	3.5	6.0	8.4	10.8	15	19
	50~65	3.0	5.0	7.0	9.1	13	16.7
	65~90	2.6	4.4	6.2	8.0	11.5	14.7
	90~135	2.2	3.8	5.3	6.8	10	12.5
	135~250	1.9	3.3	4.6	5.8	8.2	10.3
	250~500	1.7	2.8	3.9	5.1	7.2	9.1
	500 以上	1.4	2.5	3.4	4.4	6.2	7.8
8~12	50~70	3.7	6.3	8.9	11.5	17	22.1
	70~100	3.0	5.3	7.5	9.7	15	19
	100~130	2.5	4.4	6.2	8.0	12	15.5
	130~200	2.1	3.8	5.3	6.9	10	13
	200~300	1.8	3.2	4.5	5.8	8.2	10.6
	300~600	1.6	2.8	3.9	5.0	7	9.0
	600~1500	1.4	2.4	3.3	4.3	6	7.7
	1500 以上	1.2	2.2	3.0	3.8	5.2	6.8

附录4　一般家用电器的用电负荷

附表 4-1　一般家用电器用电负荷

设备名称	规　格	耗电功率 /kW	功率因数	计算电流 /A
收录机		0.01~0.06	0.7	0.1~0.4
电唱机		0.02	0.7	0.2
电视机	黑白	0.03~0.05	0.7	0.2~0.3
	彩电	0.07~0.09	0.7	0.4~0.5
洗衣机		0.12~0.4	0.6	0.8~2.3
家用电冰箱	50~200L	0.04~0.15	0.6	0.3~1
台　扇	φ200mm~φ400mm	0.03~0.07	0.6	0.3~0.5
落地扇	φ400mm	0.07	0.6	0.5
箱式电扇	φ300mm	0.06	0.6	0.4
吊　扇	φ900mm~φ1200mm	0.08	0.6	0.6
排气扇	φ140mm	0.01	0.5	0.1
冷风器		0.07	0.6	0.5
电空调器		0.75~2	0.7~0.8	4.3~11.4
电熨斗		0.3~0.6	1	1.4~2.8
电烙铁		0.04~0.1	1	0.2~0.5
电热梳		0.02~0.12	1	0.1
电吹风		0.25~1.2	1	1.2~5.8

设备名称	规 格	耗电功率/kW	功率因数	计算电流/A
电热烫发钳		0.02 ~ 0.03	1	0.1
电卷发器		0.02	1	0.1
电褥子		0.04 ~ 0.08	1	0.2 ~ 0.4
热得快		0.3	1	1.4
电水杯		0.4	1	1.9
电茶壶（瓷）		0.5	1	2.3
电茶壶（铝）	2.5 ~ 5L	0.7 ~ 1.5	1	3.2 ~ 6.9
电热锅	1.5L	0.5 ~ 0.75	1	2.3 ~ 3.5
电烤箱		0.5 ~ 0.6	1	2.3 ~ 2.8
电炒勺		0.8 ~ 0.9	1	3.7 ~ 4.1
电饭锅		0.3 ~ 1.5	1	1.4 ~ 6.9
电 炉	ϕ100mm ~ ϕ170mm	0.3 ~ 1	1	1.4 ~ 4.6
暖式电炉	立式	0.3 ~ 1	1	1.4 ~ 4.6
电热水器		2	1	9.1
电吸尘器		0.25	0.6	1.9
多用机（绞肉、切菜）		0.5	0.6	3.8

附录5　线路敷设有关数据

附表 5-1　架空线路导线间的最小距离
m

电压 ＼ 档距	≤40	50	60	70	80	90	100
1 ~ 10kV	0.6	0.65	0.7	0.75	0.85	0.9	10
1kV 以下	0.3	0.4	0.45	—	—	—	—

注：表中所列数值适用于导线的各种排列方式；靠近电杆的两导线间的水平距离，对于低压线路，不应小于 0.5m。

附表 5-2　架空线路导线对地面或水面的最小距离
m

线路经过地区	线 路 电 压	
	1 ~ 10kV	< 1kV
（1）居民区	6.5	6.0
（2）非居民区	5.5	5.0
（3）交通困难地区	4.5	4.0
（4）步行可以到达的山坡	4.5	3.0

线路经过地区	线 路 电 压	
	1～10kV	＜1kV
(5) 步行不能到达的山坡、峭壁和岩石	1.5	1.0
(6) 不能通航及不能浮运的河、湖，冬季至冰面	5.0	5.0
(7) 不能通航及不能浮运的河、湖，从高水位算起	1.0	3.0
(8) 人行道、里、巷至地面		
裸导线	3.5	—
绝缘导线	2.5	—

注：1. 居民区指工业企业地区、港口、码头、城镇等人口密集地区。

　　2. 非居民区指居民区以外的地区，均属非居民区。有时虽有人和车到达，但房屋稀少，亦属非居民区。

　　3. 交通困难地区指车辆不能到达的地区。

　　4. (4)、(5) 两项的最小距离，是指导线与山坡、峭壁等之间的净距离。

附表 5-3　多种用途导线共杆时各层横担间最小垂直距离

m

导线排列方式	直 线 杆	分歧或转角杆
高压与高压	0.80	0.45/0.60
高压与低压	1.20	1.00
低压与低压	0.60	0.30
高压与信号线路	2.00	2.00
低压与信号线路	0.60	0.60

注：高压转角或分歧横担，距上层横担采用 0.45m，距下层横担采用 0.6m。

附表 5-4　接户线对地、路面的最小垂直距离

接户线架设条件	最小垂直距离/m
(1) 6～10kV 接户线对地	4.5
(2) 低压接户线对地	2.7 (2.5)
(3) 跨越道路的低压接户线至路面中心：	
通车道路	6.0
难通车道路、人行道	3.0

注：1. 低压接户线应采用绝缘导线。

　　2. 括号内数字，在建筑物高度受限制时采用。

接户线接近建筑物的部位	最小距离/mm
与接户线下方窗户间的垂直距离	300
与接户线上方阳台或窗户的垂直距离	800
与窗户或阳台的水平距离	750
与墙壁、构架之间距离	50

附表 5-6　接户线的线间最小距离（电压在 1kV 以下）

电　压	架设方式	档距/m	线间距离/mm
1kV 及以下低压	从电杆上引下	25 及以下	150
	沿墙敷设	6 及以下	100
		6 以上	150
6～10kV 高压		30 及以下	450

附表 5-7　横担长度选择表　　　　　　　　　　　　　　　mm

横担材料	低压横担			高压线路		
	二线	四线	六线	二线	水平排列四线	陶瓷横担头部
铁横担	700	1500	2300	1500	2240	800

附表 5-8　横担截面选择表　　　　　　　　　　　　　　　mm

导线截面 /mm²	低压直线杆	低压承力杆		高压直线杆	高压承力杆
		二　线	四线以上		
16、25、35、50	L50×5	2×L50×5	2×L63×5	L63×6	2×L63×6
70、95、120	L63×5	2×L63×5	2×L70×6	L63×6	2×L75×6

注：1. 承力杆系指终端杆、分支杆以及 30°以上转角杆。

　　2. 木横担截面：低压线路 80mm×80mm 断面；高压线路 100mm×100mm 的断面。

附表 5-9　电缆支架层间最小允许垂直净距

电缆种类	敷设方法 层间最小允许垂直净距/mm		电缆夹层	电缆隧道	电缆沟	架空（吊钩除外）
电力电缆	10kV 及以下		200	200	150	150
	20～35kV		—	250	200	200
	充油电缆	外径≤100mm	—	300	—	—
		外径>100mm	—	350	—	—
控制电缆			120	120	100	100

附表 5-10　电缆支架横档至沟顶楼板或沟底的距离

项　　目　＼　敷设方式	电缆隧道及夹层 /mm	电缆沟 /mm	吊　架 /mm
最上层横档至沟顶或楼板	300~350	150~200	150~200
最下层横档至沟底或地面	100~150	50~100	—

附表 5-11　屋内电气管线和电缆与其他管道之间的最小净距　　　　　　　m

敷设方式	管线及设备名称	管线	电缆	绝缘导线	裸导(母)线	滑触线	插接式母线	配电设备
平行	煤气管	0.1	0.5	1.0	1.5	1.5	1.5	1.5
	乙炔管	0.1	1.0	1.0	2.0	3.0	3.0	3.0
	氧气管	0.1	0.5	0.5	1.5	1.5	1.5	1.5
	蒸汽管	1.0/0.5	1.0/0.5	1.0/0.5	1.5	1.5	1.0/0.5	0.5
	热水管	0.3/0.2	0.5	0.3/0.2	1.5	1.5	0.3/0.2	0.1
	通风管		0.5	0.1	1.5	1.5	0.1	0.1
	上下水管	0.1	0.5	0.1	1.5	1.5	0.1	0.1
	压缩空气管		0.5	0.1	1.5	1.5	0.1	0.1
	工艺设备				1.5	1.5		
交叉	煤气管	0.1	0.3	0.3	0.5	0.5	0.5	
	乙炔管	0.1	0.3	0.3	0.5	0.5	0.5	
	氧气管	0.1	0.3	0.3	0.5	0.5	0.5	
	蒸汽管	0.3	0.3	0.3	0.5	0.5	0.3	
	热水管	0.1	0.1	0.1	0.5	0.5	0.1	
	通风管		0.1	0.1	0.5	0.5	0.1	
	上下水管		0.1	0.1	0.5	0.5	0.1	
	压缩空气管		0.1	0.1	0.5	0.5	0.1	
	工艺设备				1.5	1.5		

注：1. 表中的分数，分子数字为线路在管道上面时，分母数字为线路在管道下面时的最小净距。

　　2. 电气管线与蒸汽管不能保持表中距离时，可在蒸汽管与电气管线之间加隔热层，这样平行净距可减至 0.2m。交叉处只考虑施工维修方便。

　　3. 电气管线与热水管不能保持表中距离时，可在热水管外包隔热层。

　　4. 裸母线与其他管道交叉不能保持表中距离时，应在交叉处的裸母线外面加装保护网或罩。

附录 6　常用材料的反射、透射和吸收数据

附表 6-1　常用材料的反射、透射和吸收系数表

材　料　名　称		ρ（%）	τ（%）	α（%）	备注
玻璃及塑料	普通玻璃 2~6mm	8~10	84~90		光对平滑面
	磨砂玻璃 3mm		76.5		光对磨砂面
			79.5		光对平滑面

311

材 料 名 称		ρ（%）	τ（%）	α（%）	备注
玻璃及塑料	乳白玻璃 1.5mm		64		
	有机玻璃 1～6mm		91～92		
	聚氯乙烯		75～83		
玻璃及塑料	聚碳酸酯		74～81		
	聚苯乙烯		75～83		
	塑料安全夹层玻璃		78		（3＋3）mm
	双层中空隔热玻璃		64		（3＋3）mm
	蓝色吸热玻璃		64		3mm
			52		5mm
	压花玻璃 3mm		57		花纹较密
			71		花纹浅稀
金属	普通铝（抛光）	71～76		24～29	
	高纯铝（电化抛光）	84～86		14～16	
	镀汞玻璃镜	83		17	
	不 锈 钢	55～60		40～45	
饰面材料	大白粉刷	75			
	白色乳胶漆	84			
	乳黄色调和漆	70			
	白 水 泥	75			
	水泥砂浆抹面	35			
	红 砖	30			
	灰 砖	24			
	浅色瓷砖	78			
	白色水磨石	70			
	塑料贴面板	30			深色
	混凝土地面	32			
	沥青地面	13			
	石 膏	90～92		8～10	
	白亮木材	<40			
	暗色木材	>10			
	白色棉织物	35	57	8	
	深色大理石	40			

材 料 名 称		ρ（%）	τ（%）	α（%）	备注
搪瓷类	白搪瓷	80			
	涂釉瓷器	60～90			

注；双层中空玻璃中间的空隙为5mm。

附录7　建筑弱电有关数据

附表7-1　消防用电设备在火灾发生期间的最少连续供电时间

序　　号	消防用电设备名称	保证供电时间/min
1	火灾自动报警装置	≥10
2	人工报警器	≥10
3	各种确认、通报手段	≥10
4	消火栓、消防泵及自动喷水系统	>60
5	水喷雾和泡沫灭火系统	>30
6	CO_2灭火和干粉灭火系统	>60
7	卤代烷灭火系统	≥30
8	排烟设备	>60
9	火灾广播	≥20
10	火灾疏散标志照明	≥20
11	火灾暂时继续工作的备用照明	≥60
12	避难层备用照明	>60
13	消防电梯	>60
14	直升飞机停机坪照明	>60

注：1. 表中所列连续供电时间是最低标准，有条件时应尽量延长。

　　2. 对于超高层建筑，序号中的3、4、8、10、13等项，尚应根据实际情况延长。

附表7-2　探测器误报率比较

类型	探测器类型	误报率	可信度
单技术探测器	微波探测器	421%	低
	红外探测器	421%	低
	超声波探测器	421%	低
	声音探测器	421%	低
双鉴式探测器	微波/超声波	270%	中
	遮断式红外/遮断式红外	270%	中
	超声波/遮断式红外	270%	中
	微波/遮断式红外	1%	高

附表 7-3　感烟、感温探测器安装要求

安　装　场　所	要　　求
走廊感温探测器间距	< 10m
走廊内感烟探测器间距	< 15m
探测器至墙壁、梁边的水平距离	≥0.5m
至空调送风口边水平距离	≥1.5m
与照明灯具水平净距	≥0.2m
距高温光源灯具	≥0.5m
距电风扇净距	≥1.5m
距不突出的扬声器净距	≥0.1m
距多孔隙顶棚孔净距	≥0.5m
与各种自动喷水灭火喷头净距	≥0.3m
与防火门、防火卷帘间距	1～2m

附表 7-4　有线电视网图形符号

图形符号	说　　明	图形符号	说　　明
	天线一般符号 注： 1. 此符号可用来表示任何类型天线或天线阵，符号的主杆线可表示包括单根导线的任何形式对称馈线和非对称馈线 2. 天线的极坐标图主瓣的一般形状图样可在天线符号附近标出 3. 数字或字母符号的补充标记，可采用日内瓦国际电信联盟公布的《无线电规则》中的规定。名称或标记可以交替地写在天线的一般符号旁边		有源混合器（示出五路输出）
			均衡器
			彩色电视摄像机
			云台式摄像机
			录像机
	卫星接收天线		磁鼓式录放机
形式 1　　形式 2 −01　　　−02	形式1放大器一般符号 形式2中继器一般符号 （示出输入和输出） 注：三角形指向传输方向		可变均衡器
		db	固定衰减器
	线路（支路或激励馈线）末端放大器（示出一个激励馈线的输出）	db	可变衰减器
	混合网络		滤波器一般符号

314

图形符号	说　明	图形符号	说　明
	系统出线端		用户三分支器
	干线分配放大器（示出两路干线输出）		用户四分支器
	二路分配器		电视摄像机
	三路分配器		针式唱头播放机
	四路分配器	Pw	功率放大器
	用户分支器（示出一路分支） 注：1. 圆内的线可用代号代替 2. 若不产生混乱表示用户馈线支路的线可以省略	TVC	摄像机控制器
	用户二分支器		调制器，解调器或鉴别器一般符号

附表 7-5　图像质量和接收电场强度之间的关系表

图　像　质　量	需要电场强度/dBμV
完全没有干扰，图像清晰	60 以上
多少能辨认些干扰，图像良好	50～60
能看出干扰，图像一般	47～54
干扰很明显，尚可见到图像	40～47
不能接收	34 以下

附表 7-6　电波波段的分类表

波段名称	波长范围	电波名称	频率范围
极长波	1×10^5 m 以上	极低频（ELF）	3kHz 以下
超长波	$1\times10^5\sim10^4$ m	甚低频（VLF）	3～30kHz

续表

波段名称		波长范围	电波名称	频率范围
长 波		$1 \times 10^4 \sim 10^3 \mathrm{m}$	低频（LF）	$30 \sim 300 \mathrm{kHz}$
中 波		$1 \times 10^3 \sim 100 \mathrm{m}$	中频（MF）	$300 \sim 3000 \mathrm{kHz}$
短 波		$100 \sim 10 \mathrm{m}$	高频（HF）	$3 \sim 30 \mathrm{MHz}$
超短波		$10 \sim 1 \mathrm{m}$	甚高频（VHF）	$30 \sim 300 \mathrm{MHz}$
微波	分米波	$10 \sim 1 \mathrm{dm}$	特高频（UHF）	$300 \sim 3000 \mathrm{MHz}$
	厘米波	$10 \sim 1 \mathrm{cm}$	超高频（SHF）	$3 \sim 30 \mathrm{GHz}$
	毫米波	$10 \sim 1 \mathrm{mm}$	极高频（EHF）	$30 \sim 300 \mathrm{GHz}$

附表 7-7 共用天线电视系统性能指标表

项 目			单位	极限值	备 注
频率范围			MHz	$45 \sim 225$	
前端输入电平			dBμV	$\geqslant 57$	$C/N = 45 \mathrm{dB}$，$NF = 8 \mathrm{dB}$ 附加 4dB
用户端电平	电平范围		dBμ	$57 \sim 83$	
	频道间电平差	$45 \sim 225 \mathrm{MHz}$	dB	$\leqslant 12$	
		VHF 任意 60MHz	dB	$\leqslant 8$	
		邻接频道间	dB	$\leqslant 3$	
信号质量	频道内频率特性		dB	± 2 以内	频率变化 0.5MHz，增益变化不大于 0.5dB
	载 噪 比		dB	$\geqslant 45$	噪声带宽为 5.75MHz
	相互调制		dB	$\geqslant 54$	单频
	交扰调制		dB	$\geqslant 46$	
	交流声调制		dB	$\geqslant 46$	
	回波成分		%	$\leqslant 7$	
	微分增益		%	$\leqslant 20$	
	微分相位		度	$\leqslant 12$	
	色/亮时延差		ns	$\leqslant 100$	
用户端隔离度			dB	$\geqslant 22$	

注：1. 系统寄生辐射：暂时用 3m 法，指标暂定为 34dB/m。

2. 被分配载波信号的频率稳定性。

316

附表 7-8　图像质量损伤的等级表

图像等级	主观评价	干扰和杂波造成的影响
5	优	觉察不到杂波和干扰
4	良	可觉到但不讨厌
3	中	有点讨厌
2	差	讨厌
1	劣	无法收看

注：系统设计所达到的性能指标，城市宜在四级以上；城市远郊区及农村亦不低于三级。

附表 7-9　接收场强估算表

等　级	场　强 E		发射功率 P		
			10kW	5kW	3kW
	mV/m	dBμV	距离/km		
强	50	>94	≤10	≤7	≤3
中	5	>74	≤30	≤21	≤10
小	0.5	>54	≤60	≤50	≤30
微	0.1	≥40	>70	>50	>30

附表 7-10　常用同轴电缆每百米的衰减量表

电缆型号	绝缘结构	衰减量（dB/100m）					产地
		50MHz	200MHz	300MHz	500MHz	800MHz	
SYKV75—5	藕芯	5.4	10.5	13.5	16.8	22.5	浙江
SYKV75—7		3.5	7.1	9.7	11.8	15.2	
SYKV75—9		2.8	5.7	7.4	10.0	12.5	
SYKV75—12		2.45	4.5	5.7	7.6	10.0	

附表 7-11　火灾事故广播扬声器设置要求

类　　别	要　　求
走道、大厅、餐厅等公共场所任何部位到最近一个扬声器步行距离	≤15m；额定功率 >3W
走道末端扬声器距墙距离	<8m；额定功率 >3W
客房扬声器	额定功率 >1W
客房外走道扬声器间距	<10m；额定功率 >3W

附表 7-12　火灾报警系统图形符号

图形符号	说　明	图形符号	说　明
▭	火灾报警装置	🀰　🀆	感温、感烟探测器带末端电阻
▭	火灾报警装置 ＊： Ac—集中报警装置 Aa—区域报警装置 Fi—楼层显示装置	Ⓨ	手动报警装置
		⚠	火灾警铃
感温探测器		◁	火灾报警发声器
Ⓢ	感烟探测器	◁	火灾报警扬声器
△	感光探测器	/B/	火灾光信号装置
⬓	气体探测器		
⊟	红外线光束感烟发射器	BLHF	组合声光报警装置 包括：B—声信号 　　　L—光信号 　　　H—手动报警装置 　　　F—电话插孔（专用）
⊟	红外线光束感烟接收器		
⊞F	报警电话插孔	☎	火灾报警电话机（实装）
		⊘280℃	防火阀
□*	出线口与接口 ＊： M—防火门闭门器 FR—中继器 Fd—送风风门出线口 Fe—排烟风门出线口 Fc—控制接口 Fch—切换接口	⊘	防火排烟阀
		□*	非电量电接点一般符号 ＊： SP—压力开关，压力报警开关 SU—速度开关 ST—温度开关 SL—液位开关 SB—浮球开关 SFW—水流开关
⊡	水流指示器		
⋈	压力报警阀		

附表 7-13　综合布线系统中的图形符号

BD ⋈ 主配线架	LIU 光缆配线设备	A　B ⊠ 架空交接箱 A：编号 　　　　　　B：容量	▣ 传真机一般符号	⊤ □* 电传插座一般符号 ＊：TP—电话 　　TX—电传 　　M—传声器 　　TV—电视 　　FM—调频
FD ⋈ 楼层配线架	HUB 集线器	A　B ⊠ 落地交接箱 A：编号 　　　　　　B：容量	□ 电话出线盒	

318

建筑群配线架	信息插座	壁龛交接箱 A：编号 B：容量	电话机一般符号	
程控交换机 PBX	综合布线接口	墙挂交接箱 A：编号 B：容量	按键式电话机	

附表7-14 楼宇自动化系统图形符号

热电偶	一般检测点	电动蝶阀	压力传感器	电流变送器
热电阻	电动二通阀	电动风门	压差传感器	电压变送器
功率因数变送器	电动三通阀	温度传感器	液位计	功率变送器
节流孔板	电磁阀	温度传感器	流量计	频率变送器
气体流量开关	用电度数变送器	加湿器	换热器	风机
液体流量开关	无功变送器	风门	水泵	空气过滤器
防冻开关	一氧化碳浓度传感器	水冷机组	空气加热，冷却器 S = + 为加热，S = − 为冷却	
直接数字式控制器	二氧化碳浓度传感器	冷却塔		

附表 7-15　保安系统图形符号

防盗探测器	对射式主动红外线探测器（发射部分）	玻璃破碎探测器	电探门锁	脚挑报警开关
防盗报警控制器	对射式主动红外线探测器（接收部分）	感烟探测器	电磁门锁	磁卡读卡机
超声波探测器	被动红外线探测器	门磁开关	出门按钮	指纹读入机
微波探测器	微波/被动红外线双鉴探测器	振动感应器	报警按钮	非接触式读卡机
报警警铃	保安控制器	按键式自动电话机	报警闪灯	打印机
报警喇叭	对讲门口主机	室内对讲机	巡更站	显示器
可视对讲门口主机	对讲门口子机	室内可视对讲机	计算机	报警通信接口

附表 7-16　电话机电路常用图形、文字符号

名　　称	图形符号	文字符号	备　　注
电话机			电话机一般符号
磁石电话机			

320

名　　称	图形符号	文字符号	备　　注
共电电话机			
拨号盘式自动电话机			
按键电话机			
投币式电话机			
带扬声器的电话机			
电视电话机	TV		
录放电话机			
送话器	① ② ③ ④ ⑤ ⑥	BM	①一般符号②碳精式③压电式④电磁式⑤动圈式⑥驻极体式
受话器	① ② ③ ④	BE	①一般符号②电磁式③压电式④动圈式
手持送受话器			
电　铃	① ②		①一般符号②交流铃
馈电桥			
仿真用户线仿真中继线	① ②		①可调②固定

附表 7-17　铅护套电缆技术特性表

电缆型号	电缆名称及结构	敷设条件	线芯直径 /mm	电缆对数
HQ	铜芯裸铅包市内电话电缆	敷设在室内、隧道及沟管中	0.4	5 ~ 1800
			0.5	5 ~ 1200
			0.6	5 ~ 900
			0.7	5 ~ 600
HQ20	铜芯铅包钢带铠装市内电话电缆	不能承受拉力，地形坡度不大于30°的地区	0.4	50 ~ 600
			0.5	20 ~ 600
			0.6	10 ~ 600
			0.7	10 ~ 400
HQ33	铜芯铅包钢丝铠装市内电话电缆	能承受相当拉力，地形坡度大于30°的地区	0.4	25 ~ 1200
			0.5	25 ~ 1200
			0.6	15 ~ 800
			0.7	10 ~ 600

附表 7-18　配线电缆技术特性表

电缆型号	电缆名称及结构	主要用途	芯线直径 /mm	对数
HPVV	铜芯聚氯乙烯绝缘纸带聚氯乙烯护层配线电缆	用于线路始终端供连接电话电缆至分线箱或配线架，也作户内外短距离配线用	0.5	5 ~ 300
HJVV	铜芯聚氯乙烯绝缘纸带聚氯乙烯护层局用电缆	用于配线架至交换机或交换机内部各级机械间连接用	0.5	12 ~ 105

附表 7-19　全塑市内电话电缆技术特性表

电缆型号	电缆名称及结构	敷设条件	芯线直径 /mm	对数
HYVC	铜芯全塑聚乙烯绝缘聚氯乙烯护层自承式市内通信电缆	敷设在电缆沟内	0.5	5 ~ 400
			0.6	5 ~ 400
			0.7	5 ~ 300
HYV	铜芯全塑聚乙烯绝缘聚氯乙烯护层市内通信电缆	直埋、电缆沟敷设	0.5	5 ~ 500
			0.6	5 ~ 500
			0.7	5 ~ 500
HYV2	铜芯全塑聚乙烯绝缘聚氯乙烯护层钢带铠装市内通信电缆	架空	0.5	5 ~ 100

电缆型号	电缆名称及结构	芯数×线径	用途
HPV	铜芯聚氯乙烯绝缘通信线	2×0.5	电话、广播
HBV	铜芯聚氯乙烯绝缘电话配线	2×0.8	电话配线
		2×1.0平行	
		2×1.2	
		4×1.2绞型	
HVR	聚氯乙烯绝缘电话软线	6/2×1.0	连接电话机与接线盒

附录8　常用变压器有关数据

附表 8-1　S_7 系列铜线低损耗电力变压器技术数据

型　　　号	额定容量 /kV·A	额定电压/kV		损耗/W		空载电流 （%）	阻抗电压 （%）	联结组	质量 /kg
		高压	低压	空载	负载				
S_7—50/6	50			175	875	2.2	4		450
S_7—50/10									
S_7—100/6	100			296	1450	2.1	4		755
S_7—100/10									
S_7—160/6	160			462	2080	1.8	4		1070
S_7—160/10									
S_7—200/6	200			505	2470	1.5	4		1180
S_7—200/10									
S_7—250/6	250			600	2920	1.5	4		1400
S_7—250/10									
S_7—315/6	315			720	3470	1.5	4		1550
S_7—315/10									
S_7—400/6	400	$\dfrac{6,6.3}{10}$	0.4	865	4160	1.5	4	Y/Y_0—12	1850
S_7—400/10									
S_7—500/6	500			1030	4920	1.45	4		2150
S_7—500/10									
S_7—630/6	630			1250	5800	0.82	5		2510
S_7—630/10									
S_7—800/6	800			1500	7200	0.8	5		3000
S_7—800/10									
S_7—1000/6	1000			1750	10000	0.75	5		3550
S_7—1000/10									
S_7—1250/6	1250			2050	11500	0.7	5		4200
S_7—1250/10									
S_7—1600/6	1600			2500	14000	0.65	5		5050
S_7—1600/10									

注：1.S_7 系列低损耗节能电力变压器为辽宁省统一设计产品。

2.该系列产品的空载损耗、负载损耗低于部标 JB1300—73，并且较铝线低损产品（SL$_7$ 系列）的损耗还低。

附表 8-2　SLZ₇ 系列三组油浸自冷式铝线低损耗有载调压变压器技术数据

| 型　号 | 额定容量 /kV·A | 电压组合/kV | | 损耗/W | | 阻抗电压 (%) | 空载电流 (%) | 联结组 | 总重 /kg | 外形尺寸/mm |
		高压	低压	空载	负载					长 × 宽 × 高
SLZ₇200/6	200			540	3400	4	3.5		1285	1460 × 1180 × 1780
SLZ₇—200/10										
SLZ₇—250/6	250			640	4000	4	3.2		1445	
SLZ₇—250/10										
SLZ₇—315/6	315			760	4800	4	3.2		1690	1553 × 1215 × 1890
SLZ₇—315/10										
SLZ₇—400/6	400			920	5800	4	3.2		1950	1573 × 1260 × 1992
SLZ₇—400/10										
SLZ₇—500/6	500	6,6.3 / 10	0.4	1080	6900	4	3.2	Y/Y₀—12	2270	
SLZ₇—500/10										
SLZ₇—630/6	630			1400	8500	4.5	3		3140	
SLZ₇—630/10										
SLZ₇—800/6	800			1660	10400	4.5	2.5		3710	
SLZ₇—800/10										
SLZ₇—1000/6	1000			1930	12180	4.5	2.5		4590	2560 × 1900 × 3110
SLZ₇—1000/10										
SLZ₇—1250/6	1250			2350	14490	4.5	2.5		5390	
SLZ₇—1250/10										

附录9　Y 系列和 YZR 系列电动机技术数据

附表 9-1　Y 系列（IP23）电动机技术数据（电动机额定电压为380V，额定频率为50Hz）

| 型　号 | 额定功率 /kW | 满载时 | | | | 堵转转矩 额定转矩 | 堵转电流 额定电流 | 最大转矩 额定转矩 | 质量 /kg |
		转速 /r·min⁻¹	电流 /A	效率 (%)	功率因数				
Y160M—2	15	2928	29.3	88	0.88	1.7	7.0	2.2	
Y160L1—2	18.5	2929	35.2	89	0.89	1.8	7.0	2.2	
Y160L2—2	22	2928	41.8	89.5	0.89	2.0	7.0	2.2	160
Y180M—2	30	2938	56.7	89.5	0.89	1.7	7.0	2.2	
Y180L—2	37	2939	69.2	90.5	0.89	1.9	7.0	2.2	220
Y200M—2	45	2952	84.4	91	0.89	1.9	7.0	2.2	
Y200L—2	55	2950	100.8	91.5	0.89	1.9	7.0	2.2	310
Y225M—2	75	2955	137.9	91.5	0.89	1.8	7.0	2.2	380
Y250S—2	90	2966	164.9	92	0.89	1.7	7.0	2.2	
Y250M—2	110	2965	199.4	92.5	0.90	1.7	7.0	2.2	465
Y280M—2	132	2967	238	92.5	0.90	1.6	7.0	2.2	750

续表

型 号	额定功率/kW	满 载 时				堵转转矩 额定转矩	堵转电流 额定电流	最大转矩 额定转矩	质量/kg
		转速 /r·min⁻¹	电流 /A	效率 (%)	功率因数				
Y160M—4	11	1459	22.4	87.5	0.85	1.9	7.0	2.2	
Y160L1—4	15	1458	29.9	88	0.86	2.0	7.0	2.2	
Y160L2—4	18.5	1458	36.5	89	0.86	2.0	7.0	2.2	160
Y180M—4	22	1467	43.2	89.5	0.86	1.9	7.0	2.2	
Y180L—4	30	1467	57.9	90.5	0.87	1.9	7.0	2.2	230
Y200M—4	37	1473	71.1	90.5	0.87	2.0	7.0	2.2	
Y200L—4	45	1473	85.5	91	0.87	2.0	7.0	2.2	310
Y225M—4	55	1476	103.6	91.5	0.88	1.8	7.0	2.2	380
Y250S—4	75	1480	140.1	92	0.88	2.0	7.0	2.2	
Y250M—4	90	1480	167.2	92.5	0.88	2.2	7.0	2.2	490
Y280S—4	110	1482	202.4	92.5	0.88	1.7	7.0	2.2	
Y280M—4	132	1483	241.3	93	0.88	1.8	7.0	2.2	820
Y160M—6	7.5	971	16.7	85	0.79	2.0	6.5	2.0	
Y180L—6	11	971	23.9	86.5	0.78	2.0	6.5	2.0	150
Y180M—6	15	974	31	88	0.81	1.8	6.5	2.0	
Y180L—6	18.5	975	37.8	88.5	0.83	1.8	6.5	2.0	215
Y200M—6	22	978	43.7	89	0.85	1.7	6.5	2.0	
Y200L—6	30	975	58.6	89.5	0.85	1.7	6.5	2.0	295
Y225M—6	37	982	70.2	90.5	0.87	1.8	6.5	2.0	360
Y250S—6	45	983	86.2	91	0.86	1.8	6.5	2.0	
Y250M—6	55	983	104.2	91	0.87	1.8	6.5	2.0	465
Y280S—6	75	986	140.8	91.5	0.87	1.8	6.5	2.0	
Y280M—6	90	986	166.8	92	0.88	1.8	6.5	2.0	820
Y160M—8	5.5	723	13.5	83.5	0.73	2.0	6.0	2.0	
Y160L—8	7.5	723	18.0	85	0.73	2.0	6.0	2.0	150
Y180M—8	11	727	25.1	86.5	0.74	1.8	6.0	2.0	
Y180L—8	15	726	34.0	87.5	0.76	1.8	6.0	2.0	215
Y200M—8	18.5	728	40.2	88.5	0.78	1.7	6.0	2.0	
Y200L—8	22	729	47.7	89	0.78	1.8	6.0	2.0	295
Y225M—8	30	734	61.7	89.5	0.81	1.7	6.0	2.0	360
Y250S—8	37	735	76.3	90	0.80	1.6	6.0	2.0	
Y250M—8	45	736	92.8	90.5	0.79	1.8	6.0	2.0	465
Y280S—8	55	740	112.4	91	0.80	1.8	6.0	2.0	
Y280M—8	75	740	151	91.5	0.81	1.8	6.0	2.0	820

附录10 按导线使用环境选择敷设方式

附表 10-1 按导线使用环境选择敷设方式

导线类别	敷设方式	场所性质															
		干燥		潮湿	特别潮湿	高温	振动	多尘	酸碱盐腐蚀	火灾危除场所			爆炸危除场所					室外
		生活	生产							H-1	H-2	H-3	Q-1	Q-2	Q-3	G-1	G-2	
塑料护套线	直敷布线	○	○	+	×	×	-	+	+	-	-	-	×	×	×	×	×	×
绝缘线	瓷(塑料)夹布线	○	○	×	×	×	×	×	×	×	×	×	×	×	×	×	×	×
	鼓形绝缘子布线	○	○	-	-	○	○	×	×	×	×	×	×	×	×	×	×	+⑤
	针式绝缘子布线	+	○	○	○	○	○	+	+	+①	×	+①	×	×	×	×	×	+
	焊接钢管布线	○	○	○	+	○	○	○	+②	○	○	○	○	○	○	○	○	+
	电线管布线	○	○	○	○	○	○	○	×	○	○	○	○	○	○	○	○	+
	硬塑料管布线	+	+	○	×	○	○	○	-	○	○	○	×	○	○	×	×	×
裸导体	绝缘子明敷	×	○	+	-	○	○③	+	-	+④	+④	+④	×	×	-	×	×	×

注：表中"○"推荐采用，"+"可采用，"-"建议不用，"×"不允许采用。

①线路应远离可燃物质，且不应敷设在未抹灰的木顶棚或墙壁上以及可燃液体管道栈桥上。

②钢管镀锌并刷防腐漆。

③不宜用铝导线，因其韧性差、受振动后易断，应用铜线。

④不用裸母线，但应采用熔接或钎焊连接，需拆卸处用螺栓连接应可靠。在 H-1、H-3 级场所宜有保护罩，当用金属网罩时，网孔直径不大于 12mm。在 H-2 级场所应有防尘罩。

⑤用在不受阳光直接曝晒和雨雪不能淋着的场所。

附录11 电能表常用规格及技术参数

附表 11-1 电能表常用规格及技术参数

规格	单相			三相		
	DD862	DD862—4	DD862—6	DT862	DT862—4	DT862—6
额定电流 /A	5	1.5 (6), 2.5 (10) 3 (12), 5 (20) 10 (40), 15 (60) 20 (80), 30 (100)	10 (60) 15 (90)	3 × 1.5 (6) 3 × 3 (6)	3 × 5 (20) 3 × 10 (40) 3 × 15 (60) 3 × 20 (80) 3 × 30 (100)	3 × 10 (60) 3 × 15 (90)
额定电压 /V	100, 200, 220, 240			3 × 380/220		
额定频率 /Hz	50, 60					
精度等级	2					
接入方式	经互感器	直接	直接	经互感器	直接	直接

附录 12　火灾应急照明供电时间、照度及场所举例

附表 12-1　火灾应急照明供电时间、照度及场所举例

名　　称	供电时间	照　　度	场 所 举 例
火灾疏散标志照明	不少于 20min	最低不应低于 0.15lx	电梯轿箱内、消火栓处、自动扶梯安全出口、台阶处、疏散走廊、室内通道、公共出口
暂时继续工作的备用照明	不少于 1h	不少于正常照度的 50%	人员密集场所，如展览厅、多功能厅、餐厅、营业厅和危险场所、避难层等
继续工作的备用照明	连续	不少于正常照明的照度	配电室、消防控制室、消防泵房、发电机室、蓄电池室、火灾广播室、电话站、BAS 中央控制室以及其他重要房间

附录 13　常见电光源的有关数据

附表 13-1　常用电光源的一般显色指数 R_a

光　　源	显色指数 R_a	光　　源	显色指数 R_a
白 炽 灯	97	高压汞灯	22 ~ 51
日光色荧光灯	80 ~ 94	高压钠灯	20 ~ 30
白色荧光灯	75 ~ 85	钠-铊-铟灯	60 ~ 65
暖白色荧光灯	80 ~ 90	镝 灯	85 以上
卤 钨 灯	95 ~ 99	卤化物灯	93
氙 灯	95 ~ 97		

附表 13-2　不同电光源的混光比

光源混合类别	推荐的混光比（照度比）	混 光 效 果
高压钠灯 + 荧光高压汞灯	60:40 ~ 40:60	改善光色和提高光效
高压钠灯 + 高效金属卤化物灯	60:40 ~ 30:70	改善显色性和提高光效
高压钠灯 + 高显色金属卤化物灯	30:70 ~ 20:80	提高显色性
高效金属卤比物灯 + 高显色金属卤化物灯	60:40 ~ 30:70	提高显色性

附录 14　建筑电气平面图常用图形符号及文字符号（新旧国标对照）

附表 14-1　变电、配电、电机、控制装置

序号	图　形　符　号		原 GB 313—64	说　明
	GB4728（新）	运行的		
1	规划（设计）的	运行的	⊠	配电所
2	☐	▨	⊡	发电站
3	◯ V/v	◍ V/v	▲	变电所
4	◯⚬⚬	◍⚬⚬	▲	杆上变电站
5	◯⚬⚬⚬ ⏚	◍⚬⚬⚬ ⏚	▲	移动变电所
6	◯	◍	▲	地下变电所
7	▭			屏，台，箱，柜一般符号
8	▬			动力或动力照明配电箱 注：需要时符号内可标示电流种类符号
9	⊗▭		⦿▭	信号板、信号箱（屏）
10	▮		▭	照明配电箱（屏） 注：需要时允许涂红
11			▮	工作照明分配电箱（屏）
12	⊠			事故照明配电箱（屏）
13	◨			多种电源配电箱（屏）
14	Ⓜ		Ⓓ	直流电动机
15	Ⓜ		Ⓓ	交流电动机
16			◎	按钮一般符号 注：若图面位置有限，又不会引起混淆，小圆点允许涂黑
17	(1) ▢ (2) ▢▢		(2) ▪▪	一般或保护型按钮盒 （1）示出一个按钮 （2）示出两个按钮
18	◯◯▭			密闭型按钮盒
19	◯◯▭▶		◯◯▭▶	防爆按钮盒

续表

序号	图 形 符 号		说 明
	GB4728（新）	原 GB 313—64	
20	⊗		带指示灯的按钮
21		δ	风扇变阻开关
22			行程开关
23	(1) (2)		电铃 （1）优选形 （2）其他形
24			电喇叭
25			电警笛 报警器
26			单打电铃
27	(1) (2)		蜂鸣器 （1）优选形 （2）其他形
28	⊗	⊗	信号灯
29			闪光型号灯

附表 14-2 照明灯具、开关、插座及风扇

序号	图 形 符 号		说 明
	GB4728（新）	原 GB 313—64	
1	⊗ 注：在靠近符号处标下列字母表示 RD 红 YE 黄 GN 绿 BU 蓝 WH 白	○ 注：在符号内注下列字母表示 J 水晶底罩 T 圆筒型罩 P 平盘罩 S 铁盆罩	灯的一般符号 GB4728 注：在靠近符号处标下列字母表示 Ne 氖 I 碘 F1 荧光 Xe 氙 IN 白炽 IR 红外线 Na 钠 EL 电发光 UV 紫外线 Hg 汞 ARC 弧光 LED 光二极管
2	⊗	a×b×c×d	投光灯一般符号 GB313： a—灯泡瓦数；b—倾斜角度； c—安装高度；d—灯具型号
3	⊗→		聚光灯

329

序号	图 形 符 号		说　　明
	GB4728（新）	原 GB 313—64	
4	⊗		泛光灯
5	(1) (2) 5		荧光灯一般符号 （1）三管荧光灯 （2）五管荧光灯
6			防爆荧光灯
7	✕	在灯型符号上边加 注"S"表示	在专用电路上的事故照明灯
8	✕		自带电源的事故照明装置 （应急灯）
9	▬		气体放电灯的辅助设备 注：仅用于辅助设备与光源 不在一起时
10			广照型灯（配照型灯） GB313 为：无磨砂玻璃罩的万 能型灯
11		◎	带磨砂玻璃万能型灯
12		⊗	防水防尘灯
13		●	球形灯 GB313 为：乳白玻璃球形灯
14		·	局部照明灯
15		⊖	矿山灯
16		⊖	安全灯
17		◉	防爆灯
18		◗	顶棚灯
19		⊗	花灯

序号	图 形 符 号		说 明
	GB4728（新）	原 GB 313—64	
20			壁灯
21			带熔断器的插座
22			开关一般符号
23	(1)		单极开关 （1）暗装 （2）密闭（防水） （3）防爆
24	(2) (3)	(2)	
25	(1)		双极开关 （1）暗装 （2）密闭（防水） （3）防爆
26	(2) (3)	(2)	
27			单极拉线开关
28			防水拉线开关
29			单极双控拉线开关
30			单极限时开关
31	(1)		三极开关 （1）暗装 （2）密闭（防水） （3）防爆
32	(2) (3)	(2)	

序号	图 形 符 号		说　明
	GB4728（新）	原 GB 313—64	
33			双控开关（单极三线）
34		(1)	（1）暗装
35	t		限时装置
36			定时开关
37			具有指示灯的开关
38			调光器
39			热水器（示出线）
40			风扇一般符号（示出引线） 注：若不引起混淆，方框可省略不画
41			吊式风扇
42			壁装台式风扇
43			轴流风扇
44			插座的一般符号
45			单相插座 暗装 密闭（防水） 防爆

序号	图 形 符 号		说　明
	GB4728（新）	原 GB 313—64	
46			多个插座（示出三个）
47			带保护接点插座，带接地插孔的单相插座
			暗装
			密闭（防水）
			防爆
48			带接地插孔的三相插座
			暗装
			密闭（防水）
			防爆
49			具有保护板的插座
50			具有单极开关的插座
51			具有连锁开关的插座
52			具有隔离变压器插座（如电动剃刀用的插座）

附表 14-3　常用标注文字符号

序　号	图形符号		说　　明
	GB 4728（新）	原 GB 312—64	
1	(1) $a\dfrac{b}{c}$ 或 $a-b-c$ (2) $a\dfrac{b-c}{d\,(e\times f)-g}$		电力和照明设备 (1) 一般标注方法 (2) 当需要标注引入线的规格时 a——设备编号； b——设备型号； c——功率（W 或 kW）； d——导线型号； e——导线根数； f——导线截面，mm^2； g——导线敷设方式及部位
2	(1) $a\dfrac{b}{c/I}$ 或 $a-b-c/I$ (2) $a\dfrac{b-c/I}{d\,(e\times f)-g}$		开关及熔断器 (1) 一般标注方法 (2) 当需要标注引入线的规格时 a——设备编号； b——设备型号； c——额定电流，A； I——整定电流，A； d——导线型号； e——导线根数； f——导线截面，mm^2； g——导线敷设方式
3	(1) $a-b\dfrac{c\times d\times L}{e}f$ (2) $a-b\dfrac{c\times d\times L}{-}$	(1) $a-b\dfrac{c\times d}{e}f$ (2) $a-b\dfrac{c\times d}{-}$	照明灯具 (1) 一般标注方法 (2) 灯具吸顶安装 a——灯数； b——型号或编号； c——每盏照明灯具的灯泡数； d——灯泡容量，W e——灯泡安装高度，m； f——安装方式； L——光源种类
4	(1) —— (2) 或 $\dfrac{}{}\!/\!/\,^2$ (3) 或 $\dfrac{}{}\!/\!/\!/\,_3$ (4) $\dfrac{}{}\!/\,^n$	(1) —— $/$ (2) $\dfrac{}{}\!/\!/\!/$ n	导线根数，当用单线表示一组导线时，若需要示出导线根数，可用加小短斜线或画一条短斜线加数字表示 　例：(1) 表示一根；(2) 表示两根；(3) 表示三根；(4) 表示 n 根

序 号	图形符号		说　明
	GB 4728（新）	原 GB 312—64	
5	$a \dfrac{b-c/i}{n\,[\,d\,(e\times f)-gh\,]}$ 或 $an\,[\,d\,(e\times f)-gh$ 或 $d\,(e\times f)-gh\,]$		配电线路 a——线路编号； b——配电设备型号； c——保护线路熔断器电流，A； d——导线型号； e——导线或电缆芯根数； f——截面，mm^2； g——线路敷设方式（管径）； h——线路敷设部位； i——保护线路熔体电流，A； n——并列电缆或管线根数(一根可以不标)
6	(1) $\dfrac{3\times 16}{-}\times\dfrac{3\times 10}{-}$		导线型号规格或敷设方法的改变 (1) $3\times 16\,mm^2$ 导线改为 $3\times 10\,mm^2$ (2) 无穿管敷设改为导线穿管（$\phi 2.5$ 或管径 50）敷设
	(2) $-\times\dfrac{\phi 2\frac{1}{2}''}{-}$ (2) $-\times\dfrac{\phi 50}{-}$		
7	U	ΔU	电压损失%
8	$m\sim fU$ $3N\sim 50Hz/380V$		交电流　m——相数； f——频率，Hz； U——电压，V 例：示出交流，三相带中性线 50Hz，380V
9	L_1 L_2 L_3 U V W	A B C	相序 交流系统电源第一相 交流系统电源第二相 交流系统电源第三相 交流系统设备端第一相 交流系统设备端第二相 交流系统设备端第三相
10	N		中性线
11	PE		保护线
12	PEN		保护和中性共用线
13		ZBZ PS BS LBS ZLS	配、变电所总降压变电站 配电所 变电所 电炉变电所 整流所

序 号	图形符号		说　明
	GB 4728（新）	原 GB 312—64	
14		D B X L G	照明灯具安装方式 吸顶安装 壁式安装 线吊式 链吊式 管吊式
15		S S CP CJ QD CB G DG VG＊ RG＊ BG＊ RVG＊	线路敷设方式 用钢索敷设 用瓷瓶或瓷珠敷设 用瓷夹或瓷卡敷设 用卡钉敷设 用槽板、线槽敷设 穿焊接钢管敷设 穿电线管敷设 穿硬塑料管敷设 穿半硬塑料管敷设 穿波纹塑料管敷设 穿软塑料管敷设
16		YL；YZ；YJ Q D P	线路敷设部位 沿梁；沿柱；沿屋架 敷在砖墙或其他墙上 敷在地下或本屋地板内 敷在屋面或本层顶板内
17		M A	明敷 暗敷
	GB7159—87（新）	原 GB 315—64	
18	V FU M T	D RD D B	二极管、三极管一般符号 熔断器 电动机 变电器
	Q S QA QF QK QL QS SA	K KK ZK DL DK FK GK KK（XK）	开关一般符号（如刀开关等） 控制开关 低压断路器（自动开关） 断路器 刀开关 负荷开关 隔离开关 控制开关（选择开关）
	SB KM K KA KT FR	QA（TA、AN） JC, C J, ZJ LJ SJ RJ	控制按钮 接触器 继电器，中间继电器 电流继电器 时间继电器 热继电器

附录 15 电气常用图形符号——变压器、互感器

1. GB/T、IEC 双绕组变压器	2. GB/T、IEC 绕组间有屏蔽的双绕组单相变压器	3. GB/T、IEC 在一个绕组上有中心点抽头的变压器
4. GB/T、IEC 三绕组变压器	5. GB/T、IEC 星形—三角形连接的三相变压器	6. GB/T、IEC 单相变压器组成的三相变压器星形—三角形连接
7. GB/T、IEC 具有有载分接开关的三相变压器，星形—三角形连接	8. GB/T、IEC 三相变压器，星形—星形—三角形连接	9. GB/T、IEC 自耦变压器
10. GB/T、IEC 单相自耦变压器	11. GB/T、IEC 三相自耦变压器，星形接线	12. GB/T、IEC 可调压的单相自耦变压器
13. GB/T、IEC 三相感应调压器	14. GB/T、IEC 扼流圈电抗器	15. GB/T、IEC 电压互感器

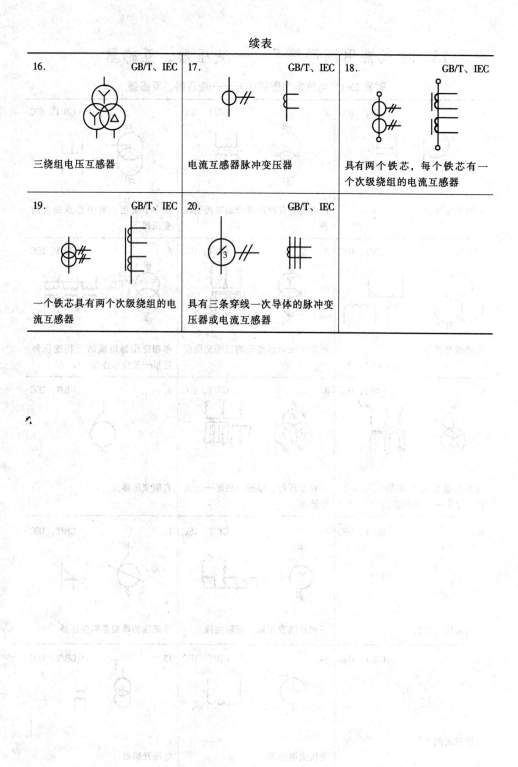

16. GB/T、IEC	17. GB/T、IEC	18. GB/T、IEC
三绕组电压互感器	电流互感器脉冲变压器	具有两个铁芯，每个铁芯有一个次级绕组的电流互感器
19. GB/T、IEC	20. GB/T、IEC	
一个铁芯具有两个次级绕组的电流互感器	具有三条穿线一次导体的脉冲变压器或电流互感器	

附录 16　常用电气设备文字符号

附表 16-1　常用电气设备文字符号

序号	项目种类	名称	文字符号	序号	项目种类	名称	文字符号	序号	项目种类	名称	文字符号
1	组件及部件	调节器	A	19	组件及部件	插座箱	AX	37	电容器	电容器	C
2		放大器	A	20		操作箱	A	38	存储器件	磁带记录机	D
3		电能计量柜	AM	21		插接箱（母线槽系统）	ACB	39		盘式记录机	D
4		高压开关柜	AH	22		火灾报警控制器	AFC	40	其他元器件	发热器机	EH
5		交流配电屏（柜）	AA	23		数字式保护装置	ADP	41		照明灯	EL
6		直流配电屏直流电源柜	AD	24		建筑自动化控制器	ABC	42		空气调节器	EV
7		电力配电箱	AP	25	非电量到电量或电量到非电量的传感器、变送器	光电池、场声器、送话器	B	43		电加热器	EE
8		应急电力配电箱	APE	26		热电传感器	B	44	保护器件	过电压放电器件	F
9		照明配电箱	AL	27		模拟和多级数字	B	45		避雷器	F
10		应急照明配电箱	ALE	28		压力变送器	BP	46		限压保护器件	FV
11		电源自动切换箱（柜）	AT	29		温度变换器	BT	47		熔断器	FU
12		并联电容器屏（柜、箱）	ACC	30		速度变换器	BV	48		跌开式熔断器	FU
13		控制箱（屏、柜、台、站）	AC	31		旋转变换器（测速发电机）	BR	49		半导体器件保护用熔断器	FF
14		信号箱（屏）	AS	32		流量测量传感器	BF	50	发电机、电源	同步发电机	GS
15		接线端子箱	AXT	33		时间测量传感器	BTI	51		异步发电机	GA
16		保护屏（柜）	AR	34		位置测量传感器	BQ	52		蓄电池	GB
17		励磁屏（柜）	AE	35		湿度测量传感器	BH	53		柴油发电机	GD
18		电度表箱	AW	36		液位测量传感器	BL	54		不同断电源	GU

续表

序号	项目种类	文字符号	名 称	序号	项目种类	文字符号	名 称	序号	项目种类	文字符号	名 称
1	变压器	TA	电流互感器	19	电子管	V	气体放电管	37	连接片	XB	连接片
2		TC	控制电路电源用变压器	20	晶体管	V	二极管	38	端子	XP	插 头
3		TM	电力变压器	21		VC	控制电路用电源的整流器	39	插头	XS	插 座
4		TS	磁稳变压器	22		W	导 线	40	插座	XT	端子板
5		TV	电压互感器	23		W	电 缆	41		XTO	信息插座
6		TR	整流变压器	24		WB	母 线	42		Y	气阀
7		TI	隔离变压器	25	传输通道 波导天线	W	抛物线天线	43		YV	电磁阀
8		TL	照明变压器	26		WP	电力线路	44		YM	电动阀
9		TLC	有载调压变压器	27		WL	照明线路	45	电气操作的机械器件	YF	防火阀
10		TD	配电变压器	28		WPE	应急电力线路	46		YS	排烟阀
11		TT	试验变压器	29		WLE	应急照明线路	47		YL	电磁锁
12	调制器 变换器	U	鉴频器	30		WC	控制线路	48		YT	跳闸线圈
13		U	解调器	31		WS	信号线路	49		YC	合闸线圈
14		U	变频器	32		WB	封闭母线槽(包括插接式封闭母线槽)	50		YPA	气动执行器
15		U	编码器	33		WT	滑触线	51		YE	电动执行器
16		U	交流器	34	端子	X	连接插头和插座	52	终端设备、混合变压器、滤波器、均衡器、限幅器	Z	网络
17		U	逆变器	35	插头	X	接线柱				
18		U	整流器	36	插座	X	电缆封端和接头				

340

参 考 文 献

1. 建筑工程常用数据系列手册编写组编．建筑电气常用数据手册．北京：中国建筑工业出版社，2001
2. 湖南大学，武汉水电学院编．电工学基本教程．北京：高等教育出版社，1985
3. 陈汉民主编．建筑电气技术 500 问．福建：福建科学技术出版社，2001
4. 中国建筑工业出版社编．建筑电气设计技术规程．北京：中国建筑工业出版社，1987
5. 秦曾煌主编．电工学．北京：高等教育出版社，1999
6. 张建主编．建筑电气技术与应用．北京：人民交通出版社，2001
7. 陈一才主编．高层建筑电气设计手册．北京：中国建筑工业出版社，1990
8. 孙建民主编．电气照明技术．北京：中国建筑工业出版社，1998
9. 建筑电气工程师常用规范．北京：中国建筑工业出版社，1995
10. 关光福主编．建筑应用电工．武汉：武汉工业大学出版社，2001
11. 吕光大主编．建筑电气安装工程图集．北京：中国建筑工业出版社，1997
12. 林存良主编．电子技术基础．北京：人民教育出版社
13. 朱庆元主编．建筑电气设计基础知识．北京：中国建筑工业出版社，1990
14. 王明昌主编．建筑电工学．重庆：重庆大学出版社，1995
15. 韩风主编．建筑电气设计手册．北京：中国建筑工业出版社，1997
16. 柳涌主编．建筑安装工程图集．北京：中国建筑工业出版社，2002
17. 中国建筑工程总公司编．建筑电气工程施工工艺标准．北京：中国建筑工业出版社，2003